高职高专计算机任务驱动模式教材

Java程序设计基础项目化教程

李兴福 主 编
肖仁锋 刘洪海 王艳红 副主编

清华大学出版社
北京

内 容 简 介

全书将"学生信息管理系统"分为 8 个子项目,通过完成一个个的任务,介绍 Java 语言开发的核心技能。项目 1 介绍面向对象的基本概念及面向对象的基本思想;项目 2 介绍 Java 的运行原理及开发环境的搭建;项目 3 介绍了 Java 中的基本面向对象特征;项目 4 介绍了 Java 中面向对象的高级特性;项目 5 介绍了 Java 中的集合类;项目 6 介绍了 Java 的 I/O 机制;项目 7 重点讲述了 JDBC 技术;项目 8 讲述了 Java 的 GUI 编程。8 个子项目各有侧重点,阐述面向对象及 Java 程序设计的某一方面的特性,同时又密切关联,按照软件开发流程,完成了学生信息管理系统的程序设计。本书理论与实践结合,让学生在实践中学习并验证理论。

本书适合作为应用型本科和高职高专计算机相关专业学生的教材,也可以作为软件开发工程师的参考书。

本书封面贴有清华大学出版社防伪标签,无标签者不得销售。
版权所有,侵权必究。侵权举报电话: 010-62782989　13701121933

图书在版编目(CIP)数据

Java 程序设计基础项目化教程/李兴福主编. --北京:清华大学出版社,2014(2016.7 重印)
高职高专计算机任务驱动模式教材
ISBN 978-7-302-37803-7

Ⅰ. ①J…　Ⅱ. ①李…　Ⅲ. ①JAVA 语言-程序设计-高等职业教育-教材　Ⅳ. ①TP312

中国版本图书馆 CIP 数据核字(2014)第 198037 号

责任编辑:张龙卿
封面设计:徐日强
责任校对:刘　静
责任印制:杨　艳

出版发行:清华大学出版社
　　　网　　址:http://www.tup.com.cn, http://www.wqbook.com
　　　地　　址:北京清华大学学研大厦 A 座　　　邮　　编:100084
　　　社 总 机:010-62770175　　　邮　　购:010-62786544
　　　投稿与读者服务:010-62776969, c-service@tup.tsinghua.edu.cn
　　　质 量 反 馈:010-62772015, zhiliang@tup.tsinghua.edu.cn
　　　课 件 下 载:http://www.tup.com.cn, 010-62795764

印 刷 者:北京富博印刷有限公司
装 订 者:北京市密云县京文制本装订厂
经　　销:全国新华书店
开　　本:185mm×260mm　　印　张:17.5　　字　数:417 千字
版　　次:2014 年 11 月第 1 版　　印　次:2016 年 7 月第 2 次印刷
印　　数:2501~4000
定　　价:34.00 元

产品编号:060816-01

编审委员会

主　　任：杨　云

主任委员：(排名不分先后)

张亦辉　高爱国　徐洪祥　许文宪　薛振清　刘　学　刘文娟
窦家勇　刘德强　崔玉礼　满昌勇　李跃田　刘晓飞　李　满
徐晓雁　张金帮　赵月坤　国　锋　杨文虎　张玉芳　师以贺
张守忠　孙秀红　徐　健　盖晓燕　孟宪宁　张　晖　李芳玲
曲万里　郭嘉喜　杨　忠　徐希炜　齐现伟　彭丽英　赵　玲

委　　员：(排名不分先后)

张　磊　陈　双　朱丽兰　郭　娟　丁喜纲　朱宪花　魏俊博
孟春艳　于翠媛　邱春民　李兴福　刘振华　朱玉业　王艳娟
郭　龙　殷广丽　姜晓刚　单　杰　郑　伟　姚丽娟　郭纪良
赵爱美　赵国玲　赵华丽　刘　文　尹秀兰　李春辉　刘　静
周晓宏　刘敬贤　崔学鹏　刘洪海　徐　莉　高　静　孙丽娜

秘书长：陈守森　平　寒　张龙卿

出版说明

我国高职高专教育经过十几年的发展,已经转向深度教学改革阶段。教育部于 2006 年 12 月发布了教高[2006]第 16 号文件《关于全面提高高等职业教育教学质量的若干意见》,大力推行工学结合,突出实践能力培养,全面提高高职高专教学质量。

清华大学出版社作为国内大学出版社的领跑者,为了进一步推动高职高专计算机专业教材的建设工作,适应高职高专院校计算机类人才培养的发展趋势,根据教高[2006]第 16 号文件的精神,2007 年秋季开始了切合新一轮教学改革的教材建设工作。该系列教材一经推出,就得到了很多高职院校的认可和选用,其中部分书籍的销售量都超过了 3 万册。现重新组织优秀作者对部分图书进行改版,并增加了一些新的图书品种。

目前国内高职高专院校计算机网络与软件专业的教材品种繁多,但符合国家计算机网络与软件技术专业领域技能型紧缺人才培养培训方案,并符合企业的实际需要,能够自成体系的教材还不多。

我们组织国内对计算机网络和软件人才培养模式有研究并且有过一段实践经验的高职高专院校,进行了较长时间的研讨和调研,遴选出一批富有工程实践经验和教学经验的双师型教师,合力编写了这套适用于高职高专计算机网络、软件专业的教材。

本套教材的编写方法是以任务驱动、案例教学为核心,以项目开发为主线。我们研究分析了国内外先进职业教育的培训模式、教学方法和教材特色,消化吸收优秀的经验和成果。以培养技术应用型人才为目标,以企业对人才的需要为依据,把软件工程和项目管理的思想完全融入教材体系,将基本技能培养和主流技术相结合,课程设置中重点突出、主辅分明、结构合理、衔接紧凑。教材侧重培养学生的实战操作能力,学、思、练相结合,旨在通过项目实践,增强学生的职业能力,使知识从书本中释放并转化为专业技能。

一、教材编写思想

本套教材以案例为中心,以技能培养为目标,围绕开发项目所用到的知识点进行讲解,对某些知识点附上相关的例题,以帮助读者理解,进而将知识转变为技能。

考虑到是以"项目设计"为核心组织教学,所以在每一学期配有相应的实训课程及项目开发手册,要求学生在教师的指导下,能整合本学期所学的知识内容,相互协作,综合应用该学期的知识进行项目开发。同时,在教材中采用了大量的案例,这些案例紧密地结合教材中的各个知识点,循序渐进,由浅入深,在整体上体现了内容主导、实例解析、以点带面的模式,配合课程后期以项目设计贯穿教学内容的教学模式。

软件开发技术具有种类繁多、更新速度快的特点。本套教材在介绍软件开发主流技术的同时,帮助学生建立软件相关技术的横向及纵向的关系,培养学生综合应用所学知识的能力。

二、丛书特色

本系列教材体现目前工学结合的教改思想,充分结合教改现状,突出项目面向教学和任务驱动模式教学改革成果,打造立体化精品教材。

(1) 参照和吸纳国内外优秀计算机网络、软件专业教材的编写思想,采用本土化的实际项目或者任务,以保证其有更强的实用性,并与理论内容有很强的关联性。

(2) 准确把握高职高专软件专业人才的培养目标和特点。

(3) 充分调查研究国内软件企业,确定了基于Java和.NET的两个主流技术路线,再将其组合成相应的课程链。

(4) 教材通过一个个的教学任务或者教学项目,在做中学,在学中做,以及边学边做,重点突出技能培养。在突出技能培养的同时,还介绍解决思路和方法,培养学生未来在就业岗位上的终身学习能力。

(5) 借鉴或采用项目驱动的教学方法和考核制度,突出计算机网络、软件人才培训的先进性、工具性、实践性和应用性。

(6) 以案例为中心,以能力培养为目标,并以实际工作的例子引入概念,符合学生的认知规律。语言简洁明了、清晰易懂,更具人性化。

(7) 符合国家计算机网络、软件人才的培养目标;采用引入知识点、讲述知识点、强化知识点、应用知识点、综合知识点的模式,由浅入深地展开对技术内容的讲述。

(8) 为了便于教师授课和学生学习,清华大学出版社正在建设本套教材的教学服务资源。在清华大学出版社网站(www.tup.com.cn)免费提供教材的电子课件、案例库等资源。

高职高专教育正处于新一轮教学深度改革时期,从专业设置、课程体系建设到教材建设,依然是新课题。希望各高职高专院校在教学实践中积极提出意见和建议,并及时反馈给我们。清华大学出版社将对已出版的教材不断地修订、完善,提高教材质量,完善教材服务体系,为我国的高职高专教育继续出版优秀的高质量的教材。

清华大学出版社
高职高专计算机任务驱动模式教材编审委员会
2014年3月

前言

　　Java 语言作为面向对象程序设计语言的代表语言,自从诞生之日起就以其面向对象、简单安全、跨平台的特性而迅猛发展,至今 Java 已经是应用最广泛的编程语言之一。本书是 Java 语言的入门级教材,适合于 Java 语言的初学者。

　　本书使用"学生信息管理系统"一个项目贯穿全书,采用项目化的教学方式,由面向对象入手,放弃面向过程到面向对象的过渡,项目的整体架构不求知识面面俱到,而讲究实用够用,突出实践能力,循序渐进地引导读者在项目开发实践中掌握相关技能。全书将"学生信息管理系统"分为 8 个子项目,通过完成一个个的任务,讲述了 Java 语言开发的核心技能。8 个子项目分别介绍如下。

　　项目 1——欢迎进入 OOP 世界:本子项目主要完成学生信息管理系统的需求分析,在分析过程中介绍 OOP 的概念、特征、编程思想,还讲解了 OOA、OOD、OOP 的特征、思想与编程过程。

　　项目 2——开启 Java 之门:本子项目主要完成了学生信息管理系统开发平台的搭建,细致分析了 Java 的运行原理,对 JVM、JDK、JRE 等基本概念进行了介绍,设置了环境变量,完成了通过记事本与 Eclipse 开发 Java 程序的基本过程。

　　项目 3——类和对象:本子项目主要实现了学生类的抽象,介绍了 Java 基本的数据类型与运算符,详细讲解了对象与类的相关理论,实现了学生类的抽象,使用构造方法创建了学生对象。

　　项目 4——DAO 模式:本子项目通过 DAO 模式对学生类与班级类进行了业务建模与对象创建,讲解了抽象类、接口的使用方法,介绍了分支结构的实现方法,阐述了工厂模式与 DAO 模式的原理与使用。

　　项目 5——持有对象:本子项目实现了对学生对象与班级对象的持有,主要讲解了 Java 中 List、Set、Map 等集合的使用方法,介绍了循环与跳转语句的实现方法,阐述了泛型思想及使用泛型的优点。

　　项目 6——对象持久化——文件:本子项目实现了对象的文件存储,介绍了持久化的概念,讲解了 Java 输入/输出相关理论,并通过对象的序列化进行了对象流的存取。本子项目还介绍了 Java 中异常处理的相关理论。

　　项目 7——对象持久化——数据库:本子项目实现了对象的数据库存储,介绍了 ORM 的基本概念,讲解了 MySQL 关系数据库的使用方法,对

JDBC 理论及其编程进行了详细的讲解与说明。

项目 8——开启多彩世界：本子项目实现了学生信息管理系统图形界面的设计，主要讲解了 Java GUI 的实现，包括 Swing 的组件、布局管理器与事件处理的相关理论。

本教材具有以下几个特色。

1. 面向对象，深入浅出

本书将软件工程的思想融入其中，采用面向对象的方法进行程序的分析与设计，使用面向对象思想进行需求分析，使用面向对象思想设计程序，适时引入各种恰当的设计模式，用最浅显的语言将面向对象思想与 Java 语言讲述清楚，为读者将来向优秀软件工程师迈进奠定基础。

2. 项目驱动，层层递进

本书采用"学生信息管理系统"贯穿全书，将"学生信息管理系统"分成若干子项目，每个子项目又分成多个任务，在任务的实现过程中完成知识点的讲解，内容层层递进，使知识的讲解不再突兀，易于被学生接受。

3. 图文并茂，重点拓展

本书采用经典的"学生信息管理系统"作为开发案例，实用易懂，并配有详细的图表说明，通过图表更细致、形象、生动地展示知识的内容与操作的过程，图文并茂。对于系统中未涉及的重要知识点，本书采用知识拓展的形式，为学生形成知识体系并为今后的发展奠定基础。

4. 资源丰富，全面共享

本书配有 PPT、Flash 课件、程序源代码、配套视频供教师上课使用，并建有配套的学习网站为大家的学习提供支持。

本书的作者团队由经验丰富的一线骨干教师组成，教学经验丰富，而且参与了大量的 Java 项目的开发，实践经验丰富。在长期的 Java 教学中，将项目开发的经验融入教学中，总结出一套完善的、行之有效的教学方法，并将其融入本书中。济南职业学院的李兴福承担了本书的主要编写任务，参与本书编写的还有肖仁锋、刘洪海、王艳红等一线老师。

由于时间仓促，作者水平有限，书中难免有疏漏之处，敬请广大读者不吝指正。

编　者

2014 年 6 月

目　录

项目 1　欢迎进入 OOP 世界 ······················· 1

　任务 1　理解 OOP 的基本概念 ················· 1
　　　1.1.1　任务目标 ····························· 1
　　　1.1.2　知识学习 ····························· 1
　　　1.1.3　任务实施 ····························· 4
　　　1.1.4　任务总结 ····························· 6
　任务 2　了解 OOP 的高级特性 ················· 6
　　　1.2.1　任务目标 ····························· 6
　　　1.2.2　知识学习 ····························· 6
　　　1.2.3　任务实施 ····························· 12
　　　1.2.4　任务总结 ····························· 13
　任务 3　学生信息管理系统的需求分析 ······· 14
　　　1.3.1　任务目标 ····························· 14
　　　1.3.2　知识学习 ····························· 14
　　　1.3.3　任务实施 ····························· 15
　　　1.3.4　任务总结 ····························· 21
　　　1.3.5　补充拓展 ····························· 22

项目 2　开启 Java 之门 ······························ 24

　任务 1　搭建运行环境 ··························· 24
　　　2.1.1　任务目标 ····························· 24
　　　2.1.2　知识学习 ····························· 24
　　　2.1.3　任务实施 ····························· 27
　　　2.1.4　任务总结 ····························· 30
　任务 2　设计一个简单程序 ····················· 31
　　　2.2.1　任务目标 ····························· 31
　　　2.2.2　知识学习 ····························· 31
　　　2.2.3　任务实施 ····························· 34
　　　2.2.4　任务总结 ····························· 35
　　　2.2.5　补充拓展 ····························· 36
　任务 3　Eclipse 的应用 ·························· 37

2.3.1 任务目标 ……………………………………………………………… 37
　　2.3.2 知识学习 ……………………………………………………………… 37
　　2.3.3 任务实施 ……………………………………………………………… 38
　　2.3.4 任务总结 ……………………………………………………………… 43
　　2.3.5 补充拓展 ……………………………………………………………… 43

项目3 类和对象 …………………………………………………………………… 46

任务1 实现学生类 …………………………………………………………… 46
　　3.1.1 任务目标 ……………………………………………………………… 46
　　3.1.2 知识学习 ……………………………………………………………… 46
　　3.1.3 任务实施 ……………………………………………………………… 51
　　3.1.4 任务总结 ……………………………………………………………… 54
　　3.1.5 补充拓展 ……………………………………………………………… 55

任务2 创建对象 ……………………………………………………………… 55
　　3.2.1 任务目标 ……………………………………………………………… 55
　　3.2.2 知识学习 ……………………………………………………………… 56
　　3.2.3 任务实施 ……………………………………………………………… 58
　　3.2.4 任务总结 ……………………………………………………………… 60
　　3.2.5 补充拓展 ……………………………………………………………… 61

任务3 类的继承 ……………………………………………………………… 63
　　3.3.1 任务目标 ……………………………………………………………… 63
　　3.3.2 知识学习 ……………………………………………………………… 64
　　3.3.3 任务实施 ……………………………………………………………… 66
　　3.3.4 任务总结 ……………………………………………………………… 68
　　3.3.5 补充拓展 ……………………………………………………………… 69

项目4 DAO模式 …………………………………………………………………… 72

任务1 业务抽象 ……………………………………………………………… 72
　　4.1.1 任务目标 ……………………………………………………………… 72
　　4.1.2 知识学习 ……………………………………………………………… 72
　　4.1.3 任务实施 ……………………………………………………………… 74
　　4.1.4 任务总结 ……………………………………………………………… 77
　　4.1.5 补充拓展 ……………………………………………………………… 77

任务2 业务的简单实现 ……………………………………………………… 78
　　4.2.1 任务目标 ……………………………………………………………… 78
　　4.2.2 知识学习 ……………………………………………………………… 78
　　4.2.3 任务实施 ……………………………………………………………… 80
　　4.2.4 任务总结 ……………………………………………………………… 83
　　4.2.5 补充拓展 ……………………………………………………………… 83

任务3　工厂实现 ··· 85
　　　　4.3.1　任务目标 ··· 85
　　　　4.3.2　知识学习 ··· 85
　　　　4.3.3　任务实施 ··· 87
　　　　4.3.4　任务总结 ··· 88
　　　　4.3.5　补充拓展 ··· 89

项目5　持有对象 ·· 91
　　任务1　安全持有对象 ··· 91
　　　　5.1.1　任务目标 ··· 91
　　　　5.1.2　知识学习 ··· 91
　　　　5.1.3　任务实施 ··· 94
　　　　5.1.4　任务总结 ··· 96
　　　　5.1.5　补充拓展 ··· 96
　　任务2　集合存取 ··· 99
　　　　5.2.1　任务目标 ··· 99
　　　　5.2.2　知识学习 ··· 99
　　　　5.2.3　任务实施 ·· 104
　　　　5.2.4　任务总结 ·· 107
　　　　5.2.5　补充拓展 ·· 108

项目6　对象持久化——文件 ··· 112
　　任务1　创建文件 ·· 112
　　　　6.1.1　任务目标 ·· 112
　　　　6.1.2　知识学习 ·· 113
　　　　6.1.3　任务实施 ·· 117
　　　　6.1.4　任务总结 ·· 118
　　任务2　CRUD——字节流 ·· 119
　　　　6.2.1　任务目标 ·· 119
　　　　6.2.2　知识学习 ·· 119
　　　　6.2.3　任务实施 ·· 123
　　　　6.2.4　任务总结 ·· 128
　　　　6.2.5　补充拓展 ·· 128
　　任务3　CRUD——字符流 ·· 130
　　　　6.3.1　任务目标 ·· 130
　　　　6.3.2　知识学习 ·· 130
　　　　6.3.3　任务实施 ·· 133
　　　　6.3.4　任务总结 ·· 136
　　　　6.3.5　补充拓展 ·· 137

任务 4　CRUD——对象流 ……………………………………………………… 139
　　　　6.4.1　任务目标 …………………………………………………………… 139
　　　　6.4.2　知识学习 …………………………………………………………… 139
　　　　6.4.3　任务实施 …………………………………………………………… 141
　　　　6.4.4　任务总结 …………………………………………………………… 144
　　　　6.4.5　补充拓展 …………………………………………………………… 145

项目 7　对象持久化——数据库 ……………………………………………………… 148

　　任务 1　MySQL 关系数据库 ……………………………………………………… 148
　　　　7.1.1　任务目标 …………………………………………………………… 148
　　　　7.1.2　知识学习 …………………………………………………………… 148
　　　　7.1.3　任务实施 …………………………………………………………… 152
　　　　7.1.4　任务总结 …………………………………………………………… 167
　　任务 2　JDBC ……………………………………………………………………… 168
　　　　7.2.1　任务目标 …………………………………………………………… 168
　　　　7.2.2　知识学习 …………………………………………………………… 168
　　　　7.2.3　任务实施 …………………………………………………………… 173
　　　　7.2.4　任务总结 …………………………………………………………… 174
　　　　7.2.5　补充拓展 …………………………………………………………… 174
　　任务 3　DML 实现 ………………………………………………………………… 177
　　　　7.3.1　任务目标 …………………………………………………………… 177
　　　　7.3.2　知识学习 …………………………………………………………… 177
　　　　7.3.3　任务实施 …………………………………………………………… 179
　　　　7.3.4　任务总结 …………………………………………………………… 181
　　　　7.3.5　补充拓展 …………………………………………………………… 182
　　任务 4　DQL 实现 ………………………………………………………………… 184
　　　　7.4.1　任务目标 …………………………………………………………… 184
　　　　7.4.2　知识学习 …………………………………………………………… 184
　　　　7.4.3　任务实施 …………………………………………………………… 186
　　　　7.4.4　任务总结 …………………………………………………………… 192
　　　　7.4.5　补充拓展 …………………………………………………………… 192

项目 8　开启多彩世界 ………………………………………………………………… 195

　　任务 1　创建注册登录窗口 ……………………………………………………… 195
　　　　8.1.1　任务目标 …………………………………………………………… 195
　　　　8.1.2　知识学习 …………………………………………………………… 196
　　　　8.1.3　任务实施 …………………………………………………………… 206
　　　　8.1.4　任务总结 …………………………………………………………… 208
　　　　8.1.5　补充拓展 …………………………………………………………… 208

任务 2 添加事件处理功能 ……………………………………………………… 212
    8.2.1 任务目标 …………………………………………………………… 212
    8.2.2 知识学习 …………………………………………………………… 212
    8.2.3 任务实施 …………………………………………………………… 216
    8.2.4 任务总结 …………………………………………………………… 217
    8.2.5 补充拓展 …………………………………………………………… 218

任务 3 实现用户权限管理 ……………………………………………………… 220
    8.3.1 任务目标 …………………………………………………………… 220
    8.3.2 知识学习 …………………………………………………………… 220
    8.3.3 任务实施 …………………………………………………………… 229
    8.3.4 任务总结 …………………………………………………………… 232
    8.3.5 补充拓展 …………………………………………………………… 233

任务 4 实现学生信息管理 ……………………………………………………… 239
    8.4.1 任务目标 …………………………………………………………… 239
    8.4.2 知识学习 …………………………………………………………… 239
    8.4.3 任务实施 …………………………………………………………… 244
    8.4.4 任务总结 …………………………………………………………… 258
    8.4.5 补充拓展 …………………………………………………………… 259

参考文献 ………………………………………………………………………………… 263

项目 1　欢迎进入 OOP 世界

项目名称
欢迎进入 OOP（面向对象程序设计）世界
项目编号
Java_Stu_001
项目目标
能力目标：OOP 需求分析设计的基本能力，具备使用伪代码描述对象的能力。
素质目标：抽象思维、模块化思维。
重点难点：
(1) 对抽象的理解。
(2) 对 OOP 三大特性的理解。
(3) 伪代码需求分析。
知识提要
OOP 的概念、OOP 的特征、OOP 的基本思想、抽象与伪代码设计
项目分析
　　面向对象编程是当今流行的编程思想，是软件开发的主流，其思想已超越了简单的程序设计，影响了程序设计、数据库系统、应用结构、分布式系统、网络管理、人工智能等多个领域。

　　本项目介绍了 OOP 的基本概念与特征，通过伪代码的实现加深对这些概念与特征的理解。参与本项目时，首先应了解 OOP 的基本概念，在实现项目的过程中，锻炼抽象能力，加深对 OOP 思想的理解。

　　在本项目的最后还列出了学生信息管理系统的需求分析，这一系统将贯穿本书讲解的所有内容，需反复阅读，深刻理解。

任务 1　理解 OOP 的基本概念

1.1.1　任务目标

- 理解 OOP 中基本概念。
- 锻炼软件抽象能力。

1.1.2　知识学习

1. 面向对象的概念

面向对象程序设计（Object-Oriented Programming，OOP），指一种程序设计范型，同时

也是一种程序开发的方法。它将对象作为程序的基本单元,将程序和数据封装其中,以提高软件的重用性、灵活性和扩展性。

2. 面向对象与面向过程的区别

程序设计的概念最简略的描述为:程序设计=数据结构+算法。通俗一点说,程序设计指的是设计、编制、调试程序的方法和过程。

面向过程就是分析出解决问题所需要的步骤,然后用程序把这些步骤一步一步实现。

例如五子棋游戏,面向过程的设计思路就是首先分析问题的步骤:

①开始游戏;②黑子先走;③绘制画面;④判断输赢;⑤白子走;⑥绘制画面;⑦判断输赢;⑧返回步骤②;⑨输出最后结果。把上面每个步骤分别用函数来实现,问题就解决了。

面向对象的设计则是从另外的思路来解决问题,把构成问题的事物分解成若干个对象,建立对象的目的不是为了完成一个步骤,而是为了描叙某个事物在整个解决问题的步骤中的行为。面向对象思维将五子棋游戏分解为:

(1) 玩家对象,黑白双方,这两方的行为是一模一样的。

(2) 棋盘系统,负责绘制画面。

(3) 规则系统,负责判定诸如犯规、输赢等。

第一类对象(玩家对象)负责接收用户的输入,并告知第二类对象(棋盘对象)棋子布局的变化,棋盘对象接收到了棋子的变化,就要负责在屏幕上面显示出这种变化,同时利用第三类对象(规则系统)来对棋局进行判定。

3. 对象

面向对象使用对象来解决问题,因此对象就成为面向对象程序设计中的基础与核心,就像上面分析的五子棋游戏主要由三种对象组成的一样,三种对象被设计出来,五子棋的主要功能也就实现了。

从面向对象理论来讲,对象是系统中用来描述客观事物的一个实体,它是构成系统的一个基本单位,它可以指具体的事物,也可以指抽象的事物,如:整数1、2、3,苹果、张三、规则、法律、表单等。一个对象由一组属性和对这组属性进行操作的一组**行为**组成,如张三具有名字、身高、体重等属性,具有吃饭、睡觉、说话、运动等行为。从更抽象的角度来说,对象是问题域或实现域中某些事物的一个抽象,它反映了该事物在系统中需要保存的信息和发挥的作用;它是一组属性和有权对这些属性进行操作的一组操作的封装体。

图1-1表示了张三这个学生对象的基本属性与行为。

4. 类

类是具有相似属性和行为的对象的集合。类的概念来自于人们认识自然、认识社会的过程。在这一过程中,人们从一个个具体的对象中把共同的特征抽取出来,形成一个一般的概念,这就是"类";如:昆虫、狮子、爬行动物,因为它们都属于动物的一种类别,所以归类为动物。对于一个具体的类,它有许多具体的个体,这就是属于这个类的"对象"。从面向对象理论来讲,类是对象的模板。即类是对一组有相同属性和相同操作的对象的定义,一个类所包含的方法和数据用于描述一组对象的共同属性和行为。类是在对象之上的抽象;对象则是类的具体化,是类的实例。

图1-2描述了学生类的基本属性与行为。

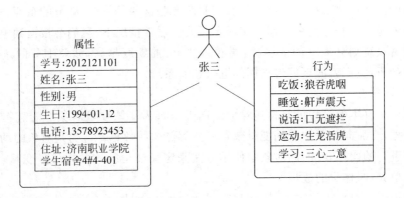

图 1-1　张三的基本属性与行为

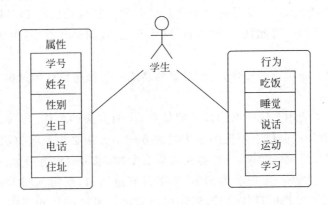

图 1-2　学生类的基本属性与行为

5．抽象

面向对象的思想在于把软件看成是由各种各样具有特定职责的对象所组成的，不同对象之间的相互作用构成了整个软件。以面向对象的角度去进行程序设计，至少需要以下三步：

（1）发现并设计对象；

（2）确定对象的职责；

（3）确定对象间的相互关系。

按前面所提，类是具有相同行为对象的模板，通过同一个类可以创建不同对象，对象是类的实例。面向对象的设计程序一般从类的设计开始。由类的概念我们可以知道，类是对同一类对象共有属性和行为的抽象，要实现类，就是要用抽象的方法来归纳对象的类型、对象的属性和行为以及对象的协作关系，因此抽象的好坏决定了软件设计的成败。

（1）抽象使我们更接近于事物的本质。抽象的过程就是提炼存在于事物之间共同拥有的元素，而这些事物之间共同拥有的元素往往是这一事物区别于其他事物关键的东西，这些元素就构成了事物的本质。

（2）抽象的思维方式使我们能够控制问题域或者系统的复杂度，从而使我们能够找到解决问题的方式。一个问题域或者系统有很多具体的、细节的东西，这些具体的、细节的东西相互交织，使我们很难对问题域或者系统进行正确的分析，也就是我们平常所说的无从下手。而抽象的强大优势就在于它可以使我们暂时忽略这些具体的、细节的东西,这样呈现在我们面前的就是一个相对简单的问题域或者系统。通常情况下,我们会根据抽象度的不同,将问题域或者系统划分成不同的层次,层次越往上,抽象度越高,涉及细节的东西就越少。通过这样的分析,我们就能更好地把握问题域或者系统。

6. 变量与方法

抽象对象最基本的过程就是描述对象的属性与行为。属性是对象的静态特征,通常是一些基本数据,在面向对象中使用变量来定义并存储这些数据。行为是对象的动态特征,通常是对象所进行的操作,在面向对象中使用方法来定义并运行这些操作。变量和方法是类的基本组成单元,叫作类的成员。

变量用于保存对象中的数据,比如张三这个学生的学号、姓名、性别、生日等信息。从程序设计角度讲,变量由类型、名称、值三个部分组成,例如张三的"学号"这个变量,2012121101是这个变量的值,学号是这个变量的名称。2012121101是一串字符串,因此字符串是这个变量的类型。再如张三的"生日"这个变量,日期是其类型,生日是其名称,1994-01-12是其值。

方法就是对象所能执行的操作,表示对象的功能。从程序设计角度讲,方法包括定义及使用两个过程。

方法定义描述了使用方法所必须具备的信息,比如方法的名称、方法的参数、方法的返回值、方法体等。方法的名称表明使用方法时的方式。方法必须要有方法名。方法的参数表明方法执行时需要用到的数据,一个方法可以有参数,也可以没有参数。方法的返回值表明方法的结果,一个方法一般要有返回值,如果没有返回值,则要标明无返回值(通常写作void)。方法体体现了操作的具体过程,程序中通常由一系列的语句组成。比如张三的"运动"方法:"运动"是其方法名;像跑步这样的运动可能不需要参数,而像打乒乓球这样的运动则可能需要"乒乓球拍"、"乒乓球"这样的参数;平时的运动可能就是无返回值的(void),而比赛时的运动可能就需要"名次"这样的返回值;像跑步这样的运动,其方法体就描述了跑步的具体过程,可能包括摆臂、迈步等,而像打乒乓球这样的运动,其方法体则可能包括发球、挥拍、移动、扣杀等具体动作过程。

方法的使用就是方法执行的过程,也就是对象实现功能的过程,从程序设计角度来讲,方法的使用叫作方法调用,这一过程体现在对象间的消息传递过程中。对象功能的实现通常由另一对象对其传递消息开始,传递消息一般由三部分组成:接收消息的对象、消息名及实际变元,这三部分其实就是对象、方法名、方法参数,也就是方法的调用。

面向对象中还有一类特别的方法叫作构造方法,用于类的实例化,也就是使用类创建对象。构造方法也是方法,只不过是有些特别之处的方法。

1.1.3 任务实施

1. 绘制"李四"其人

李四与张三一样,是一名在校学生,她是一位温文尔雅的女士,做事专注认真、有条不紊,请根据自己的理解,绘制"李四"其人。

(1) 抽象李四的属性

根据描述我们可以知道李四的姓名与性别,其余属性我们可以根据自己想象描述,李四的一些可能的属性描述如下：学号——2012121102，生日——1995-02-14，电话——15523456742，住址——济南职业学院学生宿舍5#-2-201。

(2) 抽象李四的行为

李四做事专注认真，温文尔雅，我们可以将李四的行为抽象如下：

吃饭——细嚼慢咽；睡觉——渐入梦乡；说话——妙语连珠；运动——举止大方；学习——专心致志。

(3) 绘制"李四"其人

综合李四的属性与行为，我们绘制"李四"其人如图1-3所示。

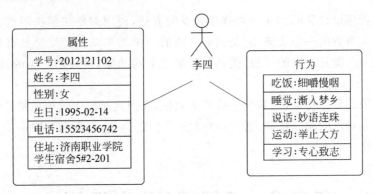

图1-3 李四的属性与行为

2. 根据"张三"和"李四"两名学生，使用伪代码抽象学生类

伪代码不是某一门语言(如Java、C等)的具体代码，而是使用一种非正式的用于描述系统功能的语言，伪代码通常使用类似英语的结构。

(1) 抽象变量

学生类中的数据主要包括学号、姓名、性别、生日、电话、住址，分别使用其英文单词作为变量名，除生日是日期类型外，其余都可抽象为字符串类型，我们用英文单词Date表示日期类型，String表示字符串类型。

(2) 抽象方法

学生类中的方法主要有五个：吃饭、睡觉、说话、运动、学习，分别使用其英文单词代表方法名，为了表述简单，将这些方法都定义为无参数、无返回值、空方法体，我们使用英文单词void表示方法无返回值，使用一对空的括号"()"表明方法无参数，使用一对空的花括号"{}"表明方法为空方法体。

(3) 学生类伪代码抽象

我们使用英文单词class表明后面定义的是一个类，根据上述分析，可以使用如下的伪代码来描述学生类，其中"//"后的是注释，以方便理解。

```
class Student{
    String number;          //学号
    String name;            //姓名
    String sex;             //性别
    Date birthday;          //生日
    String phone;           //电话
```

```
    String address;              //住址
    void eat(){}                 //吃饭
    void sleep(){}               //睡觉
    void speak(){}               //说话
    void move(){}                //运动
    void study(){}               //学习
}
```

1.1.4　任务总结

面向对象程序设计(OOP)是一种程序开发的方法,使用对象来解决问题。对象是系统中用来描述客观事物的一个实体,它是构成系统的一个基本单位。类是具有相似属性和行为的对象的集合。类是对象的模板,类是在对象之上的抽象,对象则是类的具体化,是类的实例。

属性是对象的静态特征,通常是一些基本数据,在面向对象中使用变量来定义并存储这些数据。行为是对象的动态特征,通常是对象所进行的操作,在面向对象中使用方法来定义并运行这些操作。

任务2　了解OOP高级特性

1.2.1　任务目标

- 理解OOP的高级特性。
- 锻炼软件设计的高层抽象能力。

1.2.2　知识学习

1. 封装

所谓封装就是把某个事物包装起来,使外界不知道该事物的具体内容,其使用通过向外界提供接口的形式而存在。比如打开电视机,它提供的是一个开关,但究竟怎样让电视播放我们是不知道的。我们也不必关心那么多,我们只要知道通过这个动作能实现我们想要的功能就行了。通过封装,我们很好地实现了细节对外界的隐藏,从而达到数据说明与操作实现分离的目的,使用者只需要知道它的说明即可使用它。这一思想如图1-4所示。

程序设计也需要封装思想。面向对象编程中,对象间的相互联系和相互作用过程主要通过消息机制得以实现。对象之间并不需要过多地了解对方内部的具体状态或操作实现,就像人的隐私通常都是不希望别人知道的,面向对象中的类体现了这种思想。类是封装良好的模块,是封装的最基本单位。

类由变量和方法构成,对类的操作也就是对这些成员的操作。可以访问的类的成员越多,出现问题的几率就越大,程序的健壮性、稳定性就越差。为避免这种情况,在面向对象编程中提出了"强内聚、弱耦合"的编程思想。也就是要求一个类的内部成员之间联系紧密一些,而一个类与其他类之间的联系疏松一些。

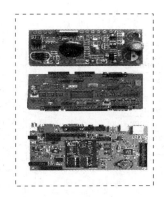

图 1-4 电视机的封装

简单来讲，封装思想可以通过设置访问权限的方式实现，我们可以通过设置某些类的成员为私有的，使其在类的外部不可见，将某些成员设置为公共的，使其在外部进行访问，这样就简单实现了封装。我们使用英文单词 private 表明私有，使用英文单词 public 表明公共，因此封装可以简单理解为尽可能地把类的成员声明为私有的（private），只把一些少量的、必要的方法声明为公共的（public），提供给外部使用。这种方式使得类功能的实现只在类内可见，在类的外部，则只能访问那些少量的 public 方法，完成相应的功能，至于实现这些功能的内部机理和过程，在类的外部并不知道，也不需要知道，从而减少了用户对类的内部成员的访问，增强了程序的健壮性。

学生的基本信息同样是属于隐私范畴，通常情况下也需要进行数据隐藏，我们将其设置为私有的（private），以保护学生信息。但有时我们需要使用或者修改这些信息，因此我们提供一些读写方法来访问或修改这些信息。通常情况下，我们使用 get×××() 方法来读取这些信息，如用 getName() 方法读取 name(姓名)信息，使用 set×××() 方法来修改这些信息，如用 setName() 方法修改 name(姓名)信息。读取信息一定要返回该信息的内容，因此 get×××() 方法通常是有返回值的方法，其返回值类型应该就是要读取信息的类型，如 gatName() 的返回值类型应该就是 name 信息的类型——String。修改信息一定要提供修改的值，因此 set×××() 方法通常是带参数的方法，其参数就是要修改的值，如 setName() 的参数应该是要修改的姓名，而姓名这一参数应该是 String 类型。使用封装思想，对于学生类重新进行抽象，如图 1-5 所示。

封装将类的外部界面与类的功能实现区分开，隐藏了实现细节，通过公共方法保留有限的对外接口，迫使用户使用外部界面，通过访问接口实现对数据的操作。即使实现细节发生了改变，也还可通过界面承担其功能而保留原样，确保调用它的代码还继续工作。这使代码维护更简单。

2. 包

随着问题的复杂性的增强，我们抽象出来的类将越来越多，类如何管理就成为亟待解决的问题了，面向对象通常通过包或者命名空间来解决类的管理。包（或者命名空间）类似于文件夹，将一个一个的类存放其中，不同功能的类存放于不同的包（或者命名空间）中，以方便管理。包还可以有子包（命名空间可以有子命名空间），以增加其对类的管理功能。从封装角度来讲，包（或者命名空间）提供了对类的封装。这一思想可以通过图 1-6 所示。

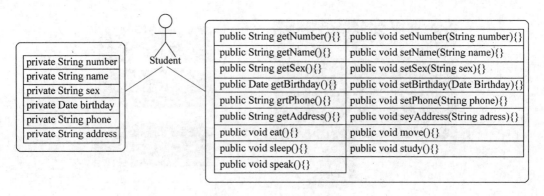

图 1-5　学生类的封装体现

图 1-6　包

3. 继承

继承是指这样一种能力：它可以使用现有类的所有功能，并在无须重新编写原来的类的情况下对这些功能进行扩展。通过继承创建的新类称为"子类"或"派生类"。被继承的类称为"基类"、"父类"或"超类"。在某些 OOP 语言中，一个子类可以继承多个基类，称为多继承。但是一般情况下，一个子类只能有一个基类，称为单继承，要实现多继承，可以通过接口来实现。我们可以使用英文单词 extends 表示子类到父类的继承关系。

继承是类不同抽象级别之间的关系。父类是子类更高级别的抽象。通过类的继承关系，使公共的特性能够共享，提高了软件的重用性。

比如，我们抽象教师类（Teacher）时会发现教师类和学生类有很多相似的属性和行为，我们就可以将这些属性和行为以变量和方法的形式抽象于学生与教师的公共父类——人类（Person）中，这样同样的变量和方法只存在于"人"类中，方便了代码的复用与修改。这一过程如图 1-7 所示。

4. 抽象类与接口

抽象类通常代表一个抽象概念，提供一个类的部分实现，不能用于创建对象实例，而是用来提供一个继承的出发点，作为创建其子类的一个模板而存在。比如"线"是"直线"与"曲线"的抽象类。我们可以使用英文单词 abstract 表示抽象。

面向对象的基本任务就是抽象类与对象，抽象的过程中会发现一些类会有共同的属性和行为，我们通过继承将这些共有的属性和行为抽象到父类中，在抽象的过程中我们可能会遇到这样的情况：几个类有共同的行为，但行为的具体实现却不一样。比如我们给教师类添加 study（学习）方法，但教师的学习通常是自学或培训形式，与学生的学习有着不同的过程，此时好的方式便是在学生与教师的公共父类 Person 类中抽象一个没有具体实现的 study 方法，这个方法没有方法体，其方法的具体实现要根据子类的不同而不同，这样

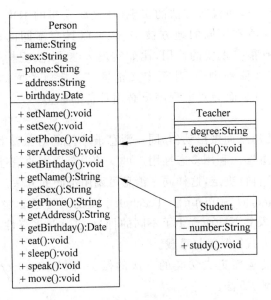

图 1-7 类的继承

Person 类中含有未实现的方法 study(),也就是 Person 这个类只提供了类的部分实现,这个类就是抽象类。可以看到 Person 存在的主要作用是提供 Student 和 Teacher 类的模板,Student 和 Teacher 根据自己的不同特点提供 Person 的具体实现,Person 的存在就是为了让 Student 和 Teacher 去继承,是在类的层次结构上提供高层抽象,而不是创建对象,这是抽象类最本质的意义。这一特点如图 1-8 所示。

在类的抽象过程中我们还会发现,有些类之间不存在继承关系,但却存在共同的行为,只是这些行为可能会有不同实现,我们需要对这些共同的行为进行抽象,这种抽象使用接口来完成,通常使用英文单词 interface 表示接口。上述的这一过程是接口的作用之一:表示一种能力。比如唐老鸭和米老鼠与我们一样都可以说话,但唐老鸭、米老鼠显然与我们人不是同一类,此时可以定义一个表示说话能力的接口,比如叫作 Talkable,在接口 Talkable 中抽象说话这一行为(speak),与 Talkable 这一接口产生联系的类都将具有说话(speak)这种能力,这种联系叫作实现接口,我们可以使用英文单词 implements 表示类与接口间的实现关系。类与接口的实现关系如图 1-9 所示。

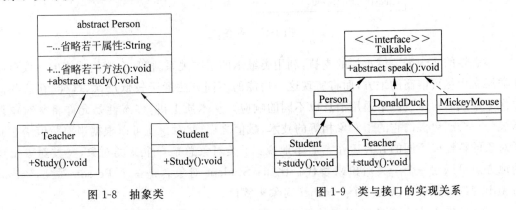

图 1-8 抽象类　　　　　　　　　图 1-9 类与接口的实现关系

接口只有方法的特征,而没有方法的实现(在最新发布的 JDK 8 中,接口中可以包含实现的方法),这些方法将在不同的地方被实现,可以具有不同的行为。除此之外,接口在面向对象编程中还有很多重要的作用,比如实现多继承、实现构件的可插入性、为面向抽象编程提供支持、实现依赖倒转、甚至定义常量等。接口给面向对象编程带来了极大的灵活性,灵活使用接口是面向对象程序员必须具备的能力。

5. 多态

对象根据所接收的消息而做出动作,同一消息被不同的对象接收时可产生完全不同的行动,这种现象称为多态性。利用多态性用户可发送一个通用的信息,而将所有的实现细节都留给接收消息的对象自行决定,这样同一消息可调用不同的方法。例如:study 消息被发送给 Student 和 Teacher,而 Student 和 Teacher 学习的过程可能是不尽相同的,同样一个 study 消息因为接收对象的不同而产生了不同的行为,这就是多态性(polymorphism)。

实现多态,有两种方式:覆盖与重载。

- 覆盖:是指子类重新定义父类的方法的做法,比如 Student 和 Teacher 重新定义 Person 的 study()方法。
- 重载:是指一个类中允许存在多个同名方法的现象,但要求这些方法的参数表不同(或许参数个数不同,或许参数类型不同,或许两者都不同)。比如可以在 Student 中再定义两个 study()方法,一个方法以学习的课程名称作为参数,一个方法以学习的时间长度作为参数,课程名称是字符串参数,时间长度是整型参数,这样这三个 study()方法的参数的个数、类型不尽相同,它们之间构成重载。

覆盖与重载实现的多态如图 1-10 所示。

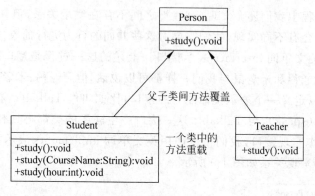

图 1-10 多态

多态性的实现需要继承性的支持,利用类继承的层次关系,把具有通用功能的协议存放在类层次中尽可能高的地方,而将实现这一功能的不同方法置于较低层次,这样,在这些低层次上生成的对象就能给通用消息以不同的响应。从本质上讲,多态性是允许将父对象设置成为一个或更多的它的子对象相等的技术,赋值之后,父对象就可以根据当前赋值给它的子对象的特性以不同的方式运作。简单地说:子类对象总是一个父类对象,父类对象出现的地方总可以用一个子类对象来替代。比如:Student 对象总是一个 Person 对象,Person 对象出现的地方总可以用一个 Teacher 对象来替代。

多态的特性大大提高了程序的抽象程度、简洁性以及灵活性,更重要的是它最大限度地降低了类和程序模块之间的耦合性,提高了类模块的封闭性,使得它们不需了解对方的具体细节,就可以很好地共同工作。这个优点,对程序的设计、开发和维护都有很大的好处。

6. 抽象的进一步探讨

面向对象设计的核心问题是对于给定问题找出一组正确的抽象。抽象的过程贯穿于程序设计的整个过程中,从面向对象代码编写角度去考虑,抽象可以分成四个层次:

(1) 把问题领域中的事物抽象为具有特定属性和行为的对象。

(2) 把具有相同属性和行为的对象抽象为类。

(3) 若多个类之间存在一些共性(具有相同的属性和行为),把这些共性抽象到父类中。

(4) 若干无继承关系类的相同行为,都抽象到接口中。

由此可以看出,抽象不仅仅要完成问题领域中对象与类的设计,抽象还是继承和多态的基础。在抽象的过程中,我们获得的是事物本质的东西和事物独特的东西,这样我们很自然地认识到抽象的事物和具体的事物之间是一种继承的关系,而它们之间的不同性可以通过多态来表现出来。再进一步,抽象关注一个对象的外部视图,用来分离对象的基本行为和实现。可以理解为抽象关注接口,即可观察到的行为;而封装则关注这些行为的实现。面向对象提倡面向抽象编程,而不是面向实现编程。

抽象的优劣我们可以简单地通过以下 4 点来判断。

耦合:模块之间的关联强度应该是比较弱的,即低耦合。

内聚:模块内的各个元素的联系是紧密的,即高内聚。

完整性:类和模块的接口记录了它的全部特征。

基础性:只有访问该抽象的底层表现形式才能够有效地实现那些相应的操作。

7. 面向对象的特征与优势

(1) 特征

① 一切皆对象。对象封装着数据以及可进行的操作。

② 程序是一大堆对象的组合,通过消息传递,对象间产生联系。

③ 每个对象都有自己的存储空间,可容纳其他对象。

④ 每个对象都有一种类型,都是某个"类(Class)"的一个"实例"。

⑤ 一个类可以从另外一个类继承现有功能并使用。

⑥ 同一类所有对象都能接收相同的消息,子类对象总是一个父类对象。

简单地讲:封装、继承、多态是面向对象的三大特性,抽象是面向对象的基础。面向对象的这些特征如图 1-11 所示。

(2) 优势

① 易维护　采用面向对象思想设计的结构,可读性高,即使改变需求,维护也只是在局部模块,非常方便、成本较低。

② 重用性高　在设计时,可重用现有的已被测试过的类,重用方便。

③ 效率高　在软件开发时,根据设计的需要对现实世界的事物进行抽象,提高软件开发的效率。

④ 易扩展　由于继承、封装、多态的特性,自然设计出高内聚、低耦合的系统结构,使得系统更灵活、更容易扩展。

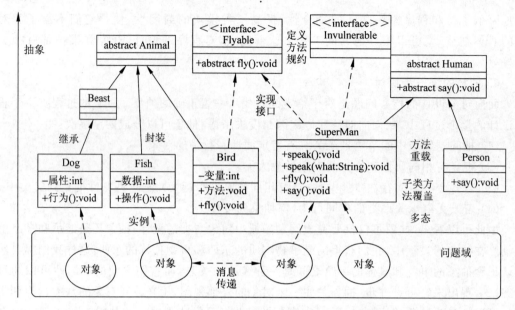

图 1-11 OOP 的特征

1.2.3 任务实施

根据面向对象的特点,将图 1-11 的主要类及接口关系通过伪代码予以实现。

我们从上向下进行代码编写工作,即由接口到抽象类,由父类到子类。

(1) 设计接口 Flyable 与 Invulnerable,我们使用 interface 表明它们是接口,而不是类。由于方法 fly() 是抽象方法,也就是没有实现的方法,因此我们不给 fly() 方法加上方法体,即 fly() 方法不需要"{}"。

```
interface Flyable{
    public void fly();
}
interface Invulnerable{}
```

(2) 抽象 Animal 与 Beast。Animal 是抽象类,我们将 abstract 放在 class Animal 前面,表示这是一个抽象类。Beast 继承了 Animal,我们将 extends 放在 Beast 与 Animal 间,表明这种继承关系。

```
abstract class Animal{}
class Beast extends Animal{}
```

(3) 抽象 Dog 类。Dog 继承自 Beast,可以使用 extends 表示继承关系。我们对 Dog 添加 legs 属性与 shout() 方法,根据封装思想,legs 属性应该声明为私有的(private),并提供公共(public)的 getLegs() 与 setLegs() 方法进行读写,shout() 方法应该是公共的(public)。

```
class Dog extends Beast{
    private int legs;
    public void setLegs(int legs){}
    public int getLegs(){}
    public void shout(){}
}
```

(4) 仿照 Dog 类抽象 Fish 类,对其添加 fins 属性与 swing()方法。

```
class Fish extends Animal{
    private int fins;                    //鱼鳍
    public void setFins(int fins){}
    public int getFins(){}
    public void swing(){}
}
```

(5) 抽象 Bird 类,Bird 类除了用 extends Animal 外,还实现了 Flyable 接口,我们在 Bird 与 Flyable 间添加 implements 代表这种实现关系。同时,Bird 应该覆盖继承过来的 fly() 方法。我们还为 Bird 类添加 wings 属性与 sing()方法。

```
class Bird extends Animal implements Flyable{
    private int wings;
    public void setWings(){}
    public int getWings(){}
    public void sing(){}
    public void fly(){}
}
```

(6) 实现 Human 类与 Person 类。Human 是抽象类,并且还有抽象方法 say(),需要用到 abstract,Person 继承自 Human,需要用到 extends。

```
abstract class Human{
    public abstract say();
}
class Person extends Human{
    public void say(){}
}
```

(7) 实现 SuperMan 类。SuperMan 继承了 Human 类,同时实现了两个接口,我们可以在两个接口中间用逗号","隔开,表面这种多实现(多继承)关系。SuperMan 中还有重载的方法 speak(),其中一个需要字符串参数 what,我们用 String 代表字符串。

```
class SuperMan extends Human implements Flyable,Invnerable{
    public void fly(){}
    public void say(){}
    public void speak(){}
    public void speak(String what){}
}
```

思考:现在有这么多的类与接口,管理起来就不是很方便了,面向对象中提供了什么特性以方便管理这些类与接口呢?

1.2.4 任务总结

封装是把某个事物包装起来,使外界不知道该事物的具体内容。类是封装良好的模块,是封装的最基本单位。

包类似于文件夹,将一个一个的类存放其中,提供对类的封装,以方便类的管理。

继承是子类拥有父类功能的能力。通过继承创建的新类称为"子类"或"派生类"。被继承的类称为"基类"、"父类"或"超类"。一般情况下,一个子类只能有一个基类,称为单继承。

抽象类只提供一个类的部分实现,不能用以创建对象实例,而是用来提供一个继承的出发点,作为创建其子类的一个模板而存在。

接口只有方法的特征,而没有方法的实现,这些方法将在不同的地方被实现,可以具有不同的行为。

对象根据所接收的消息而做出动作。同一消息为不同的对象接收时可产生完全不同的行动,这种现象称为多态性。实现多态,有两种方式:覆盖与重载。覆盖是指子类重新定义父类方法的做法。重载是指一个类中允许存在多个同名方法的现象,但要求这些方法的参数表不同。

子类对象总是一个父类对象,父类对象出现的地方总可以用一个子类对象来替代。

抽象可以分成四个层次:

(1) 把问题领域中的事物抽象为具有特定属性和行为的对象。
(2) 把具有相同属性和行为的对象抽象为类。
(3) 若多个类之间存在一些共性(具有相同的属性和行为),把这些共性抽象到父类中。
(4) 若干无继承关系类的相同行为,抽象到接口中。

封装、继承、多态是面向对象的三大特性,抽象是面向对象的基础。

任务 3　学生信息管理系统的需求分析

1.3.1　任务目标

理解学生信息管理系统的需求。

1.3.2　知识学习

面向对象(Object-Oriented,OO)不仅是一些具体的软件开发技术与策略,而且是一整套关于如何看待软件系统与现实世界的关系,用什么观点来研究问题并进行求解,以及如何进行系统构造的软件方法学。面向对象分析(Object-Oriented Analysis,OOA)是面向对象软件开发的第一个环节。OOA 的基本任务是运用面向对象方法,从问题域中获取需要的类和对象,以及它们之间的各种关系。OOA 确立了系统应该"做什么"。面向对象设计(Object-Oriented Design,OOD)在软件设计生命周期中发生于 OOA 之后,其目标是建立可靠的、可实现的系统模型,OOD 解决了系统"怎么做"的问题。OOAD(Object-Oriented Analysis Design)是 OOP(Object-Oriented Programming)之前必须要解决的问题,系统需求分析是 OOAD 的基础与主要实现过程。

所谓"需求分析",是指对要解决的问题进行详细的分析,弄清楚问题的要求,包括需要输入什么数据,要得到什么结果,最后应输出什么。可以说,在软件工程当中的"需求分析"就是确定要计算机"做什么"。

需求分析的基本任务包括以下几个方面。

(1) 准确确定任务:充分理解和正确表达的系统的需求,这些需求包括功能需求、性能需求、环境需求、用户界面需求。

（2）分析、分解系统，明确软件的功能结构，把软件分成若干个子系统，并详细定义各部分的功能及它们之间的接口。

（3）编写需求文档：确切定义系统需求、软件功能结构及有关接口，形成需求文档。

1.3.3 任务实施

济南职业学院学生信息管理系统主要用于学生信息管理，包括学生信息管理、班级信息管理、用户信息管理三大功能模块。学生信息管理主要包括学生信息的增加(Create)、查询(Retrieve)、更新(Update)和删除(Delete)（简称为CRUD），班级信息管理主要包括班级信息的增加、查询、更新、删除，用户信息管理主要是用户权限管理。请分析此系统，给出系统的需求分析。

1. 系统用例分析

本系统主要完成信息管理，信息管理包括学生信息管理、班级信息管理、用户信息管理，因此本系统涉及的参与者主要是用户与管理员，用户负责学生及班级信息管理，管理员负责用户权限管理。

用户注册并被管理员赋予权限后可以登录系统，然后进行班级、学生信息的管理工作。管理工作则主要是对班级、学生信息的增加、查询、更新、删除。

管理员登录后负责用户权限管理，主要是用户权限审核，审核后的用户方可登录本系统，实现信息管理工作。

根据上述分析，绘制系统用例图如图1-12所示。

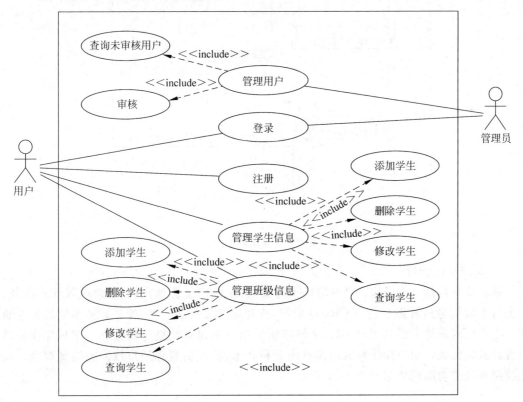

图1-12 系统用例图

2. 系统时序分析

系统应该包括界面层、业务层、数据库层等主要层次，系统功能的实现源于用户注册，注册后管理员登录并对用户权限审核，获得审核合格的用户可以登录系统，就可以对班级、学生信息进行管理，管理完毕退出系统，系统功能执行完毕，这是系统执行的时间顺序，由此绘制系统的顺序图如图 1-13 所示。

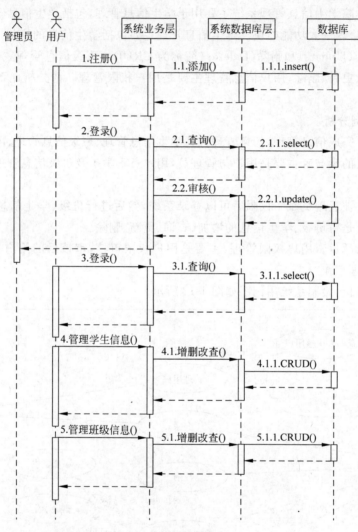

图 1-13 系统顺序图

3. 系统功能分析

系统应该包括三大模块：学生信息管理模块、班级信息管理模块、用户权限管理模块。学生与班级信息的管理主要是 CRUD 操作，查询功能要复杂一些，涉及按照不同的属性查询。用户权限管理主要是用户审核，未经审核的用户不得对数据进行操作。审核操作应该由管理员来完成。用户操作数据前需要注册和登录，管理员管理用户权限前需要登录。由此绘制系统的功能模块图如图 1-14 所示。

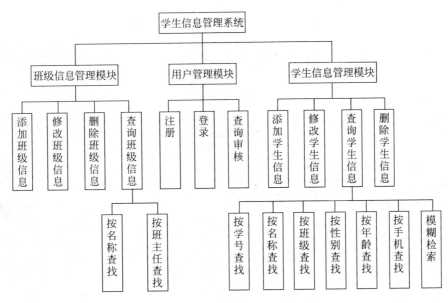

图 1-14 系统功能模块图

4．系统对象分析

系统的参与者管理员与普通用户应该是系统中的对象，需要建立 Admin 与 User 类，因其都需要用户名、密码属性与登录操作，因此将公共成员抽象到父类 Person 中。User 还需要权限属性，为方便设计，将权限也抽象到 Person 中，并使用整数表示其权限：0 表示注册但未审核用户；1 表示审核用户；2 表示管理员。

系统中主要受管理的对象（学生与班级）应该分别建立 Student 与 Classes 类来表示。对学生抽象出学号、姓名、性别、生日、班级、电话、住址等属性，对班级抽象出编号、班名、班主任等属性，并按照封装思想提供 set×××()、get×××() 方法对这些属性进行读写。

对于用户、学生、班级进行的操作都需要相应的业务类来实现，按照面向抽象编程的思想，首先抽象三个接口，在接口中封装操作规范，然后由相应的实现类来完成具体的功能。我们将这三个接口分别命名为 UserDao、StuDao、ClassDao，业务实现类分别命名为 UserDaoImpl、StuDaoImpl、ClassDaoImpl，其中分别实现注册、登录、添加、删除、修改、查询等功能。

数据肯定需要数据库的持久化支持，程序还需要数据库的访问类，我们将其命名为 DBCon，其中封装了数据库的相关操作。

系统的业务对象分析完毕，除此之外系统还应该包括很多界面设计对象，以提供用户操作界面，在此不再一一分析。

由此绘制系统类图如图 1-15 所示，图中包含一个 Factory 类，用于实现工厂模式，实现分层设计。关于分层设计，请参考"补充拓展"部分的内容。

5．系统界面设计

系统注册、登录界面如图 1-16 所示。

管理员用户授权界面如图 1-17 所示。

修改班级信息界面如图 1-18 所示。

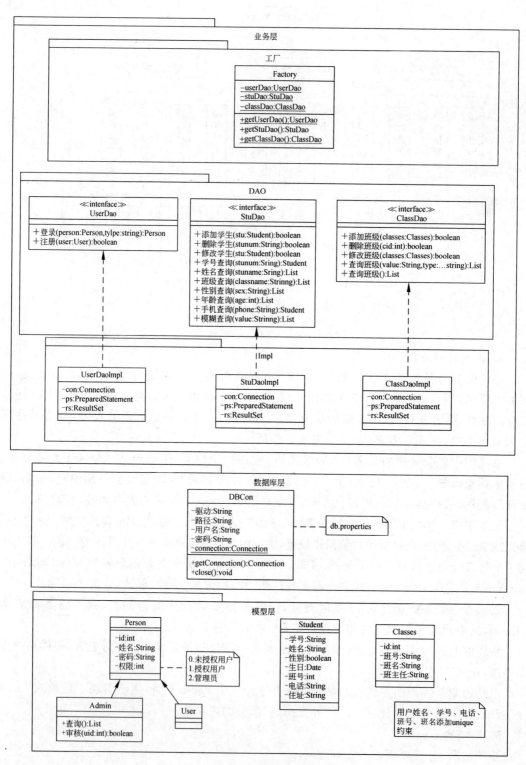

图 1-15 系统类图

图 1-16　注册登录界面

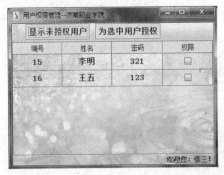 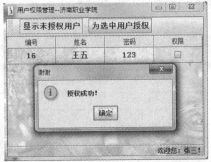

图 1-17　权限管理

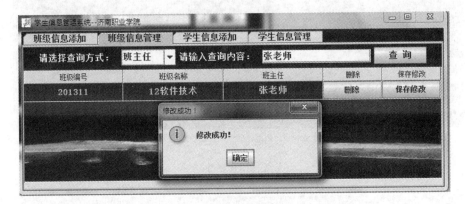

图 1-18　修改班级信息

删除班级信息界面如图 1-19 所示。

班级查询与添加界面不再绘制，学生信息添加界面如图 1-20 所示。

学生信息查询界面如图 1-21 所示。

图 1-19　删除班级信息

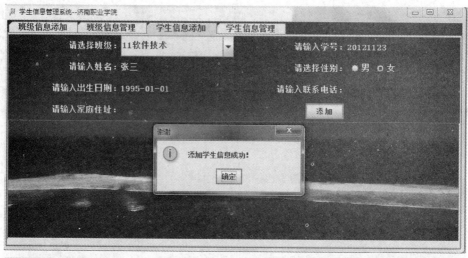

图 1-20 添加学生信息

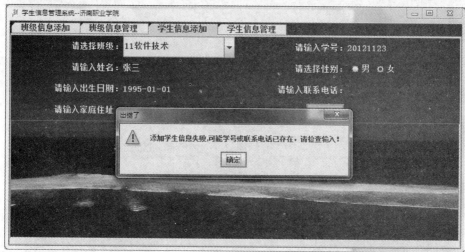

图 1-21 查询学生信息

6. 系统数据库设计

本系统使用 MySQL 5.5 作为系统数据库，系统数据库名为 stumanage，登录用户名为 jnvc，密码为 computer，系统数据库 SQL 脚本如下所示。

```sql
CREATE DATABASE IF NOT EXISTS stumanage;
USE stumanage;
DROP TABLE IF EXISTS 'classes';
CREATE TABLE 'classes' (
    'num' varchar(12) NOT NULL,
    'name' varchar(45) NOT NULL,
    'teacher' varchar(15) NOT NULL,
    'id' int(10) unsigned NOT NULL AUTO_INCREMENT,
    PRIMARY KEY ('id'),
    UNIQUE KEY 'uni_num' ('num'),
    UNIQUE KEY 'uni_name' ('name')
) ENGINE = InnoDB AUTO_INCREMENT = 8 DEFAULT CHARSET = gbk;
DROP TABLE IF EXISTS 'student';
CREATE TABLE 'student' (
    'num' varchar(13) NOT NULL,
    'name' varchar(12) NOT NULL,
    'sex' tinyint(1) DEFAULT '1',
    'phone' varchar(11) DEFAULT NULL,
    'address' varchar(45) DEFAULT NULL,
    'birthday' date DEFAULT NULL,
    'cid' int(10) unsigned DEFAULT NULL,
    PRIMARY KEY ('num'),
    UNIQUE KEY 'uni_phone' ('phone'),
    KEY 'stu_cla_fk' ('cid'),
    CONSTRAINT 'stu_cla_fk' FOREIGN KEY ('cid') REFERENCES 'classes' ('id')
) ENGINE = InnoDB DEFAULT CHARSET = gbk;
DROP TABLE IF EXISTS 'user';
CREATE TABLE 'user' (
    'id' int(10) unsigned NOT NULL AUTO_INCREMENT,
    'name' varchar(20) NOT NULL,
    'password' varchar(20) NOT NULL,
    'privilege' int(10) unsigned NOT NULL DEFAULT '0',
    PRIMARY KEY ('id'),
    UNIQUE KEY 'uni_name' ('name')
) ENGINE = InnoDB AUTO_INCREMENT = 15 DEFAULT CHARSET = gbk;
INSERT INTO 'user' ('id','name','password','privilege') VALUES
(1,'张三','123',2);
```

1.3.4 任务总结

面向对象分析的基本任务是运用面向对象方法，从问题域中获取需要的类和对象，以及它们之间的各种关系。面向对象设计的目标是建立可靠的、可实现的系统模型，OOAD 是 OOP 之前必须要解决的问题，系统需求分析是 OOAD 的基础与主要实现过程。

需求分析是指对要解决的问题进行详细的分析,弄清楚问题的要求。

1.3.5 补充拓展

1. UML

UML(Unified Modeling Language,统一建模语言)是一种面向对象的建模语言,它是运用统一的、标准化的标记和定义实现对软件系统进行面向对象的描述和建模。UML 是一种定义良好、易于表达、功能强大且普遍适用的建模语言。它融入了软件工程领域的新思想、新方法和新技术。它的作用域不限于支持面向对象的分析与设计,还支持从需求分析开始的软件开发的全过程。UML 使用各种图来描述软件系统,这些图包括:用例图、类图、对象图、构件图、部署图、活动图、协作图、状态图、序列图等。

用例视图是被称为参与者的外部用户所能观察到的系统功能的模型图。用例是系统中的一个功能单元,可以被描述为参与者与系统之间的一次交互作用。用例模型的用途是列出系统中的用例和参与者,并显示哪个参与者参与了哪个用例的执行。

顺序图表示了对象之间传送消息的时间顺序。每一个类元角色用一条生命线来表示,即用垂直线代表整个交互过程中对象的生命期,生命线之间的箭头连线代表消息。顺序图可以用来进行一个场景的说明——即一个事物的历史过程。顺序图的一个用途是用来表示用例中的行为顺序。当执行一个用例行为时,顺序图中的每条消息对应了一个类操作或状态机中引起转换的触发事件。

类图描述系统的静态体系结构,构成系统的类,还有类之间的关系。

关于 UML 的具体介绍请参考其他书籍或资料,在此不再赘述。

2. 分层设计

在一套大型软件的生命过程中,必然会有新需求不断地涌现。有的需求会对原系统的冲击非常大,甚至导致系统的一些关键代码重新开发。如何面对这些大型软件设计和开发过程的通用难题,始终是系统设计的重点和难点。为了解决这些问题,在系统的设计中,采用了软件分层设计策略,并且逐步从组件化过渡到服务化。

以常见的三层结构来分析,三层架构图如图 1-22 所示。

(1) 表示层:实现用户操作界面,展示用户需要的数据。

(2) 业务层:完成业务流程,处理表示层提交的数据请求,使用数据访问层操作数据。

(3) 数据访问层:接收业务层的数据库操作申请,完成数据库操作,记录日志信息。

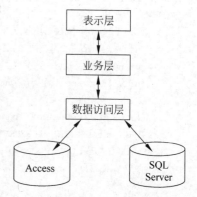

图 1-22 软件三层架构图

分层设计的优点如下:

(1) 复杂问题分解并简单化,每一层负责自己的实现,并向外界提供服务。

(2) 职责分离,复杂的系统都有很多人员进行开发,这些功能开发的管理和集成是个很严重的问题,分层设计实现之后,每层只定义好自己的对外接口,其他依赖层的服务就可以进行开发。

(3) 每一层对其他层都是独立的,上层无须知道下层的细节,只需调用服务即可,降低了学习成本。

(4) 有利于标准化。

分层设计的缺点如下:

(1) 分层之后对于领域业务的修改有可能需要修改很多层。

(2) 过多的层次影响性能。

项目 2 开启 Java 之门

项目名称
开启 Java 之门
项目编号
Java_Stu_002
项目目标
能力目标：编写、编译、运行 Java 程序的能力。
素质目标：快速使用软件开发工具的素质。
重点难点：
(1) 理解 Java 的运行原理。
(2) 学习 Java 环境配置。
(3) 调试、运行 Java 程序。
知识提要
JVM、JDK、JRE、解释运行、Eclipse
项目分析
　　Java 是面向对象的程序设计语言，学习开发 Java 程序之前必须首先搭建 Java 的开发平台，如何快速敲开 Java 之门并进入 Java 世界？
　　本项目主要为学习 Java 语言打下基础，首先搭建 Java 的运行环境，然后编写、调试、运行最简单的 Java 程序，理解 Java 的运行原理，掌握 Java 程序的基本结构，最后介绍 Eclipse 集成开发环境，以方便 Java 的调试运行。

任务 1 搭建运行环境

2.1.1 任务目标

- 了解 Java 的版本与特点。
- 学习 JDK 的安装。
- 学习 Java 环境变量的设置。

2.1.2 知识学习

1. Java 的历史

　　1991 年，Sun 公司为了进军家用电子消费市场，成立了一个代号为 Green 的项目组。其目标是开发一个分布式系统，让人们可以利用网络远程控制家用电器。由于 C++ 语言太复杂，项目组研究设计出了一套新的程序设计语言，这个新的程序设计语言就是 Java 语言的前身,被命名为 Oak(橡树)。可惜的是,Sun 公司在以 Oak 为程序设计语言投标"交互式电视项目"时未能中标,这使得 Oak 语言的进一步发展一度遇到很大的问题。

1994 年,Green 项目组成员认真分析计算机网络应用的特点,认为 Oak 满足网络应用所要求的平台独立性、系统可靠性和安全性等,并用 Oak 设计了一个称为 WebRunner(后来称为 HotJava)的 WWW 浏览器。1995 年 5 月 23 日,Sun 公司正式发布了 Java 和 HotJava 两项产品,这一天标志着 Java 语言的诞生。

Java 语言一经推出,就受到了业界的关注。Netscape 公司第一个认可 Java 语言,并于 1995 年 8 月将 Java 解释器集成到它的主打产品 Navigator 浏览器中。接着,Microsoft 公司在 Internet Explorer 浏览器中认可了 Java 语言。Java 语言开始了自己的发展历程。

2009 年 4 月,Oracle(甲骨文)公司以 74 亿美元收购 Sun 公司,从此 Sun 公司旗下的两大产品 Java 和 Solaris 归入 Oracle 门下,甲骨文 CEO 拉里·埃里森(Larry Ellison)表示收购 Sun 之后,将继续加大对 Java 的投资,甲骨文的中间件战略将"100%基于 Java",Java 的发展进入了新的纪元。

2. Java 的版本

目前使用的 Java 版本包括 Java SE、Java EE、Java ME 三个版本,分别用于不同的领域。

Java SE(Java Standard Edition)用于工作站、PC,为桌面开发和低端商务应用提供了 Java 标准平台。

Java EE(Java Enterprise Edtion)用于服务器,构建可扩展的企业级 Java 平台。

Java ME(Java Micro Edtion)用于嵌入式 Java 消费电子平台,适用于消费性电子产品和嵌入式设备。

3. Java 语言的特点

(1) 面向对象

Java 语言是纯面向对象的,它提供软件的弹性度(flexibility)、模块化(modularity)与重复使用率(resability),降低开发时间与成本。

(2) 语法简单

Java 语言的语法结构类似于 C 和 C++,熟悉 C 和 C++的程序设计人员不会对它感到陌生。与 C++相比,Java 对复杂特性的省略和实用功能的增加使得开发变得简单而可靠,例如不再支持诸如运算符重载、多继承及自动强制类型转换等容易混淆且较少使用的特性;去掉了容易导致错误的指针概念;增加了内存空间的自动垃圾收集功能,既避免了内存漏洞现象的发生,又简化了程序设计。

(3) 平台无关性

平台无关性是指 Java 能运行于不同的系统平台。Java 引进虚拟机概念,Java 虚拟机(Java Virtual Machine,JVM)建立在硬件和操作系统之上,用于实现对 Java 字节码文件的解释和执行,为不同平台提供统一的 Java 接口。这使得 Java 应用程序可以跨平台运行,非常适合网络应用。

(4) 安全性

Java 设计的目的是提供一个网络/分布式的计算环境,因此,Java 特别强调安全性。Java 程序运行之前会进行代码的安全检查,确保程序不会存在非法访问本地资源、文件系统的可能,保证了程序在网络间传送运行的安全性。

(5) 分布式应用

Java 为程序开发提供了 java.net 包,该包提供了一组类,使程序开发者可以轻易实现基于 TCP/IP 的分布式应用系统。此外,Java 还提供了专门针对互联网应用的一整套类库,供开发人员进行网络程序设计。

(6) 多线程

Java 语言内置了多线程控制,可使用户程序并行执行。Java 语言提供的同步机制可保证各线程对共享数据的正确操作。在硬件条件允许的情况下,这些线程可以直接分布到各个 CPU 上,充分发挥硬件性能,提高程序执行效率。

4. JDK、JRE 与 JVM

Java 不仅提供了一个丰富的语言和运行环境,而且还提供了一个免费的 Java 软件开发工具集(Java Development Kits,JDK)。到目前为止,Sun 和 Oracle 公司先后发布了多个主要的 JDK 的版本。JDK 是编译 Java 源文件、运行 Java 程序必需的环境,主要包括 Java 虚拟机(JVM)、Java 运行环境(JRE)以及 Java 的编译工具等。如果你要自行开发 Java 软件,JDK 是必需的环境。

JRE(Java Runtime Environment,Java 运行环境):运行 Java 程序所必需的环境的集合,主要包含 JVM 及 Java 核心类库 API(Application Programming Interface,应用程序编程接口)。如果你只需要运行 Java 程序,无须 JDK,只要安装 JRE 即可。

JVM(Java Virtual Machine,Java 虚拟机):由计算机仿真出来的 Java 程序运行的虚拟计算机,包括一套字节码指令集、一组寄存器、一个栈、一个垃圾回收堆和一个存储方法域。JVM 屏蔽了与具体操作系统平台相关的信息,使 Java 程序只需生成在 Java 虚拟机上运行的目标代码(字节码),就可以在多种平台上不加修改地运行,从而达到了跨平台的特性。

简单地说,JDK 是 Java 开发环境,JRE 是 Java 运行环境,JVM 是 Java 运行的虚拟机,JDK 包含 JRE,JRE 包含 JVM。JDK、JRE、JVM 的关系如图 2-1 所示。

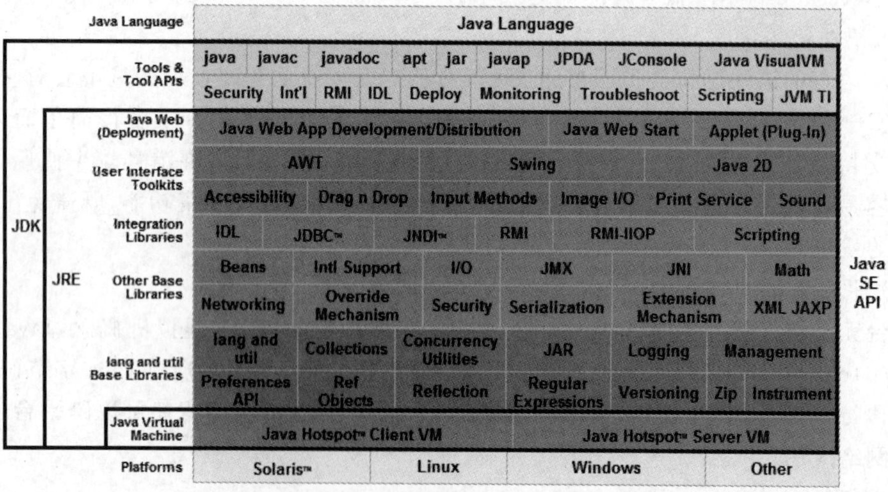

图 2-1 JDK、JRE、JVM 的关系

2.1.3　任务实施

下载、安装并配置 Java 运行环境。

1. 下载 JDK

截至 2013 年 8 月，正式发布的 JDK 的最新版本是 JDK 7.0(Java SE 7 U25)，测试版本已经到 JDK 8.0，我们下载 Oracle 官方发布的正式版本 7.0，下载地址是：http://www.oracle.com/technetwork/java/javase/downloads/jdk7-downloads-1880260.html。JDK 有其运行的软硬件环境，如图 2-2 所示。

Java SE Development Kit 7u25

You must accept the Oracle Binary Code License Agreement for Java SE to download this software.

Thank you for accepting the Oracle Binary Code License Agreement for Java SE; you may now download this software.

Product / File Description	File Size	Download
Linux x86	80.38 MB	jdk-7u25-linux-i586.rpm
Linux x86	93.12 MB	jdk-7u25-linux-i586.tar.gz
Linux x64	81.46 MB	jdk-7u25-linux-x64.rpm
Linux x64	91.85 MB	jdk-7u25-linux-x64.tar.gz
Mac OS X x64	144.43 MB	jdk-7u25-macosx-x64.dmg
Solaris x86 (SVR4 package)	136.02 MB	jdk-7u25-solaris-i586.tar.Z
Solaris x86	92.22 MB	jdk-7u25-solaris-i586.tar.gz
Solaris x64 (SVR4 package)	22.77 MB	jdk-7u25-solaris-x64.tar.Z
Solaris x64	15.09 MB	jdk-7u25-solaris-x64.tar.gz
Solaris SPARC (SVR4 package)	136.16 MB	jdk-7u25-solaris-sparc.tar.Z
Solaris SPARC	95.5 MB	jdk-7u25-solaris-sparc.tar.gz
Solaris SPARC 64-bit (SVR4 package)	23.05 MB	jdk-7u25-solaris-sparcv9.tar.Z
Solaris SPARC 64-bit	17.67 MB	jdk-7u25-solaris-sparcv9.tar.gz
Windows x86	89.09 MB	jdk-7u25-windows-i586.exe
Windows x64	90.66 MB	jdk-7u25-windows-x64.exe

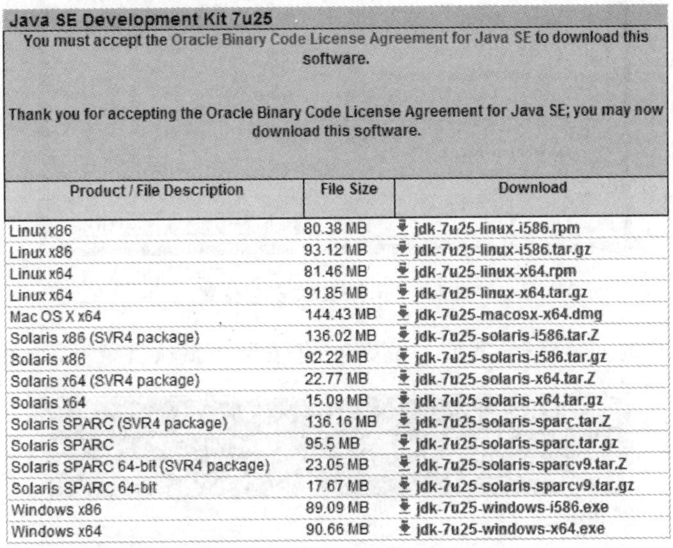

图 2-2　JDK 下载

请根据相应的软硬件环境，下载适应的 JDK。

2. 安装 JDK

我们以 32 位的 Windows 7 操作系统为例来安装 JDK。双击运行相应的可执行文件进行安装，单击“下一步”按钮，如图 2-3 所示。

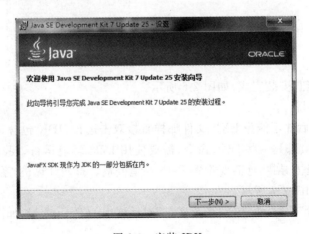

图 2-3　安装 JDK

选择安装文件夹位置，默认安装于 C:\Program Files\Java 文件夹下，有经验的开发者会推荐更改一个目录，建议不要安装于有空格的目录或中文目录下，这样的建议是不错的建议，但不是必须遵从，我们先不做更改，仍安装于默认目录下，如图 2-4 所示。

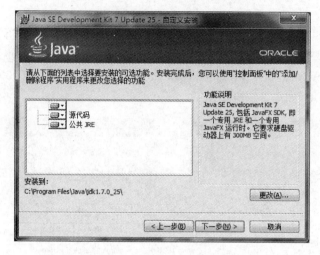

图 2-4　选择 JDK 安装位置

选择公共 JRE 的安装路径，我们不做更改，仍安装于默认目录下，如图 2-5 所示。

图 2-5　选择 JRE 安装位置

单击"关闭"按钮，安装完成，如图 2-6 所示。

3. 配置运行环境

JDK 安装完成后并不能像 EXE 文件那样直接双击运行，JDK 包含很多开发编译工具，而这些开发编译工具都是一些 DOS 命令，需要使用 DOS 环境运行。我们必须告知操作系统，这些命令到哪里去寻找，这需要设置 Path 环境变量。打开计算机"系统属性"对话框，选择"高级"选项卡，如图 2-7 所示。

单击"环境变量"按钮，再选择"系统变量"对话框中的 Path 变量，如图 2-8 所示。

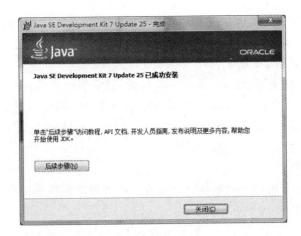

图 2-6 安装完成

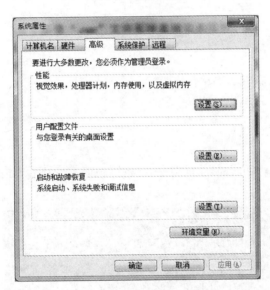

图 2-7 高级系统设置

图 2-8 Path 变量

单击"编辑"按钮,在变量值最前面添加(不要删除原有值)"C:\Program Files\Java\jdk1.7.0_25\bin;"(我们用的是默认安装目录。如果更改了安装路径,请更改为Java安装路径下的bin目录),如图2-9所示。

完整的Java运行环境还应添加classpath变量,但不建议初学时设置,设置错误将会影响正常程序的运行。为了深入学习,还建议添加JAVA_HOME环境变量,其值为Java安装路径。对于默认安装,可以设置为"C:\Program Files\Java\jdk1.7.0_25",当然这不是必须的。

4. 测试JDK环境

选择"开始"→"所有程序"→"附件"→"运行",或者直接用快捷键Win+R,启动"运行"对话框,输入cmd,如图2-10所示。

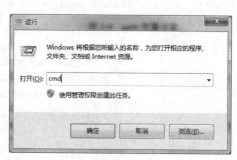

图2-9 Path变量的设置　　　　　　　图2-10 "运行"对话框

单击"确定"按钮,输入javac,如出现命令帮助,说明配置成功,如图2-11所示。

图2-11 配置成功

如果出现"'javac'不是内部或外部命令,也不是可运行的程序或批处理文件。"的错误提示,请重新配置Path环境变量为正确的Java安装路径下的bin目录,以确保操作系统能够找到javac命令并运行。

2.1.4 任务总结

Java语言是跨平台的、支持分布式、多线程、安全性高的面向对象软件开发语言。

Java版本包括Java SE、Java EE、Java ME三个版本,分别用于不同的领域。SE用于工作站、PC,为桌面开发和低端商务应用提供了Java标准平台。EE用于服务器,构建可扩展的企业级Java平台。ME适用于消费性电子产品和嵌入式设备。

JDK是Java开发环境,JRE是Java运行环境,JVM是Java运行的虚拟机,JDK包含

JRE,JRE 包含 JVM。

Java 安装后需要配置 Path 环境变量,Path 环境变量的值为 Java 安装路径下的 bin 目录,以确保操作系统能够找到 JDK 的开发编译工具。

任务 2　设计一个简单程序

2.2.1　任务目标

- 理解 Java 的运行原理。
- 掌握 Java 编写、编译、运行过程。
- 掌握 Java 程序的结构。

2.2.2　知识学习

1. Java 运行原理

Java 程序的运行必须经过编写、编译、运行三个步骤。编写是指在 Java 开发环境中进行程序代码的输入,最终形成后缀名为 .java 的 Java 源文件。编译是指使用 Java 编译器对源文件进行错误排查的过程,编译后将生成后缀名为 .class 的字节码文件,这不像 C 语言那样最终生成可执行文件。运行是指使用 Java 解释器将字节码文件翻译成机器代码,执行并显示结果。这一过程如图 2-12 所示。

图 2-12　Java 程序开发过程

字节码文件是一种和任何具体机器环境及操作系统环境无关的中间代码,它是一种二进制文件,是 Java 源文件由 Java 编译器编译后生成的目标代码文件。编程人员和计算机都无法直接读懂字节码文件,它必须由专用的 Java 解释器来解释执行,因此 Java 是一种在编译基础上进行解释运行的语言。

Java 解释器负责将字节码文件翻译成具体硬件环境和操作系统平台下的机器代码,以便执行。因此 Java 程序不能直接运行在现有的操作系统平台上,它必须运行在被称为 Java 虚拟机的软件平台之上。

Java 虚拟机(JVM)是运行 Java 程序的软件环境,Java 解释器就是 Java 虚拟机的一部分。在运行 Java 程序时,首先会启动 JVM,然后由它来负责解释执行 Java 的字节码,并且 Java 字节码只能运行于 JVM 之上。这样利用 JVM 就可以把 Java 字节码程序和具体的硬件平台以及操作系统环境分隔开来,只要在不同的计算机上安装了针对于特定具体平台的 JVM,Java 程序就可以运行,而不用考虑当前具体的硬件平台及操作系统环境,也不用考虑字节码文件是在何种平台上生成的。JVM 把这种不同软硬件平台的具体差别隐藏起来,从而实现了真正的二进制代码级的跨平台移植。JVM 是 Java 平台无关的基础,Java 的跨平台特性正是通过在 JVM 中运行 Java 程序实现的。Java 的这种运行原理如图 2-13 所示。

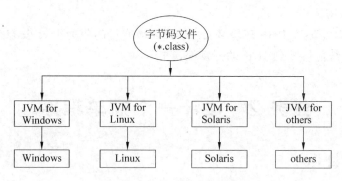

图 2-13　Java 程序运行原理

Java 语言这种"一次编写，到处运行(write once,run anywhere)"的方式，有效地解决了目前大多数高级程序设计语言需要针对不同系统来编译产生不同机器代码的问题，即硬件环境和操作平台的异构问题，大大降低了程序开发、维护和管理的开销。

需要注意的是，Java 程序通过 JVM 可以达到跨平台特性，但 JVM 不是跨平台的。也就是说，不同操作系统之上的 JVM 是不同的，Windows 平台之上的 JVM 不能用在 Linux 上面，反之亦然。

2. Java 程序开发过程

Java 应用程序的开发可分为下述三个步骤：

(1) 利用某一种文本编辑器建立 Java 源程序文件，并保存为 fileName.java 的格式。

(2) 启动 DOS 窗口，利用 Java 编译器(javac.exe)编译该源码，产生 .class 字节码文件。其格式为：

```
javac fileName.java
```

(3) 利用解释器(java.exe)解释字节码文件，完成该程序的运行过程，其命令格式为：

```
java className
```

3. Java 程序的基本结构

Java 是 OOP 语言，其主要概念与 OOP 保持一致，代码的编写也符合 OOP 的常见格式要求。

Java 程序同样是由类来组成基本结构，类在 Java 中用 class ClassName 的形式定义，使用一对"{}"组织类的结构，也就是表示类体。类可以有父类，使用 extends FatherClassName 的形式表示继承关系，Java 只支持单继承。类还可以实现接口，使用 implements InterfaceName 的形式表示接口的实现。

类的成员由两部分组成，一部分是成员变量，一部分是成员方法。成员变量的定义使用 variableType variableName 的形式。为了程序的健壮性，Java 成员变量的定义同样可以使用 private 或 public 以体现封装思想。方法的定义使用 returnType methodName (parameterType parameterName)的形式，用一对"{}"表示方法体。

为了方便管理，同样会把类放于包中，包的定义使用 package pacakgeName.subPackageName 的形式。

为了使用其他类的功能，Java 会将其他类导入本类中，导入时通常使用 import

package.subPackage.ClassName 的形式。

Java 程序中通常还会添加三种注释，"//"表示单行注释，"/* */"表示多行注释，"/** */"表示文档注释。

Java 程序源码的基本结构如下所示。

```
package packageName.subPackageName;            //定义包
/**
 * 文档注释
 */
import packageName.subPackageName.ClassName;   //导入其他类
import packageName.subPackageName.ClassName;
/*
 * 多行注释
 */
class ClassName extends FatherClass implements Interface1,Interface2{   //定义类,并继承
                                                FatherClass 类,实现 Interface1 与 Interface2 接口
    private variableType variable;                          //定义变量
    private variableType variableName = defaultValue;       //具有初值的变量

    public void methodName( ){                              //定义方法
        //方法体
    }
    public returnType method( ){                            //定义方法 method
        //方法体
    }
    public returnType method (parameterType parameterName) {    //重载 method
        //方法体
    }
    /*为变量添加 set×××()、get×××()方法,封装思想*/
    public void setVariable ( variableType variable ){      //set×××()方法,为 variable 赋值
    }

    public variableType getVariable( ){                     //get×××()方法,读取 variable 的值
    }
}
```

4. Java 程序的启动

每个程序都有一个起点，程序从这个起点运行，通常这个起点都是一个方法。Java 语言也不例外，Java 程序的起点是 main() 方法。通常，当需要启动程序时，我们给程序添加上 main() 方法。main() 方法的格式是：

```
public static void main(String [ ] args){
    //方法体
}
```

5. Java 程序的控制台输出

程序最简单的显示结果的方式就是在控制台(DOS 窗口)中打印一句话，但这样的打印在 Java 中并不容易，Java 需要使用如下的语句进行控制台输出：

```
System.out.println("需要打印输出的内容");
```

其中 System 是 Java 中的类，out 是 System 类的成员变量，但这个变量并不简单，它其实是另一个类 PrintStream 的对象，在这个 PrintStream 类中定义了 println()方法，该方法用于在控制台进行打印输出。这个过程就是面向对象中的消息传递。System 类对象向 PrintStram 类的对象传递一个消息，告诉 PrintStream 类的对象打印某个内容，这种传递是通过 println()的方法调用实现的，调用时传递参数，参数就是要打印的内容。这一过程如图 2-14 所示。

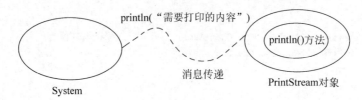

图 2-14 消息传递

2.2.3 任务实施

编写、调试、运行 Java 程序，在控制台打印"你好，Java!"。

1. 编写程序

按照 Java 程序的一般格式，我们使用 class ClassName 的格式定义一个类，类名叫作 Hello，为启动程序我们在 Hello 类中加入 main()方法，在 main()方法中加入"System.out.println("需要打印的内容");"语句，使用"你好，Java!"替换"需要打印的内容"，这样 Hello 类的代码如下所示：

```java
class Hello{
    public static void main(String [] args){
        System.out.println("你好,Java!");
    }
}
```

新建文件夹"C:\test"，在其中新建文本文件，打开记事本，按照上述代码进行输入，我们将其另存为 Hello.java 的文件，保存时需要将"保存类型"改为"所有文件（*.*）"，如图 2-15 所示。

此时在"C:\test"目录下，可以看到刚刚保存的文件 Hello.java。

2. 编译程序

选择"开始"→"所有程序"→"附件"→"运行"命令，或者直接用快捷键 Win+R，启动"运行"对话框，输入 cmd，启动 DOS 窗口，输入"cd \test"，进入 test 目录，输入"javac Hello.java"，编译源代码，如图 2-16 所示。如果 DOS 窗口中没有任何错误提示，程序编译成功，在"C:\test"目录下可以看到名为 Hello.class 的 Hello 类的字节码文件。如果 DOS 窗口中出现错误提示，请检查源代码中的错误，更正后，重新保存，并再次执行"javac Hello.java"，直至编译成功。

3. 运行程序

在 DOS 命令窗口中输入"java Hello"并运行字节码文件，可以看到程序的输出结果，如图 2-17 所示。

图 2-15 保存源代码

图 2-16 编译源代码

图 2-17 运行类文件

2.2.4 任务总结

Java 程序的运行必须经过编写、编译、运行三个步骤。编写是指在 Java 开发环境中进行程序代码的输入,最终形成后缀名为 .java 的 Java 源文件。编译是指使用 Java 编译器对源文件进行错误排查的过程,编译后将生成后缀名为 .class 的字节码文件。运行是指使用 Java 解释器将字节码文件翻译成机器代码,执行并显示结果。

Java 解释器负责将字节码文件翻译成具体硬件环境和操作系统平台下的机器代码,以便执行。因此 Java 程序不能直接运行在现有的操作系统平台上,它必须运行在被称为 Java 虚拟机的软件平台之上。

Java 虚拟机(JVM)是运行 Java 程序的软件环境,Java 解释器就是 Java 虚拟机的一部分。在运行 Java 程序时,首先会启动 JVM,然后由它来负责解释执行 Java 的字节码。Java 程序通过 JVM 可以达到跨平台特性,但 JVM 不是跨平台的。

Java 是 OOP 语言,其主要概念与 OOP 保持一致,代码的编写也符合 OOP 的常见格式要求。

Java 程序的起点是 main() 方法,main() 方法的格式是:public static void main(String

[] args)。

Java 在控制台(DOS 窗口)中打印输出的语句是：

System.out.println("需要打印输出的内容");

Java 源代码首先要通过编译生产字节码文件,其格式是：

javac fileName.java

Java 程序需要解释执行,其格式是：

java className

2.2.5 补充拓展

每种语言都有其推荐的编码规范,Java 常见的编码规范如下。

1. class/interface

必须以大写字母开头,例如：

```
class MainThread extends Thread
interface LoadOption
```

2. package

规定的 package 层次格式为：com.集团公司名称.项目.具体模块,命名必须全部用小写字母,例如：

```
com.jnvc.util.*;
com.jnvc.beans.*;
```

3. method

必须以小写字母开头,采用大小写混合形式,并且应足够长以描述它的作用。而且 Method 名应以一个动词开头,例如：

```
getUserRight()
exitProgram()
```

4. 常量

必须全部大写,例如：

```
public static final int MAXVALUE;
```

5. 变量

以小写字母开头,可以加数据类型前缀,例如：

```
int number;
String strName;
```

6. 代码段

缩进 4 个空格,"{"和声明语句在同一行,"}"符号应该独自占一行。例如：

```
for(int ni = 0;ni < strArray.length();ni++){
    if(strArray[ni].equals(strFind)){
```

        return ni;
    }
}

任务 3　Eclipse 的应用

2.3.1　任务目标

- 掌握 Eclipse 的基本使用方法。
- 了解常用的 Eclipse 快捷键。

2.3.2　知识学习

1. IDE

IDE(Integrated Development Environment)集成开发环境,是用于提供程序开发环境的应用程序,一般包括代码编辑器、编译器、调试器和图形用户界面工具。它是集成了代码编写功能、分析功能、编译功能、调试功能等一体化的开发软件服务套。所有具备这一特性的软件或者软件套(组)都可以叫作集成开发环境。如微软公司的 Visual Studio 系列,Borland 公司的 C++ Builder、Delphi 系列等。该程序可以独立运行,也可以和其他程序并用。使用 IDE,可以加快软件开发速度,提高软件开发效率,增强软件编码时拼写的正确性。

2. Eclipse

Eclipse 是著名的跨平台的自由集成开发环境(IDE),最初是由 IBM 公司开发并用于替代商业软件 Visual Age for Java 的下一代 IDE 开发环境,2001 年 11 月贡献给开源社区,现在它由非营利软件供应商联盟 Eclipse 基金会(Eclipse Foundation)管理。Eclipse 的主界面如图 2-18 所示。

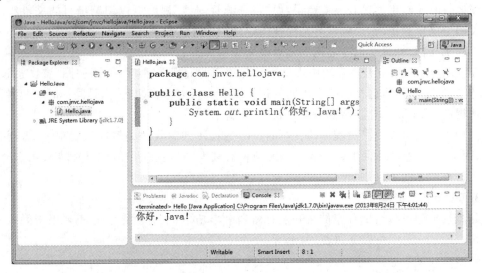

图 2-18　Eclipse 主界面

Eclipse 是一个开放源代码、基于 Java 的可扩展开发平台,可以在其官方网站 http://www.eclipse.org 免费下载该软件的打包文件。开放源代码的意思是让使用者能够取得软件的原始码,部分地有权去修改和传播这个软件。有人非常形象地将 Eclipse 比喻成软件开发者的"打铁铺",它一开始备有火炉、铁砧与铁锤。就像铁匠会用现有的工具打造新的工具一样,程序员也能用 Eclipse 打造新工具来开发软件——这些新工具可扩充 Eclipse 的功能。

就 Eclipse 本身而言,它只是一个框架和一组被称为平台核心的服务程序,用于通过插件组件构建开发环境。核心的任务是让每样东西"动"起来,并加载所需的外挂程序。当启动 Eclipse 时,先执行的就是这个组件,再由这个组件加载其他外挂程序。Eclipse 附带了一个包括 Java 开发工具(Java Development Tools,JDT)的标准插件集,因此如果要使用 Eclipse 来开发 Java 程序,必须安装 SDK 作为它的插件才能使它正常运行。

虽然大多数用户很愿意将 Eclipse 当作 Java 集成开发环境(IDE)来使用,但 Eclipse 的目标却不仅限于此。Eclipse 还包括插件开发环境(Plug-in Development Environment,PDE),这个组件主要针对希望扩展 Eclipse 的软件开发人员,因为它允许他们构建与 Eclipse 环境无缝集成的工具。由于 Eclipse 中的每样东西都是插件,对于给 Eclipse 提供插件,以及给用户提供一致和统一的集成开发环境而言,所有工具开发人员都具有同等的发挥能力的场所。

3. Eclipse 的透视图

透视图,英文为 perspective,是 Eclipse 工作台提供的附加组织层,也就是说,透视图起到一个组织的作用,它实现多个视图的布局和可用操作的集合,并为这个集合定义一个名称。例如,Eclipse 提供的透视图就组织了与 Java 程序设计有关的视图和操作的集合,而透视图负责组织与程序调试有关的视图和操作集。简单地说,透视图其实就是界面的布局,不同的透视图包含不同的视图(view),每个视图的位置、大小也不同。

视图多用于浏览信息的层次结构、显示活动编辑器的属性。例如"控制台"视图用于显示程序运行时的输出信息和异常错误,而"包资源管理器"视图可以浏览项目的文件组织结构。视图可以单独出现,也可以与其他视图以选项卡样式叠加在一起,它们可以有自己独立的菜单和工具栏,并且可以通过拖曳随意改变布局位置。

在 Eclipse 的 Java 开发环境中提供了几种常用的透视图,如 Java 透视图、资源透视图、调试透视图、小组同步透视图等。不同的透视图之间可以进行切换,但是同一时刻只能使用一个透视图。Eclipse 的 Java 透视图如图 2-19 所示。

使用透视图可以提高编程体验,例如,Java 透视图的源代码编辑区域就很大,方便代码编写,而 Debug 透视图的 Trace、Watch 区域相对较大,方便程序的调试与排错。Eclipse 的 Debug 透视图如图 2-20 所示。

4. Eclipse 快捷键

熟悉快捷键可以帮助程序员在开发时做到事半功倍,节省更多的时间来用于做有意义的事情。Elipse 常用快捷键如表 2-1 所示。

2.3.3 任务实施

使用 Eclipse 开发工具,重新编写并运行"你好,Java"程序。

项目 2　开启 Java 之门

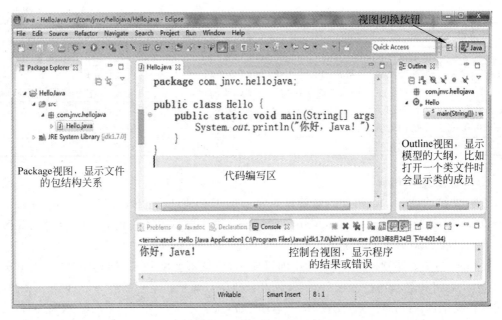

图 2-19　Eclipse 的 Java 透视图

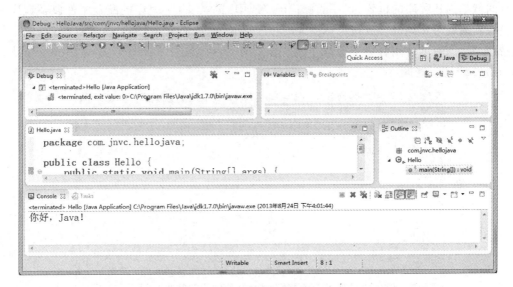

图 2-20　Debug 透视图

表 2-1　Eclipse 快捷键

快捷键	作　用	快捷键	作　用
Ctrl＋1	快速修复（最经典的快捷键）	Ctrl＋D	删除当前行
Ctrl＋Alt＋↑	复制当前行到上一行（复制增加）	Ctrl＋Alt＋↓	复制当前行到下一行（复制增加）
Alt＋↓	当前行和下面一行交换位置	Alt＋↑	当前行和上面一行交换位置
Alt＋←	前一个编辑的页面	Alt＋→	下一个编辑的页面
Alt＋Enter	显示当前选择资源的属性	Shift＋Enter	在当前行的下一行插入空行
Shift＋Ctrl＋Enter	在当前行插入空行	Ctrl＋Q	定位到最后编辑的地方

39

续表

快捷键	作　　用	快捷键	作　　用
Ctrl+L	定位在某行	Ctrl+M	最大化当前的编辑器或视图
Ctrl+/	注释当前行,再按则取消注释	Ctrl+O	快速显示轮廓
Ctrl+T	快速显示当前类的继承结构	Ctrl+E	快速显示当前编辑器的下拉列表
Alt+/	代码助手完成一些代码的插入	Ctrl+J	正向增量查找
Ctrl+Shift+J	反向增量查找	Ctrl+Shift+F4	关闭所有打开的编辑器
Ctrl+Shift+F	格式化当前代码	Alt+Shift+R	重命名

1. 下载安装 Eclipse

截至 2013 年 8 月,Eclipse 的最新版本为 4.3,下载地址为:http://www.eclipse.org/downloads/packages/eclipse-standard-43/keplerr,选择与操作系统相适应的版本下载到本地。我们以 Windows 32-bit 的 Eclipse 版本为例。

Eclipse 为免安装软件,下载后解压即可使用,建议不要将其解压到含有空格或中文的目录下,我们将其解压到 C 盘根目录下,可以看到在 C 盘根目录下后有一个 eclipse 文件夹,双击文件夹中的"eclipse.exe"文件,即可启动 Eclipse。

首次启动 Eclipse 会要求选择默认的工作空间(WorkSpace),如图 2-21 所示。所谓工作空间就是创建程序的位置,程序的源代码、编译后的类文件、程序的配置文件以及程序所需要用到的各种资源都会放在工作空间的相应目录下,我们选择"C:\test"为工作空间。如果希望今后所有的应用程序都存放于此工作空间下,可以选择"User this as default and do not ask again"复选框。

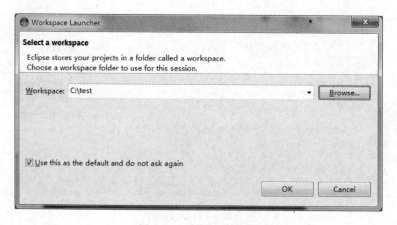

图 2-21　选择工作目录

Eclipse 启动后会默认打开 welcome 界面,显示概述、指南等内容,如果不需要可以将其关闭。

2. 编写代码

选择 File→New→Java Project 命令,新创建一个 Java 项目,在 Project name 文本框中填入项目名称,我们将其命名为 HelloJava,指定 JRE 为我们安装的 JDK 7.0,其他保持默认值,不做修改,如图 2-22 所示。

单击 Finish 按钮,完成项目的创建。

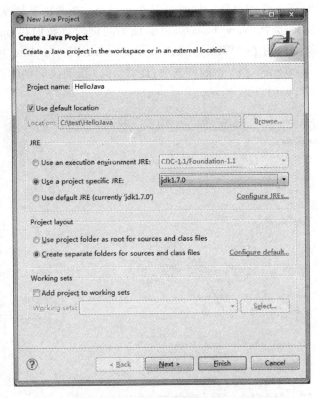

图 2-22 新建项目

展开"package 视图"中的 HelloJava 项目,可以看到在项目中会默认创建 src 文件夹,用来保存源代码。在 src 文件夹上右击,选择 New→Package 命令,创建一个包以存储类文件,我们在 Name 文本框中输入 com.jnvc.hellojava 作为包名,如图 2-23 所示。

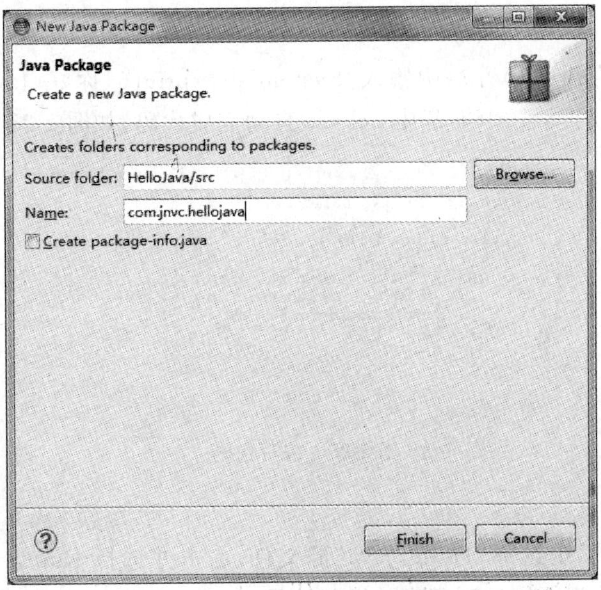

图 2-23 创建包

41

单击finish按钮，完成包的创建。此时可以在package视图中看到刚刚建立的包结构。在刚刚创建的包上右击，选择New→Class，以实现类的创建。我们在name文本框中输入Hello作为类的名称。同时在"Which method stubs would you like to create?"中选中"Public static void main(String [] args)"选项，让Eclipse帮助我们创建程序的入口main()方法，单击finish按钮，如图2-24所示。

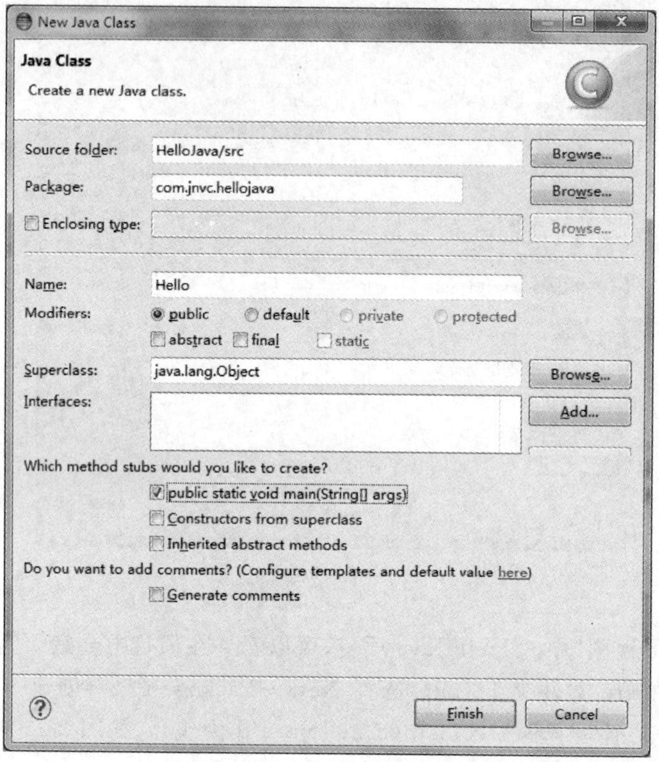

图 2-24 创建类

在代码编辑区的main()方法中输入"System. out. print("你好,Java");"语句，也可以输入sysout后使用快捷键"Alt＋/"让Eclispe自动完成代码，如图2-25所示。

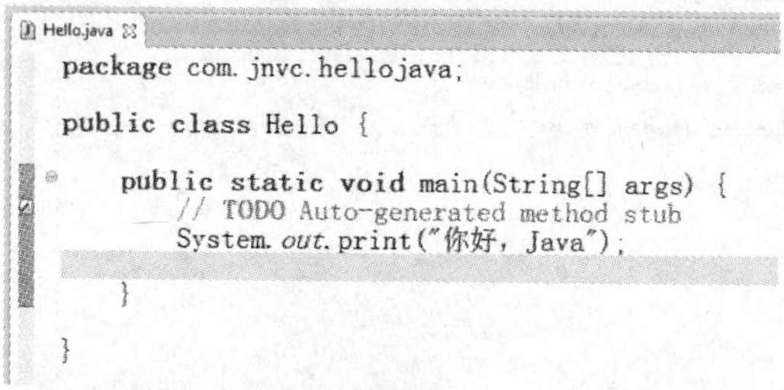

图 2-25 编写代码

3. 运行程序

在"package视图"中选择"Hello.java"源文件，右击并选择Run as→Java Application命令，可以在console视图中看到程序的运行结果，如图2-26所示。

图 2-26　程序的运行结果

2.3.4　任务总结

IDE(Integrated Development Environment)集成开发环境用于提供程序的开发环境。Eclipse 是著名的跨平台的开源 Java 集成开发环境(IDE)。Eclipse 为免安装软件,下载后解压即可使用。

Eclipse 透视图其实就是界面的布局,不同的透视图包含不同的视图(view),每个视图的位置、大小不同。使用透视图可以提高编程体验。

2.3.5　补充拓展

1. Java 中的包

包是 Java 提供的文件组织方式。一个包对应一个文件夹,一个包中可以包括很多类文件,包中还可以有子包,可形成包的等级。Java 把类文件放在不同等级的包中,这样一个类文件就会有两个名字:一个是类文件的短名字,另外一个是类文件的全限定名。短名字就是类文件本身的名字,全限定名则是在类文件的名字前面加上包的名字。例如,把 Hello 这个类放在名为 mypackage 的包中,则 Hello 这个类的短名字为 Hello.class,全限定名为 mypackage.Hello.class。

(1) 创建包

Eclipse 可以自动创建包,如果我们没有 Eclipse 这样的 IDE 工具,创建包可以使用如下语句:

package　<包名>[.<子包名>[.<子子包名>…]];

例如,下面的声明在已存在的名为 MyPackage 的包中创建了它的子包 secondPackage。

package　myPackage.secondPackage;

需要注意的是,在一个 Java 文件中,只允许出现一句 package 语句,且必须是除注释外的第一句,而且同一个包中的文件名必须唯一,不同包中的文件名可以相同。

例如将 Hello 类放入包中,可用如下程序:

```java
package myPackage;           //创建 myPackage 包,此语句作为源文件的第一句
class Hello{
    public static void main(String [ ] args){
        System.out.print("你好,Java!");
    }
}
```

(2) 编译含有包的类

在手工编译上述程序时,不能在 DOS 窗口中只使用"javac Hello.java"这个命令了,

javac不会给类自动创建包结构,也就是不会自动把"Hello.class"文件放入myPackage目录下,只有在编译时加上-d参数,Java编译器才会生成相应的目录结构。此时我们需要输入命令"javac -d . Hello.java",命令中的"."代表当前文件夹,也可以将其换成任何文件夹,如"C:\test"。此时可以看到在相应的目录下,javac会自动创建myPackage文件夹,并把生成的"Hello.class"文件放入myPackage目录下。

（3）运行含有包的类

在运行含有包的程序时不能在DOS窗口中只使用"java Hello"这个命令了,必须输入类的长名字,也就是其全限定名,现在运行这个程序必须使用"java myPackage.Hello"这个命令,命令中的"."代表文件夹。

（4）classpath环境变量

我们曾说过,不建议初学者设置classpath环境变量,那么classpath环境变量代表什么呢？classpath代表类路径,也就是操作系统会在哪个位置寻找需要运行的类文件,所以classpath应该设置为字节码文件所在的文件夹（或者jar包）,这样就可以在任何DOS提示符下运行我们设置好的程序了。当然,如果classpath设置错了,虚拟机会报告一个"不能发现×××类"的错误消息,这就说明在类路径下没有找到要运行的类,需要检查classpath的设置了。

2. 常见Java IDE工具

除了Eclipse这个主流的Java IDE外,Java还有很多IDE工具,有的体积很小,但很适合初学者使用,有的功能很强大,但体积也很庞大,使用起来比较复杂,现将几种主流的Java IDE工具介绍如下。

（1）JCreator

JCreator是Xinox Software公司开发的一个用于Java程序设计的小型集成开发环境(IDE),具有编辑、调试、运行Java程序的功能。当前最新版本是JCreator 5.00,它又分为LE和Pro版本。LE版本功能上受到一些限制,是免费版本。Pro版本功能最全,但这个版本是一个共享软件。这个软件比较小巧,对硬件要求不是很高,是完全用C++写的,执行速度快、效率高。具有语法着色、代码自动完成、代码参数提示、工程向导、类向导等功能。第一次启动时提示设置JavaJDK主目录及JavaDoc目录,软件自动设置好类路径、编译器及解释器路径,还可以在帮助菜单中使用JDKHelp。但目前这个版本对中文支持性不好。

（2）NetBeans

NetBeans由Sun公司（2009年被甲骨文收购）在2000年创立,它是开放源运动以及开发人员和客户社区的家园,旨在构建世界级的Java IDE。NetBeans当前可以在Solaris、Windows、Linux和Macintosh OS X平台上进行开发,并在SPL(Sun公用许可)范围内使用。NetBeans包括开源的开发环境和应用平台,NetBeans IDE可以使开发人员利用Java平台能够快速创建Web、企业、桌面以及移动的应用程序,NetBeans IDE目前支持PHP、Ruby、JavaScript、Ajax、Groovy、Grails和C/C++等开发语言。

NetBeans项目由一个活跃的开发社区提供支持,是一个开放框架,可扩展的开发平台,NetBean开发环境提供了丰富的产品文档和培训资源以及大量的第三方插件,可以通过扩展插件来扩展功能。

(3) JDeveloper

JDeveloper 是 Oracle(甲骨文公司)开发的一个免费的非开源的集成开发环境,通过支持完整的开发生命周期简化了基于 Java 的 SOA 应用程序和用户界面的开发。

JDeveloper 不仅仅是很好的 Java 编程工具,而且是 Oracle Web 服务的延伸,支持 Apache SOAP,以及 9iAS,可扩充的环境与 XML 和 WSDL 语言紧密相关。JDeveloper 完全利用 Java 编写,能够与以前的 Oracle 服务器软件以及其他厂商支持 J2EE 的应用服务器产品相兼容,而且在设计时着重针对 Oracle 数据库,能够进行无缝化、跨平台的应用开发,提供了业界第一个完整的、集成了 J2EE 和 XML 的开发环境,允许开发者快速开发可以通过 Web、无线设备及语音界面访问的 Web 服务和交易应用,以往只能通过将传统 Java 编程技巧与最新模块化方式结合到一个单一集成的开发环境中之后才能完成 J2EE 应用开发生命周期管理的情况从根本上得到改变。缺点是对于初学者来说较复杂,也比较难。

(4) JBuilder

JBuilder 是 Borland 公司开发的针对 Java 的开发工具,是在 Java 平台上开发商业应用程序、数据库、发布程序的优秀工具。它支持 J2EE,所以程序员可以快速地转换企业版 Java 应用程序。使用 JBuilder 将可以快速、有效地开发各类 Java 应用,它使用的 JDK 与 Sun 公司标准的 JDK 不同,它经过了较多的修改,以便开发人员能够像开发 Delphi 应用那样开发 Java 应用。

项目 3 类 和 对 象

项目名称
类和对象
项目编号
Java_Stu_003
项目目标
能力目标：动手编写程序代码的能力。
素质目标：提高编码素质。
重点难点：
(1) 类成员的设计。
(2) 构造方法的使用。
(3) 对象的创建与使用。
知识提要
变量、数据类型、运算符、import、方法、构造方法、类、对象、引用
项目分析
面向对象以类与对象解决现实问题，类与对象就是面向对象世界的英雄，英雄是如何诞生的呢？本项目通过学生信息管理给出了这一问题的答案。

本项目抽象学生类 Student 与学生业务类 StudentService，并创建对象完成学生信息的基本操作。

任务 1 实现学生类

3.1.1 任务目标

- 理解变量与数据类型的概念与使用。
- 了解运算符的使用。
- 掌握成员变量的设计。
- 掌握 Java 类的结构。
- 了解 String 类。

3.1.2 知识学习

1. 变量与数据类型
(1) 标识符

符号是构成语言和程序的基本单位。Java 语言采用 Unicode 字符集，每个字符用两个字节即 16 位表示。这样，整个字符集中共包含 65535 个字符。其中，前面 256 个字符表示

ASCII 码,使 Java 对 ASCII 码具有兼容性。

标识符(Identifiers)唯一地标识计算机中运行或存在的任何一个成分的名称。不过,通常所说的标识符是指用户自定义标识符,即用户为自己程序中的各种成分所定义的名称。

(2) 基本数据类型

基本数据类型是 Java 语言中预定义的、长度固定的、不能再分的类型,由于 Java 程序跨平台运行,所以 Java 的数据类型不依赖于具体计算机系统。Java 的基本数据类型如表 3-1 所示。

表 3-1 Java 的基本数据类型

类型	描述	初始值
byte	8 位有符号整数,其数值范围在 −128～127 之间	(byte)0
short	16 位有符号整数,其数值范围在 −32768～32767 之间	(short)0
int	32 位有符号整数,其数值范围在 −2147483648～2147483647 之间	0
long	64 位有符号整数,其值在 $-2^{64} \sim 2^{64}-1$ 之间	0L
float	32 位单精度浮点数	0.0F
double	64 位双精度浮点数	0.0
boolean	布尔数,只有两个值:true、false	false
char	16 位字符	\u0000

(3) 常量

常量是在程序运行中不变的量,是一个简单值的标识符或名字。它们直接在 Java 代码中指定。Java 支持三种类型的常量:数值常量、布尔常量、字符常量。

数值常量包括整型常量、实数常量两种。

整型常量是最常用的常量,包括 byte、short、int、long 四种类型,它们都可以采用十进制、八进制和十六进制表示,其中 byte、short 和 int 的表示方法相同,而长整型必须在数的后面加字母 L(或 l),以表示该数是长整型。

① 十进制整数。如:56、−24、0。

② 八进制整数。以 0 开头的数是八进制整数。如:017、0、0123。

③ 十六进制整数。以 0x 开头的数是十六进制整数。如:0x17、0x0、0xf、0xD。十六进制整数可以包含数字 0～9、字母 a～f 或 A～F。

实数常量分为双精度(double)和单精度(float)两种类型。单精度常量必须在数字后面可加 F(或 f)。实数常量有两种表示形式:

① 小数点形式。它由数字和小数点组成。如:3.9f、−0.23F、−23.、.23、0.23。

② 指数形式。如:2.3e3,2.3E3,都表示 2.3×10^3;.2e−4 表示 0.2×10^{-4}。

Java 中的布尔常量属于 boolean 类型,它的值只能有 true 或 false 两种形式。它不能代表整数,同时它也不是字符串,不能被转换成整数或者字符串常量。

字符常量是由单引号括起的单个字符,如:'a'、'6'、'M'、'&'、'我'。字符常量是无符号常量,占 2 个字节的内存,每个字符常量表示 Unicode 字符集中的一个字符。

(4) 变量

变量是在程序的运行过程中其值可以被改变的量,是用户自己定义的标识符。它代表着计算机中的一个或一系列存储单元。变量名一旦定义便不会改变。变量的值则是这个变量在某一时刻的取值,它是变量名所表示的存储单元中存放的数据,它是随着程序的运行而不断变化的。变量名与变量值的关系,恰似宾馆的房间号与这个房间中住的客人的关系一样,房间号不变而客人随时都有可能改变。变量为我们提供了一种访问内存中的数据的一种方法,是Java程序中数据的基本存储单元。

变量必须先定义后使用。变量的定义需要指出变量的类型、名称,还可以为其赋初值(即初始化),一般格式为:

类型　变量名[=初始值];

可以在一个语句中声明多个变量,每个都具有相同的类型,各变量名之间用逗号分开。例如:

```
double di = 0.34;
char myChar = 'b';
String myName = "Tom";
int length, width;
```

Java中的变量命名需要注意以下问题:

① 它必须是一个合法的标识符。一个标识符是以字母或下划线或$符号开头的一串Unicode字符。中间不能包含空格。

② 它必须不是一个关键字。

③ Java对变量名区分大小写。如:myName和MYNAME是两个不同的变量。

(5) 类型转换

数据类型转换是将一种类型的数据转变为另一种类型的数据。当表达式中的数据类型不一致时,就需要进行数据类型转换。类型转换的方法有两种:隐式类型转换和显式类型转换。

我们知道,每种数据类型在程序运行时所占的空间不同,这就使得每种数据类型所容纳的信息量不同,当一个容纳信息量小的类型转化为一个信息量大的类型时,数据本身的信息不会丢失,所以它是安全的,编译器会自动地完成类型转换工作,这种转换被称为隐式数据类型转换。当把一个容量较大的数据类型向一个容量较小的数据类型转换时,可能面临信息丢失的危险,此时必须使用显式类型转换。显式类型转换的形式为:

(类型) 表达式

Java允许基本数据类型之间的相互转换,但布尔类型(boolean)除外,它根本不允许进行任何数据类型转换。例如:

```
int i = 200;
long j = 8L;
long l = i;            //隐式数据转换
i = (int)j;            //显式数据转换
```

2. 运算符

运算符(见表3-2),也被称为操作符,用于对数据进行计算和处理,或改变特定对象的值。

表 3-2 Java 的运算符

运算符类型	运算符	名称	实例
算术运算符	+	加	a+b
	-	减	a-b
	*	乘	a*b
	/	除	a/b
	%	取模运算(取余运算)	a%b
	++	递增	a++
	--	递减	b--
关系运算符	==	等于	a == b
	!=	不等于	a != b
	>	大于	a > b
	<	小于	a < b
	>=	大于等于	a >= b
	<=	小于等于	a <= b
逻辑运算符	&&	与(可短路)	a && b
	||	或(可短路)	a || b
	!	非	! a
赋值运算符	=	赋值	a=b

算术运算符用于实现数学运算。关系运算符用于测试两个操作数之间的关系，形成关系表达式。关系表达式将返回一个布尔值。它们多用在控制结构的判断条件中。逻辑运算符(&&、||、!)用来进行逻辑运算。若两个操作数都是 true，则逻辑与运算符(&&)操作输出 true；否则输出 false。若两个操作数至少有一个是 true，则逻辑或运算符(||)操作输出 true。逻辑非运算符(!)对一个自变量进行操作，若输入 true，则输出 false；若输入 false，则输出 true。赋值运算符的作用是将赋值运算符右边的数据或表达式的值赋给赋值运算符左边的变量。

3. 类的组成结构

在 Java 语言中，一切事物都用类来描述，类是 Java 的核心，也是 Java 的基本单元。对象是某个类的实例，其变量表示属性，方法表示功能，Java 正是通过类和对象的概念来组织和构建程序的。

类是 Java 程序的基本单元，Java 编译器无法处理比类更小的程序代码，当我们开始编写 Java 程序时，也就是要开始建立一个类。

类的声明格式如下：

[修饰符] class <类名> [extends 父类名] [implements 接口名]{
　　类主体
}

其中，class 是定义类的关键字；<类名>是所定义的类的名字；extends 表示该类继承了它的父类，父类名指明父类的名称；implements 表示类所实现的接口，若实现多个接口则用逗号隔开。

修饰符分为访问控制符和类型说明符两个部分，分别用来说明类的访问权限以及该类是否为抽象类或最终类。类的访问控制符主要包括 public、friendly（默认修饰符）。public 表示该类可以被任何类访问，并被称为公共类，当某一个类被声明为 public 时,此源程序的文件名必须与 public 所修饰的类名相同；当没有 public 修饰符时，即是默认类（friendly，或称为缺省类），表示该类只能被同一个包中的类所访问。

类的类型修饰符包括 final、abstract、static。用 final 修饰的类被称为最终类，表明该类不能派生子类；用 abstract 修饰的类被称为抽象类，抽象类不能定义对象，它通常被设计成一些具有类似成员变量和方法的子类的父类。

访问控制符和类型说明符可以一起使用，访问控制符在前，类型说明符在后。例如 public final class Student 就声明了一个公共最终类 Student。

4. 成员变量

Java 的类包括变量和方法，分别叫作成员变量和成员方法。因此，类主体的设计主要包括成员变量的设计和成员方法的设计两个部分。

声明一个成员变量就是声明该成员变量的名字及其数据类型，同时指定其他的一些特性。声明成员变量的格式为：

[修饰符] <变量类型><变量名>

修饰符主要包括 public、private、protected、final、static 等，不加任何修饰符表明默认修饰符。public 表明该成员变量可以被任何类访问；private 表明该成员变量只能被该类所访问；protected 表明该成员变量可以被同一包中所有类及其他包中该类的子类所访问；final 表明该成员变量是一个常量；static 表明该成员变量是类的成员变量，也称为静态成员变量，它是一个类所有对象共同拥有的成员变量；没有任何修饰符则为默认访问权限，表明该成员变量可以被同一包中的所有类所访问。

5. 成员方法

声明成员方法的格式为：

<修饰符><返回值类型><方法名>（[参数列表]）[throws <异常列表>]
{
　　方法体
}

声明方法的修饰符和声明成员变量的修饰符基本一样，含义也基本相同。方法声明必须给出方法名和方法的返回值类型，没有返回值的方法用关键字 void 表示。方法名后的"( )"是必需的，即使参数列表为空，也要加一对空括号。throws 子句表明方法可能抛出的异常种类。例如，public void setDate(int y, int m, int d)声明了一个具有三个参数、无返回值的公共方法 setDate。

6. String 类

每一种程序设计语言都离不开字符串的处理，在 Java 中是通过 String 类来实现相关操作的，String 类在 java.lang 包中。字符串是由 n(n>=0)个字符组成的序列。Java 中的字符串用一对双引号括起来，一个字符串中的字符个数称作字符串的长度。如"jinan"就是一个长度为 5、值为 jinan 的字符串。字符串 String 不是基本数据类型，是一个类，属于引用类型，与字符常量有很大区别。字符常量是用单引号括起的单个字符，是基本数据类型，例如，

'A','\n'等。而字符串常量是用双引号括起的字符序列,例如,"A","\n","Java Now"等。

7. 引入其他包中的类

String 类在 java.lang 包中,通常我们自己定义的类与其不在一个包中,如何才能让我们自己包中的类找到 String 类并使用它呢? Java 使用 import 语句来引入特定的类甚至是整个包。在 Java 源程序文件中,import 语句紧接着 package 语句(如果 package 语句存在的话),它存在于任何类定义之前。下面是 import 声明的通用形式:

```
import pkg1[.pkg2].(classname|*);
```

这里,pkg1 是顶层包名;pkg2 是在外部包中的用逗点(.)隔离的下级包名。一旦被引入,类就可被直接使用了,例如,import java.lang.String 就可以引入 String 类到我们的程序中,我们就可以使用 String 类了。

引入包还有另外一种情况,那就是使用一个星号(*)指明要引入这个包中所有的 public 类。例如:

```
import java.util.Date;      //引入 java.util.Date 类
import java.io.*;           //引入 java.io 包中的所有 public 类
```

值得一提的是,java.lang 这个包非常重要,除了有 String 类外,还有我们用过的 System 类,还有 Java 所有类的父类 Object,因此 java.lang 这个包是 Java 中唯一一个可以不用 import 引入就可直接使用的包,因此 import java.lang.String 这样的语句通常可以不用写。

3.1.3 任务实施

1. 创建 Student 类

参照项目 2 中任务 3 的步骤,创建 Java 项目 stumanage,在 src 包中创建 com.jnvc.stumanage.model 包,并在该包内创建 Student 类,由于 Student 类是需要在其他包中使用的,因此我们将该类的修饰符 modifiers 设定为 public,如图 3-1 所示。

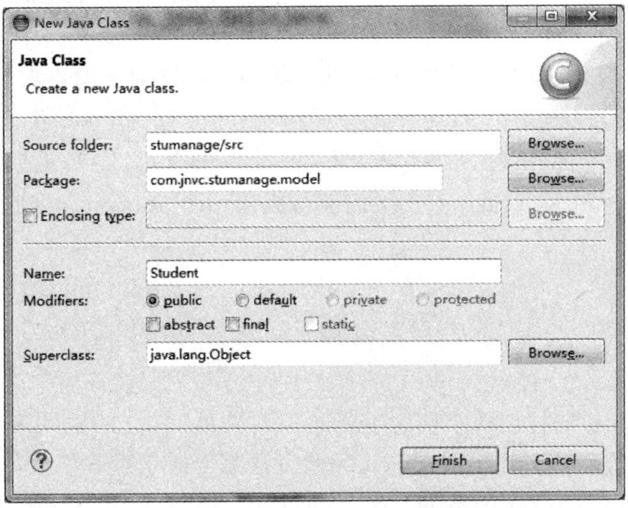

图 3-1 创建 Student 类

2. 抽象属性

根据项目 1 中图 1-15 对类图的描述，Student 类应该有 7 个属性：学号、姓名、性别、生日、电话、住址、班号，我们将其抽象为该类的成员变量。

学号、姓名、电话、住址都是一串字符，我们将这三个属性抽象为 String 类型的成员变量。

班号对应于班级类的 id 属性，id 是整型的，因此班号属性抽象为 int 类型。

性别可以使用"男"、"女"这样的字符来表示，也可以使用 0、1 这样的整数来表示，还可以使用 true、false 这样的布尔值来表示，在这里我们使用 boolean 类型的 true 和 false 分别代表"男"、"女"性别。

生日显然是一个日期，可以抽象为字符串，也可以用一个单独的日期类来表示，Java 中的日期可以使用 Date 或 Calendar 类来表示，而 Date 类也有两个，为了今后数据库操作的方便，我们采用 java.sql 包中的 Date 类来表示学生的生日。但 Date 类不在 com.jnvc.stumanage.model 这个包中，我们需要使用"import"语句引入该类。

现在我们抽象的 Student 类如下所示。

```
package com.jnvc.stumanage.model;
import java.sql.Date;
public class Student {
    private String number;
    private String name;
    private String sex;
    private Date birthday;
    private String phone;
    private String address;
    private int cid;
}
```

3. 实现封装

对属性通过 get×××()、set×××()方法进行读写。我们先对 number 属性添加 getNmuber()方法，对其进行读取。

getNumber()方法需要对外界可见，因此其访问权限修饰符设置为 public；方法获取的值应该是 number，因此 getNumber()的返回值类型应该与 number 类型一致，为 String 类型；该方法无须附加条件，因此方法不需要参数；方法体只有一句，返回 number 的值，Java 使用 return 语句进行返回，返回 number 的值写成 return number。因此 getNumber()方法的代码如下所示：

```
public String getNumber() {
    return number;
}
```

SetNumber()方法同样应该声明为 public 以对外可见；该方法用来设置 number 的值，必须先有一个值才能将值传递给 number，因此方法需要一个参数把值传递给 number，而且这个值的类型应该与 number 的类型一致，我们将这个值定义为 String n；方法不要返回任何值，因此该方法返回的数据类型为 void。setNumber()方法的代码如下所示：

```java
public void setNumber(String n) {
    number = n;
}
```

以此为例创建其他几个属性对应的 get×××() 与 set×××() 方法,此时 Student 类的代码如下:

```java
package com.jnvc.stumanage.model;
import java.sql.Date;
public class Student {
    private String number;
    private String name;
    private String sex;
    private Date birthday;
    private String phone;
    private String address;
    private int cid;
    public String getNumber() {
        return number;
    }
    public void setNumber(String n) {
        number = n;
    }
    public String getName() {
        return name;
    }
    public void setName(String n) {
        name = n;
    }
    public String getSex() {
        return sex;
    }
    public void setSex(String s) {
        sex = s;
    }
    public Date getBirthday() {
        return birthday;
    }
    public void setBirthday(Date b) {
        birthday = b;
    }
    public String getPhone() {
        return phone;
    }
    public void setPhone(String p) {
        phone = p;
    }
    public String getAddress() {
        return address;
    }
    public void setAddress(String a) {
```

```
            address = a;
        }
        public int getCid() {
            return cid;
        }
        public void setCid(int c) {
            cid = c;
        }
    }
```

3.1.4 任务总结

Java 语言采用 Unicode 字符集,每个字符用两个字节即 16 位表示。

Java 有 8 种基本数据类型,6 种数值型,其中四种是整形:byte、short、int、long;两种是浮点型:float、double;另外两种是 char、boolean。

变量是在程序的运行过程中其值可以被改变的量,它代表着计算机中的一个或一系列存储单元。变量必须先定义后使用。变量的定义需要指出变量的类型、名称,还可以为其赋初值(即初始化),一般格式为:

类型 变量名[= 初始值];

数据类型转换是将一种类型的数据转变为另一种类型的数据。类型转换的方法有两种:隐式类型转换和显式类型转换。显式类型转换的形式为:

(类型) 表达式

算术运算符用于实现数学运算。关系运算符用于测试两个操作数之间的关系,形成关系表达式。关系表达式将返回一个布尔值。它们多用在控制结构的判断条件中。逻辑运算符(&&、||、!)用来进行逻辑运算。赋值运算符的作用是将赋值运算符右边的数据或表达式的值赋给赋值运算符左边的变量。

类是 Java 程序的基本单元,类的声明格式如下:

[修饰符] class <类名> [extends 父类名] [implements 接口名]{
类主体
}

声明成员变量的格式为:

[修饰符] <变量类型><变量名>

声明成员方法的格式为:

<修饰符><返回值类型><方法名>([参数列表]) [throws <异常列表>]
{
方法体
}

Java 中通过 String 类来实现相关操作,字符串 String 不是基本数据类型,是一个类,属于引用类型,与字符常量有很大区别。字符常量是用单引号括起的单个字符,是基本数据类型。

Java 使用 import 语句来引入特定的类甚至是整个包，java.lang 这个包是 Java 中唯一一个可以不用 import 引入就可直接使用的包。

3.1.5 补充拓展

1. Java 中关键字

Java 中共有 50 个关键字，如表 3-3 所示。

表 3-3 Java 语言的关键字

abstract	continue	for	new	switch
boolean	default	goto*	null	synchronized
break	do	if	package	this
byte	double	implements	private	threadsafe
byvalve*	else	import	protected	throw
case	extends	instanceof	public	transient
catch	false	int	return	true
char	final	interface	short	try
class	finally	long	static	void
const*	float	native	super	while

注：标识"*"的关键字一般不再使用。

2. 三元运算符

三元运算符（?:）也称为条件运算符，构成的表达式采取下述形式：

布尔表达式 ? 值 0 : 值 1;

若"布尔表达式"的结果为 true，就计算"值 0"，并且它的结果成为最终由运算符产生的值；若"布尔表达式"的结果为 false，则计算"值 1"，并且它的结果成为最终由运算符产生的值。例如：

```
int ternary(int i) {
    return i < 10 ? i * 100 : i * 10;
}
```

任务 2 创 建 对 象

3.2.1 任务目标

- 掌握 Java 方法的定义与使用方法。
- 理解访问权限修饰符的使用方法。
- 掌握构造方法的使用。
- 理解对象创建的过程。
- 理解对象赋值的本质。

3.2.2 知识学习

1. 方法

方法是类的成员,它与类的成员变量一起被封装在类中,并在类中实现。方法的声明格式如前所述。在使用方法时,我们会遇到有返回值的方法和无返回值的方法,以及有参数的方法和无参数的方法。

方法的返回值类型可以是基本数据类型也可以是对象,如果没有返回值,就用 void 来描述;如果一个方法有返回值,则可以在方法体中使用 return 语句将值返回。需要注意的是,方法的返回值类型必须和 return 语句中返回的值的类型一样。通常 set×××()方法用于对属性赋值,不需要返回值;get×××()方法用于读取属性的值,通常返回值类型与读取属性的数据类型一致,如 getName()方法返回值类型应该与 name 属性的类型一致。

从参数上考察方法,方法可分为有参方法和无参方法,例如 get×××()方法通常用于读取属性的值,不需要参数;set×××()方法用于设置属性的值,因此需要传递一个值给要设置的属性,传递参数的类型应该与要设置的属性的数据类型保持一致。例如 setName()方法的参数类型应该与 name 属性的类型保持一致,也是字符串类型。

需要注意的是,在 Java 语言中,向方法传递参数的方式是"按值传递"。将一个参数传递给一个方法时,首先创建了源参数的一个副本(拷贝),并将这个副本传入了方法,因此,即使在方法中修改了该参数,也仅仅是改变副本,而源参数值保持不变。

2. 理解访问权限

成员方法创建时可以为成员方法指定访问权限,访问权限由访问权限修饰符决定,方法的访问权限修饰符与成员变量访问权限修饰符基本一致,如表 3-4 所示。

表 3-4 类及其成员修饰符的作用

修饰符类型	修饰符	同一类中	同一包中	不同包中的子类	不同包中的非子类
访问控制	public	Yes	Yes	Yes	Yes
	protected	Yes	Yes	Yes	No
	(friendly)	Yes	Yes	No	No
	private	Yes	No	No	No
类型说明	final	最终类或最终成员。修饰类时表示此类不能有子类,修饰变量时表明此变量是一个常量,修饰方法时表明此方法不允许被覆盖			
	abstract	抽象类或抽象方法。修饰类时表明此类不能定义对象,修饰方法时表明此方法必须被覆盖			
	static	类成员或称静态成员,表明此成员属于类,而不属于该类的某一具体对象			

3. 构造方法

类的成员方法中还有一类特殊的方法,方法名与类名完全一致,方法无返回值,返回值类型也不是 void 类型,且必须放到关键字 new 后面进行调用,用于对象的创建,这样的方法叫作构造方法。构造方法一般应定义为 public。当创建对象时,new 运算符自动调用构造方法,实现对对象中的成员变量初始化赋值,或者进行对象的处理。例如,Student 类的构造方法可以是下面几种形式,这些构造方法之间构成重载。

```
public Student ( ) { }
public Student ( Student student ) { }
public Student ( String name) { }
public Student ( String name,String sex) { }
public Student ( String name,Date birthday) { }
```

一般而言，每个类都至少有一个构造方法。如果程序员没有为类定义构造方法，Java 虚拟机会自动为该类生成一个默认的构造方法。

默认构造方法的参数列表及方法体都为空。在程序中，当使用 new ×××()的形式来创建对象实例时，就是调用了默认构造方法，这里×××表示类名。要特别注意的是，如果程序员定义了一个或多个构造方法，则自动屏蔽掉默认的构造方法。

4. 对象的创建过程与使用

面向对象编程使用对象来解决问题，对象包括两个部分：对象声明和对象初始化。通常这两部分是结合在一起的，即定义对象的同时对其初始化，为其分配空间，并进行赋值。例如创建 Student 类的对象可以使用如下的代码：

```
Student stu1;                        //声明对象 stu1
stu1 = new Student();                //new 关键字调用构造方法创建对象
Student stu2 = new Student();        //声明并创建对象 stu2
```

对象是引用类型。引用类型是指该类型的标识符表示的是一片连续内存地址的首地址。定义了对象后，系统将给对象标识符分配一个内存单元，用以存放实际对象在内存中的存放位置。

在没有用 new 关键字创建实际对象前，对象标识符的值为 null。关键字 new 用于为创建的对象分配内存空间，创建实际对象，并将存放对象内存单元的首地址返回给对象标识符。随后系统会根据调用的构造方法，给对象进行初始化赋值，构造出具体对象。

如 stu1 对象的创建过程如图 3-2 所示。

(a) 声明对象　　　(b) 分配空间　　　　　(c) 指向首地址

图 3-2　对象创建过程

一旦定义并创建了对象，就可以在程序中使用对象了。对象的使用包括使用其成员变量和使用其成员方法，通过成员运算符"."可以实现对变量的访问和对方法的调用。通常使用的格式为：

对象名.成员变量名
对象名.成员方法名([<参数列表>]);

例如，如果想访问 stu1 对象的 name 属性和 setName()方法，可以使用下面的代码：

```
stu1.name = "张三";
stu1.setName("张三");
```

5. 对象的赋值

同类的对象之间也可以进行赋值，这种情况称为对象赋值。对象是引用类型，因此对象间赋值是引用赋值，也就是地址的赋值。

```
Student stu1 = new Student( );          //new 关键字调用构造方法创建对象 stu1
Student stu2 = stu1;                    //将 stu1 的引用赋值给 stu2
stu2.setName("李四");                    //stu2 的姓名设置为"李四"
System.out.println(stu1.getName());     //输出 stu1 的姓名
```

上述代码完成了 stu1 到 stu2 的对象赋值，其实质是将 stu1 对象的地址赋值给 stu2，使得 stu1 与 stu2 引用同一个对象，当改变 stu2 的 name 属性时，使用 stu1 访问的 name 属性同样会变为"李四"。这个过程如图 3-3 所示。

6. 对象作为方法参数

当使用对象实例作为参数传递给方法时，参数的值是对对象的引用，也就是实际参数对形式参数的对象赋值，这使得形式参数与实际参数引用同一个对象。因此如果通过该引用值修改了所指向的对象的内容，则方法结束后，所修改的对象内容可以保留下来。

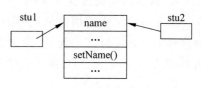

图 3-3 对象赋值

简单地说，Java 只有一种参数传递方式——按值传递。当使用基本类型作为参数时，传递的是参数的值的副本；当使用对象作为参数时，传递的是对象的引用的副本，既不是引用本身，更不是对象。

3.2.3 任务实施

（1）修改 Student 类为 StudentNew，为其添加重载的构造方法，以方便对象的初始化。

```java
package com.jnvc.stumanage.model;
import java.sql.Date;
public class StudentNew {
    private String number;
    private String name;
    private String sex;
    private Date birthday;
    private String phone;
    private String address;
    private int cid;
    public StudentNew(){}                              //默认构造方法
    public StudentNew(String num){                     //为 number 属性赋值
        number = num;
    }
    public StudentNew(String num,String na){           //为 number、name 属性赋值
        number = num;
        name = na;
    }
    public StudentNew(String num,String na,String s){  //为 number、name、sex 属性赋值
        number = num;
        name = na;
        sex = s;
```

```java
    }
    public StudentNew(String num,String na,String s,Date bir,String p,String add){
                                            //为cid外的属性赋值
        number = num;
        name = na;
        sex = s;
        birthday = bir;
        phone = p;
        address = add;
    }
    public String getNumber() {
        return number;
    }
    public void setNumber(String n) {
        number = n;
    }
    public String getName() {
        return name;
    }
    public void setName(String n) {
        name = n;
    }
    public String getSex() {
        return sex;
    }
    public void setSex(String s) {
        sex = s;
    }
    public Date getBirthday() {
        return birthday;
    }
    public void setBirthday(Date b) {
        birthday = b;
    }
    public String getPhone() {
        return phone;
    }
    public void setPhone(String p) {
        phone = p;
    }
    public String getAddress() {
        return address;
    }
    public void setAddress(String a) {
        address = a;
    }
    public int getCid() {
        return cid;
    }
    public void setCid(int c) {
        cid = c;
```

        }
    }

（2）创建学生对象，并打印相关信息。

```java
package com.jnvc.stumanage.main;
import java.sql.Date;
import com.jnvc.stumanage.model.StudentNew;
public class PrintStudentInfo {
    public static void main(String[] args) {
        StudentNew stu = new StudentNew();                    //调用空构造
        stu.setName("张三");
        stu.setNumber("2013010101");
        System.out.println(stu.getNumber() + "\t" + stu.getName());
        StudentNew stu1 = new StudentNew("2013010102","李四");
        System.out.println(stu1.getNumber() + "\t" + stu1.getName());
        StudentNew stu2 = new StudentNew("2013010103","王五","男");
        System.out.println(stu2.getNumber() + "\t" + stu2.getName() + "\t" + stu2.getSex());
        StudentNew stu3 = new StudentNew("2013010104","赵六","男",
                Date.valueOf("2000-01-01"),"13576543210","济南职业学院");
        System.out.println(stu3.getNumber() + "\t" + stu3.getName() + "\t" + stu3.getSex() + "\t" +
                stu3.getBirthday() + "\t" + stu3.getPhone() + "\t" + stu3.getAddress());
        StudentNew stu4 = stu3;                                //对象赋值
        stu4.setSex("女");
        System.out.println(stu3.getSex());
    }
}
```

3.2.4 任务总结

方法是类的成员，它与类的成员变量一起被封装在类中，并在类中实现。使用方法时，会遇到有返回值的方法和无返回值的方法，以及有参数的方法和无参数的方法。

类的成员方法中还有一类特殊的方法，方法名与类名完全一致，方法无返回值，返回值类型也不是 void 类型，且必须放到关键字 new 后面进行调用，用于对象的创建，这样的方法叫作构造方法。

一般而言，每个类都至少有一个构造方法。如果程序员没有为类定义构造方法，Java 虚拟机会自动为该类生成一个默认的构造方法。默认构造方法的参数列表及方法体都为空。如果程序员定义了一个或多个构造方法，则自动屏蔽掉默认的构造方法。

创建对象包括对象声明和对象初始化两个部分。通常这两部分是结合在一起的，即定义对象的同时对其初始化，为其分配空间，并进行赋值。对象是引用类型。引用类型是指该类型的标识符表示的是一片连续内存地址的首地址。定义了对象后，系统将给对象标识符分配一个内存单元，用于存放实际对象在内存中的存放位置。

对象的使用包括使用其成员变量和使用其成员方法，通过成员运算符"."可以实现对变量的访问和对方法的调用。通常使用的格式为：

对象名.成员变量名
对象名.成员方法名([<参数列表>]);

同类的对象之间也可以进行赋值,这种情况称为对象赋值。对象是引用类型,因此对象间赋值是引用赋值,也就是地址的赋值。

3.2.5 补充拓展

1. 数据包装类

Java 语言是一个面向对象的语言,但是 Java 中的基本数据类型却是不面向对象的,这在实际使用时存在很多的不便,为了解决这个不足,在设计类时为每个基本数据类型设计了一个对应的类进行代表,这样 8 个和基本数据类型对应的类统称为包装类(Wrapper Class),有些地方也翻译为外覆类或数据类型类。

每个基本数据类型都对应一个数据包装类,共 8 个,它们是 Character 类、Byte 类、Short 类、Integer 类、Long 类、Float 类、Double 类和 Boolean 类,分别对应于基本数据类型的 char、byte、short、int、long、float、double 和 boolean。

对于包装类说,这些类的用途主要包含两种:

(1) 作为和基本数据类型对应的类类型存在,方便涉及对象的操作。

(2) 包含每种基本数据类型的相关属性如最大值、最小值等,以及相关的操作方法。

JDK 自从 1.5(5.0)版本以后,就引入了自动拆装箱的语法,也就是在进行基本数据类型和对应的包装类转换时,系统将自动进行,这将大大方便程序员的代码书写。

数据包装类的使用如 WrapperClassDemo 类所示(以 Integer 为例)。

```java
package com.jnvc.java.ohter;
public class WrapperClassDemo {
    public static void main(String[] args) {
        int n = 10;
        Integer in = new Integer(n);        //装箱,将 int 类型转换为 Integer 类型
        int m = in.intValue();               //拆箱,将 Integer 类型的对象转换为 int 类型
        Integer in1 = n;                     //自动装箱,JDK5 以上支持
        int n1 = in1;                        //自动拆箱,JDK5 以上支持
        System.out.println("in = " + in + ",m = " + m + ",in1 = " + in1 + ",n1 = " + n1);
        String s = "123";
        int num = Integer.parseInt(s);       //字符串到整型的转换
        System.out.println("num = " + num);
        num = Integer.parseInt("12",10);     //将字符串"12"按照十进制转换为 int,则结果为 12
        System.out.println("num = " + num);
        num = Integer.parseInt("12",8);      //将字符串"12"按照八进制转换为 int,则结果为 10
        System.out.println("num = " + num);
        num = Integer.parseInt("12",16);     //将字符串"12"按照十六进制转换为 int,则结果为 18
        System.out.println("num = " + num);
        num = 20;
        String s1 = Integer.toString(num);   //数值到字符串的转换
        System.out.println("s1 = " + s1);
        s1 = Integer.toString(num,16);       //数值到字符串的转换,按照 16 进制转换,结果为 14
        System.out.println("s1 = " + s1);
        System.out.println(num + "");        //数值到字符串的转换的简单方法
    }
}
```

2. String 类的常用操作

(1) 创建字符串

创建字符串的方法有多种,通常我们用 String 类的构造方法来建立字符串。表 3-5 列出了 String 类的构造方法及其简要说明。

表 3-5　String 类构造方法概要

构 造 方 法	说　　明
String()	初始化一个新的 String 对象,使其包含一个空字符串
String(char[ ] value)	分配一个新的 String 对象,使它包含字符数组参数中的字符序列
String(char[ ] value, int offset, int count)	分配一个新的 String 对象,使它包含来自字符数组参数中子数组的字符
String(String value)	初始化一个新的 String 对象,使其包含和参数字符串相同的字符序列

(2) 字符串操作

Java 语言提供了多种处理字符串的方法。表 3-6 列出了 String 类常用的方法。

表 3-6　String 类的常用方法

方　　法	说　　明
char charAt(int index)	获取给定的 index 处的字符
int compareTo(String anotherString)	按照字典的方式比较两个字符串
int compareToIgnoreCase(String str)	按照字典的方式比较两个字符串,忽略大小写
boolean equals(Object anObject)	将这个 String 对象和另一个 String 对象进行比较
int indexOf(String str)	获取这个字符串中出现给定子字符串的第一个位置的索引
int length()	获取这个字符串的长度
String replace(char oldChar,char newChar)	通过将这个字符串中的 odChar 字符转换为 newChar 字符来创建一个新字符串
String substring(int strbegin,int strend)	产生一个新字符串,它是这个字符串的子字符串,允许指定起始处、结尾处的索引
String toLowerCase()	将这个 String 对象中的所有字符变为小写
String toString()	返回这个对象(它已经是一个字符串)
String toUpperCase()	将这个 String 对象中的所有字符变为大写
String trim()	去掉字符串开头和结尾的空格
static String valueOf(int i)	将 int 参数转化为字符串返回。该方法有很多重载方法,用来将基本数据类型转化为字符串。如:static String valueOf (float f),static String valueOf(long l)等

字符串的常用操作如 StringDemo 类所示。

```
package com.jnvc.java.ohter;
public class StringDemo {
    private String str1 = " hello Java ";
    private String str2 = new String(" Hello Java ");
    public void equals(){                //判断是否相等
        System.out.println("equals:" + str1.equals(str2));
```

```java
            System.out.println("equalsIgnoreCase:" + str1.equalsIgnoreCase(str2));
            System.out.println("str1 == str2:" + str1 == str2);
            System.out.println("str1!= str2:" + str1!= str2);
    }
    public void compare(){                    //字符串比较
            System.out.println("compareTo:" + str1.compareTo(str2));
            System.out.println("compareToIgnoreCase:" + str1.compareToIgnoreCase(str2));
    }
    public void length(){                     //字符串长度
            System.out.println("str1.length():" + str1.length());
            System.out.println("str2.length():" + str2.length());
    }
    public void subString(){                  //子字符串
            System.out.println("str1.subString(3):" + str1.substring(3));
            System.out.println("str2.subString(2,5):" + str2.substring(2, 5));
    }
    public void index(){                      //索引
            System.out.println("str1.charAt(2):" + str1.charAt(2));
            System.out.println("str1.indexOf('a'):" + str1.indexOf("a"));
            System.out.println("str1.lastIndexOf('a'):" + str1.lastIndexOf("a"));
            System.out.println("str1.indexOf('lo'):" + str1.indexOf("lo"));
    }
    public void replace(){                    //替换
            System.out.println("str2.replace('J', 'j'):" + str2.replace('J', 'j'));
            System.out.println("str2.trim():" + str2.trim());
    }
    public static void main(String[] args) {
            StringDemo demo = new StringDemo();
            demo.equals();
            demo.compare();
            demo.length();
            demo.subString();
            demo.index();
            demo.replace();
    }
}
```

任务3 类的继承

3.3.1 任务目标

- 掌握 this、super 的使用方法。
- 理解 Java 中的继承。
- 理解 Java 中的方法覆盖。
- 理解替代原理。

3.3.2 知识学习

1. this 引用

Student 类中的 set×××() 的参数名称与要赋值的属性名称并不相同，如 setName(String n)的参数名称为 n，而要赋值的属性名称为 name，这样会显得不直观，如果我们将传入的参数名称也定义为 name，这样就会很直观，但方法体就会变成 name=name，我们就会分不清楚两个 name 究竟指的是哪一个。此时我们需要一个指示器来指明究竟哪一个 name 是方法中的参数 name，哪一个 name 是类的属性 name，而这个指示器就是 this 引用。

此时，setName()方法可能会如下面这段代码所示：

```
public void setName(String name) {
    this.name = name;
}
```

其他的 set×××()方法都可依此将参数名更改为与属性同名，使得程序看起来更直观，方便阅读。

在 Java 语言动态方法的作用域中，this 代表当前的对象，一个变量引用它自己的实例变量及方法时，在每个引用的前面都隐含着 this。this 引用通常有三种使用方式，第一种就像上面一样，在方法中作为对象本身的引用；第二种是做方法参数，传递当前对象的引用；第三种是用于构造方法的第一句，用于调用其他构造方法。例如下面这段代码：

```
public Student(String number){             //为 number 属性赋值
    this.number = number;                   //this 作为对象引用
}
public Student(String number,String name){  //为 number、name 属性赋值
    this(number);                           //this 作为构造方法的第一句调用其他构造方法
    this.name = name;
    speak(this);                            //this 做方法参数，传递当前对象引用
}
public void speak(Student student){
    System.out.println("我的姓名是" + student.name);
}
```

需要注意的是，this 作为其他构造方法的调用语句时，必须是构造方法的第一句，且只能有一句。

2. 类的继承

Java 中的继承是通过 extends 关键字来实现的，在定义类时使用 extends 关键字指明新定义类的父类，就在两个类之间建立了继承关系。其语法是：

[类修饰符] class 子类名 extends 父类名

从上面的语法格式中我们可以看出，比一般类的声明多了 extends 关键字部分，通过该关键字来指明子类要继承的父类。如果父类和子类不在同一个包中，则需要使用 import 语句来引入父类所在的包。

新定义的子类可以从父类那里自动继承所有非 private 的属性和方法作为自己的成员。同时根据需要再加入一些自己的属性或方法就产生了一个新的子类。可见父类的所有非私

有成员实际是各子类都拥有集合的一部分,这样做的好处是减少程序维护的工作量。从父类继承来的成员,就成为子类所有成员的一部分,子类可以使用它。例如：在学生信息管理系统中会有管理员与普通用户两种参与者,而他们都需要用户名密码进行登录,因此可以抽象一个 Person 类作为这两个类的公共父类,将这些属性与操作定义在 Person 中,然后让 Admin 与 User 继承 Person 类,可以使用类似如下代码：

```
class Person{
    private String name;
    private String pass;
    public boolean log(Person person){}
    public void setName(String name){
        this.name = name;
    }
    public String getName(){
      return this.name;
    }
    public void setPass (String pass){
        this. pass = pass;
    }
    public String getPass(){
      return this. pass;
    }
}
class Admin extends Person{ }
class User extends Person{ }
```

3. 方法覆盖

子类重新定义一个与从父类那里继承来的成员变量完全相同的变量,称为变量的隐藏,或者叫作域隐藏。子类也可以重新定义与父类同名的方法,实现对父类方法的覆盖。要进行覆盖,就是在子类中对需要覆盖的类成员以父类中相同的格式,再重新声明定义一次,这样就可以对继承下来的类成员进行功能的重新实现,从而达到程序的需要。

如果 Admin 或者 User 根据自己的需要重写了 Person 类的 log()方法,就是方法覆盖。需要注意的是,方法覆盖时,子类方法的作用域不能小于父类方法的作用域。如 Person 类中的 log 是 public 作用域,则 Admin 或者 User 中的 log()方法至少也要是 public 作用域。

4. super 引用

如果要使用父类中被覆盖的方法或被隐藏的变量,此时可以使用 super 参考。相对 this 来说,super 表示的是当前类的直接父类对象,是当前对象的直接父类对象的引用。

super 引用通常用在方法中作为父类对象的引用,调用父类的方法或引用父类的属性,也可以像 this 引用一样用于构造方法的第一句,调用父类构造方法。

其实每一个子类的构造方法都会隐含包含一句 super(),用于调用父类构造方法,创建父类对象,也就是说子类对象创建之前总先要创建出其父类对象才可以,因此如果父类中不包含空构造,则无法使用 super()创建出父类对象,就会出现错误。如下面这段代码：

```
class Father{
    public Father(int i){}                //隐藏了空构造
}
```

```java
class Son extends Father{
    //子类的构造会默认用 super()调用父类空构造,而父类没有这个构造,会出现错误
}
```

5. 替代原理

继承是一种"is a"的关系,即子类对象总是一个父类对象,也只有满足"is a"关系的两个类之间才能存在继承关系,否则就是错误的。既然子类对象总是一个父类对象,因此在所有使用父类对象的地方,都可以使用一个子类对象来代替父类对象,也就是说所有能使用 Person 的地方,一定可以使用一个 User 或者 Admin 对象。比如在 log(Person person)方法中需要的参数类型为 Person,而 User 与 Admin 都是 Person 的子类,总是可以看作一个 Person 对象,所以可以使用 User 或者 Admin 的对象传递给 log( )方法,实现 User 与 Admin 的登录验证,这正是继承与多态的优势,也是面向对象的好处。

3.3.3 任务实施

1. 使用 this 引用修改 Student 类

```java
package jnvc.computer.stuman.model;
import java.sql.Date;
//学生类
public class Student {
    private String num;
    private String name;
    private boolean sex;
    private Date birthday;
    private int cid;
    private String phone;
    private String address;
    public String getNum() {
        return num;
    }
    public void setNum(String num) {
        this.num = num;
    }
    public String getName() {
        return name;
    }
    public void setName(String name) {
        this.name = name;
    }
    public boolean isSex() {
        return sex;
    }
    public void setSex(boolean sex) {
        this.sex = sex;
    }
    public Date getBirthday() {
        return birthday;
    }
```

```java
    public void setBirthday(Date birthday) {
        this.birthday = birthday;
    }
    public int getCid() {
        return cid;
    }
    public void setCid(int cid) {
        this.cid = cid;
    }
    public String getPhone() {
        return phone;
    }
    public void setPhone(String phone) {
        this.phone = phone;
    }
    public String getAddress() {
        return address;
    }
    public void setAddress(String address) {
        this.address = address;
    }
}
```

2. 实现 Person 类

首先抽象 Person 类的属性: Person 需要一个编号以表示每一个 Person,将其抽象为 int 类型的 id。登录需要姓名与密码,抽象为 String 类型的 name 与 password。为区分授权与未授权用户,抽象 int 类型的 privilege 表示其权限,其默认值为 0,表示未授权用户,使用 1 表示授权用户。为了简化管理员信息管理,我们同样使用 privilege 表示管理员权限,当 privilege 的值是 2 时,我们认为这是管理员用户。

```java
package jnvc.computer.stuman.model;
//管理员与用户的公共父类
public class Person {
    private int id;
    private String name;
    private String password;
    private int privilege = 0;              //权限的默认值为0,代表未审核用户
    public int getId() {
        return id;
    }
    public void setId(int id) {
        this.id = id;
    }
    public String getName() {
        return name;
    }
    public void setName(String name) {
        this.name = name;
    }
    public String getPassword() {
```

```
        return password;
    }
    public void setPassword(String password) {
        this.password = password;
    }
    public int getPrivilege() {
        return privilege;
    }
    public void setPrivilege(int privilege) {
        this.privilege = privilege;
    }
}
```

3. 实现 Admin 类与 User 类

对于 User 类而言,其实就是一个 privilege 为 0 的 Person,所以 User 类其实就是 Person 类,为了方便今后扩展,我们仍然进一步抽象 User 类,只不过 User 类仅仅继承了 Person 类,其他没有新的改变。

对于 Admin 类而言,其功能要比 Person 类强大,因此除了要继承 Person 类以外,还需要增加查询未授权用户与给用户授权这样的操作。抽象查询未授权用户的方法名为 search(),它并不需要参数,返回值应该是所有未授权的用户的列表,我们在这里先使用数组的形式来表示这一列表,后面我们会修改这一返回值类型,关于数组,可以参考本节的补充拓展部分。对于给用户授权这一操作,可以抽象方法名为 check(),需要使用 id 来表明对哪个用户授权,因此该方法需要 int 类型的 id 作为其参数,授权的成功与否需要使用 boolean 值来表示,因此此方法需要 boolean 类型的返回值。两个方法的具体实现等到后面的章节再讲。

综上所述,User 与 Admin 两个类可以抽象如下代码所示:

```
package jnvc.computer.stuman.model;
//用户类
public class User extends Person {}
package jnvc.computer.stuman.model;
//管理员类
public class Admin extends Person {
    //检索所有未审核用户
    public User[] search(){
        return null;
    }
    //对编号为 uid 的用户进行审核
    public boolean check(int uid){
        boolean flag = false;
        return flag;
    }
}
```

3.3.4 任务总结

在 Java 语言动态方法的作用域中,this 代表当前的对象,一个变量引用它自己的实例变量及方法时,在每个引用的前面都隐含着 this。this 引用通常有三种使用方式,第一种就像上面一样，在方法中作为对象本身的引用；第二种是做方法参数，传递当前对象引用；第三种是用于构造方法的第一句，用于调用其他构造方法。

Java中的继承是通过extends关键字来实现的，在定义类时使用extends关键字指明新定义类的父类，就在两个类之间建立了继承关系。其语法是：

[类修饰符] class 子类名 extends 父类名

新定义的子类可以从父类那里自动继承所有非private的属性和方法作为自己的成员。

子类重新定义一个与从父类那里继承来的成员变量完全相同的变量，称为变量的隐藏，或者叫作域隐藏。子类也可以重新定义与父类同名的方法，实现对父类方法的覆盖。方法覆盖时，子类方法的作用域不能小于父类方法的作用域。

super引用通常用在方法中作为父类对象的引用，调用父类的方法或引用父类的属性，也可以像this引用一样用于构造方法的第一句，调用父类构造方法。

继承是一种"is a"关系，在所有使用父类对象的地方，都可以使用一个子类对象来代替父类对象。

3.3.5 补充拓展

下面介绍数组的使用方法。

(1) 数组的概念

数组是由一组类型相同的元素组成的有顺序的数据集合。数组中每个元素的数据类型都相同，它们可以是基本数据类型、复合数据类型、引用类型和数组类型。数组中所有元素都共用一个数组名，因为数组中的元素是有序排列的，所以用数组名附加上数组元素的序号可唯一地确定数组中每一个元素的位置，我们称数组元素的序号为下标。

Java数组是一个独立的对象，像其他对象一样，要经过定义、分配内存及赋值后才能使用。

(2) 数组的定义

使用一维数组，可以通过如下三种方式之一定义数组变量并创建数组对象。

方式一：先定义数组变量，再创建数组对象，为数组分配存储空间。其中，一维数组的定义可以采用如下两种格式之一。

    数组元素类型 数组名[ ];

或

    数组元素类型[ ] 数组名;

对已经按上述格式定义的数组，进一步地通过new运算符创建数组对象，分配内存空间，格式是：

    数组名 = new 数组元素类型[数组元素个数];

例如：

    int a[];   //定义一个整型数组a
    double [] b;   //定义一个双精度型数组b
    a = new int[3];   //为数组a分配3个元素空间

```
b = new double[10];        //为数组 b 分配 10 个元素空间
```

在没有给各个数组元素赋值前,Java 自动赋予它们默认值:数值类型为 0,逻辑类型为 false,字符型为'\0',对象类型初始化为 null。请注意:Java 关键字 null 指的是一个 null 对象(可以用于任何对象引用),它并不像在 C 语言中的 NULL 常量一样等于零或者字符'\0'。

方式二:同时定义数组变量并创建数组对象,相当于将方式一中的两步合并,格式是:

数组元素类型　数组名[ ] = new 数组元素类型[数组元素个数];

例如:

```
int x[ ] = new int[3];
double y[ ] = new double[10];
```

前者定义了具有 3 个元素空间的 int 型数组 x,后者定义了具有 10 个元素空间的 double 型数组 y。

方式三:利用初始化,完成定义数组变量并创建数组对象。此时不用 new 运算符。格式是:

数组元素类型　数组名[ ] = {值 1,值 2,…};

例如:

```
int a[ ] = {11,12,13,14,15,16};
double b[ ] = {1.1,1.2,1.3,1.4,1.5,1.6,1.7};
```

前者定义了 int 型数组 a 并对其初始化,共有 6 个元素;后者定义了 double 型数组 b 并对其初始化,共有 7 个元素。

数组元素的类型,可以是基本数据类型,也可以是对象类型,下面的定义都是合法的:

```
char cs[ ] = {'j','i','n','a','n'};
Integer ix[ ] = new Integer [5];
String ss[ ] = {"I","you ","Chinese"};
```

(3) 数组的使用

对数组元素的访问,通过下标进行。一维数组元素的访问格式为:

数组名[下标]

Java 语言规定,下标必须是整型或可以转变成整型的量,可以是常量、变量或表达式。数组下标由 0 开始,最大下标是数组元素个数-1。例如,对于

```
int a[ ] = {11,12,13,14,15,16};
```

共有 6 个元素,其下标为 0~5,a[0]为 11,a[5]为 16。又如:

```
String ia[ ] = {"I","you ","Chinese"};
```

共有 3 个元素,其下标为 0~2,ia[0]为字符串"I",a[2]为字符串"Chinese"。

在访问数组元素时,要特别注意下标的越界问题,即下标是否超出范围。如果下标超出范围,则运行时产生名为 Array Index Out Of Bounds Exception 的错误,提示用户下标越界。如果使用没有初始化的数组,则产生名为 Null Point Exception 的错误,提示用户数组

没有初始化。

在 Java 语言中,数组也是一种对象。数组经初始化后就确定了它的长度,对于每个已分配了存储空间的数组,Java 语言用一个数据成员 length 来存储这个数组的长度值。

(4) 命令行参数

所谓命令行参数,是指执行某个 Java 应用程序时,从命令行中向程序直接传送的参数。我们可以获得这些参数的值,并运用到程序的执行过程中。

Java 通过 main 方法中的参数从命令行中接收参数,main 方法的 String[] args 就是用来接收命令行参数的,它是一个字符串数组。在程序内部,通过 args[0]、args[1]…的形式,可以访问这些参数字符串,通过 args.length 可以获得命令行参数的个数。

数组与命令行参数的使用如下代码所示:

```java
package com.jnvc.java.ohter;
public class ArrayDemo {
    public static void main(String[] args) {
        int [] a = new int[5];                       //声明数组
        a[0] = Integer.parseInt(args[0]);            //将命令行参数传入并转换成整型
        a[1] = Integer.parseInt(args[1]);
        a[2] = Integer.parseInt(args[2]);
        a[3] = Integer.parseInt(args[3]);
        a[4] = Integer.parseInt(args[4]);
        int sum = a[0] + a[1] + a[2] + a[3] + a[4];
        System.out.println("5 个数的和是: " + sum);
    }
}
```

使用 Eclipse 运行程序时需要向程序传入命令行参数,方法是在选择 Run as→Run configurations… 命令,在打开对话框的"(X)= Arguments"选项卡的"Program Arguments:"文本框中输入需要的参数,如图 3-4 所示。

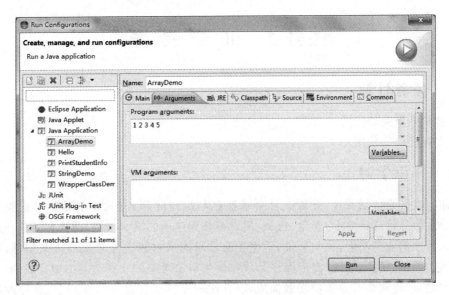

图 3-4　命令行参数的使用

项目 4　DAO 模式

项目名称
DAO 模式
项目编号
Java_Stu_004
项目目标
能力目标：高层抽象能力。
素质目标：程序设计素质。
重点难点：
(1) 抽象类的使用。
(2) 接口的使用。
(3) DAO 模式思想。
(4) 工厂的使用。
知识提要
abstract、抽象类、interface、static、工厂模式、IF、DAO 模式
项目分析
面向对象的基础是抽象，抽象不仅仅是现实世界到编码世界的简单抽象，为了使程序更健壮、更灵活，面向对象还要进行高层抽象，以实现分层设计。本项目利用面向对象思想进行程序的分层设计，使用 DAO 模式进行业务抽象。

任务 1　业　务　抽　象

4.1.1　任务目标

- 理解抽象类的使用。
- 掌握接口的使用。

4.1.2　知识学习

面向对象讲究分层设计，分层设计要求数据与操作分开，也就模型对象与业务功能分开。在学生信息管理系统中，学生、班级、用户等是程序中的模型对象，而这些对象所进行的操作则是程序的业务功能，换句话说，学生类通常只用来封装学生对象的相关信息，对学生对象所做的添加、删除、修改、查询操作是放在学生对象对应的业务功能类中完成，而实现业务功能类之前，通常会对业务功能做抽象，以方便程序各层次之间的解耦合，这种抽象功能通常由抽象类或者接口负责完成。

1. 抽象方法

类的高一级的抽象通常由抽象方法开始,在抽象业务时,我们很可能不关心或者根本不知道功能是如何实现的,在对这样的功能进行抽象时就没有具体的功能实现,相对应的方法也就没有方法体,我们通常在方法前面加上关键字 abstract,表明这个方法没有实现,即该方法为抽象方法。其格式为:

[修饰符] abstract　返回值类型　方法名(参数列表);

注意抽象方法是没有方法体的,甚至连方法体的括号也没有。

例如学生的信息应该保存于数据库中,而对学生的添加、删除等功能其实是对数据库的操作,此时我们还不知道这样的操作该如何实现,我们就可以将这些功能定义成抽象方法,其代码可能如下所示:

```
public abstract boolean add(Student student);              //添加学生信息
public abstract boolean delete(String number);             //删除学生信息
public abstract boolean update(Student student);           //修改学生信息
public abstract Student search(String number);             //查询学生信息
```

这样我们就可以在没有具体实现的情况下,先对程序进行宏观抽象设计。

2. 抽象类

如果一个类中含有未实现的抽象方法,那么这个类就必须使用 abstract 声明为抽象类。抽象类通常作为很多类的公共父类而存在,用于抽象所有子类的公共属性和操作,以提高程序的开发效率,便于对这些公共部分的维护。在 Java 中,凡是用 abstract 修饰符修饰的类称为抽象类。它和一般的类不同之处在于:

(1) 含有抽象方法的类一定是抽象类。
(2) 抽象类中不一定含有抽象方法。
(3) 抽象类不能实例化为对象。
(4) 抽象类的子类必须为父类中的所有抽象方法提供实现,否则它们也是抽象类。

定义一个抽象类的格式如下:

```
abstract class ClassName
{
…        //类的主体部分
}
```

3. 接口

继承是类之间的一种关系,而且是一种强耦合性的关系,继承破坏了父类的封装,使父类的实现对子类可见,并且当父类发生改变时,子类就不得不随之发生改变,即便父类是抽象类也是如此。而强耦合的类间关系是不利于分层设计的,给程序的灵活性与可维护性带来很多问题。因此,面向对象提供了"接口"的概念来提供这种类间的松耦合关系。业务功能的抽象通常都使用接口来完成,以达到各层间松耦合联系的目的。

Java 中的接口通常是一些方法特征的集合,也就是接口中只含有抽象方法,而所有与这个接口产生关系的类,也就是实现了接口的类,都要遵循这些规范。这样,所有实现了同一个接口的类都遵循同一种方法的使用规范,类间的可插拔替换就成为可能,也就是实现了构件的可插入性(Pluggability)。这就像家里的电源插座,只要插头相匹配,不管是何种电器,都可以方便地接到上面使用,接口给程序设计带来的好处与规范的电源插座是一样的。

Java 中声明接口的语法如下:

[public] interface 接口名[extends 父接口名列表]
{ //接口体
   //常量声明
   [public][static][final] 域类型 域名 = 常量值;
   …
   //抽象方法声明
   [public][abstract][native] 返回值 方法名(参数列表)[throw 异常列表];
   …
}

interface 是接口声明的关键字,它引导着所定义的接口的名字。extends 关键字声明该新接口是某个已经存在的父接口的派生接口,它将继承父接口的所有属性和方法。与类的继承不同的是,一个接口可以有一个以上父接口,它们之间用逗号分隔,形成父接口列表。

接口体由两个部分组成:一部分是对接口中变量的声明;另一部分是对接口中方法的声明。接口中的所有变量都必须是 public static final,这是系统默认的规定,所以接口属性也可以没有任何修饰符,其效果完全相同。接口中的所有方法都必须是默认的 public abstract,无论是否有修饰符显式地限定它。在接口中只能给出这些抽象方法的方法名、返回值类型和参数列表,而不能定义方法体,也就是只能给出方法的规范。

定义接口可归纳为如下几点:

(1) 在 Java 中接口是一种专门的类型。用 interface 关键字定义接口。
(2) 接口中只能定义抽象方法,不能有方法体,一定是 public 修饰的。
(3) 接口中可以定义变量,但实际上是 static final 修饰的常量。
(4) 接口中不能定义静态方法。

4.1.3 任务实施

1. 抽象用户业务

对于用户而言,其业务功能主要是注册与登录,我们用 reg() 与 log() 两个方法进行抽象。注册时传递 User 对象(管理员不能注册),返回注册成功与否。登录则要区分普通用户与管理员两种身份,因此我们使用 User 与 Admin 的共同父类 Person 作为传递的对象以实现 User 与 Admin 的共用,这也是多态的体现,当然还要传递一个 String 类型的参数,表明是 User 还是 Admin 登录,登录成功时返回 Person 对象。

为了实现分层与松耦合,我们使用接口来实现业务抽象,将用户功能抽象为 UserDao 接口,可能的代码如下所示:

```
package jnvc.computer.stuman.dao;
import jnvc.computer.stuman.model.Person;
import jnvc.computer.stuman.model.User;
//用户业务抽象
public interface UserDao {
    //登录方法
    public Person log(Person person,String type);
```

```
    //注册方法
    public boolean reg(User user) ;
}
```

2. 抽象班级类

班级类主要包含有 id、num、name、teacher 属性,对其分别提供 set×××()、get×××()方法进行封装,Classes 类代码如下所示:

```
package jnvc.computer.stuman.model;
// 班级类
public class Classes {
    private int id;
    private String num;
    private String name;
    private String teacher;
    public int getId() {
        return id;
    }
    public void setId(int id) {
        this.id = id;
    }
    public String getNum() {
        return num;
    }
    public void setNum(String num) {
        this.num = num;
    }
    public String getName() {
        return name;
    }
    public void setName(String name) {
        this.name = name;
    }
    public String getTeacher() {
        return teacher;
    }
    public void setTeacher(String teacher) {
        this.teacher = teacher;
    }
}
```

3. 抽象班级业务

班级类的业务功能主要是添加、删除、修改、查询,查询时可以查询所有班级信息,也可以按照某一属性进行查询。我们分别抽象 add()、delete()、update()、search()方法进行表示。班级业务的抽象如下代码所示:

```
package jnvc.computer.stuman.dao;
import jnvc.computer.stuman.model.Classes;
public interface ClassDao {
```

```java
//添加班级信息
public boolean add(Classes classes);
//删除班级信息
public boolean delete(String classnum);
//修改班级信息
public boolean update(Classes classes);
//检索班级信息,可以按照班级编号、班级名称、班主任检索
public Classes[ ] search(String value,String ... type);
//检索所有班级信息
public Classes[ ]search();
}
```

在 ClassDao 接口中,search 是重载的方法,用于实现查询所有班级信息以及条件查询,在 search(String value,String ... type)方法的声明中,"String...type"这种参数是 JDK 1.5 的特性,表示可变参数,也就是这个参数可以有,也可以没有;可以有一个,也可以有多个。它的实现其实是一个可变数组,根据 length 属性确定输入参数的个数。

4. 抽象学生业务

学生业务与班级业务相同,同样是添加、删除、修改、查询。查询时,只是学生的属性较班级属性更多,所需要的查询方式也更多,我们抽象学生业务功能代码如下所示:

```java
package jnvc.computer.stuman.dao;
import java.util.List;
import jnvc.computer.stuman.model.Student;
public interface StuDao {
    //添加学生信息
    public boolean add(Student stu);
    //删除学生信息
    public boolean delete(String stunum);
    //修改学生信息
    public boolean update(Student stu);
    //按照学号检索学生信息
    public Student searchByNum(String stunum);
    //按照姓名检索学生信息
    public Student[ ] searchByName(String stuname);
    //按照班级检索学生信息
    public Student[ ] searchByClass(String classname);
    //按照性别检索学生信息
    public Student[ ] searchBySex(String sex);
    //按照年龄检索学生信息
    public Student[ ] searchByAge(int age);
    //按照手机检索学生信息
    public Student searchByPhone(String phone);
    //模糊查询
    public Student[ ] search(String value);
}
```

4.1.4 任务总结

在方法前面加上关键字 abstract,表明这个方法没有实现,即该方法为抽象方法。其格式为:

[修饰符] abstract 返回值类型　方法名(参数列表);

注意:抽象方法是没有方法体的,甚至连方法体的括号也没有。

在 Java 中,凡是用 abstract 修饰符修饰的类称为抽象类。它和一般类的不同之处在于:

(1) 含有抽象方法的类一定是抽象类。
(2) 抽象类中不一定含有抽象方法。
(3) 抽象类不能实例化为对象。
(4) 抽象类的子类必须为父类中的所有抽象方法提供实现,否则它们也是抽象类。

定义一个抽象类的格式如下:

```
abstract class ClassName
{
　　…　　　//类的主体部分
}
```

Java 中声明接口的语法如下:

```
[public] interface 接口名[extends 父接口名列表]
{　//接口体
　　//常量声明
　　[public][static][final]域类型　域名 = 常量值;
　　…
　　//抽象方法声明
　　[public][abstract][native]返回值　方法名(参数列表)[throw 异常列表];
　　…
}
```

提示:

(1) 在 Java 中接口是一种专门的类型。用 interface 关键字定义接口。
(2) 接口中只能定义抽象方法,不能有方法体,一定是 public 修饰的。
(3) 接口中可以定义变量,但实际上是 static final 修饰的常量。
(4) 接口中不能定义静态方法。

4.1.5 补充拓展

如果一个类被 final 修饰符所修饰和限定,说明这个类不可能有子类,这样的类就称为最终类。最终类不能被别的类继承,它的方法也不能被覆盖。被定义为 final 的类通常是一些有固定作用、用来完成某种标准功能的类。例如最常用的 System 类就是 final 类。将一个类定义成 final 类,使得这个类不能再派生子类,这样其中的方法也就不能被覆盖,避免了这个类被外界修改,增强了程序的健壮性、稳定性。

注意 abstract 和 final 修饰符不能同时修饰一个类,因为 abstract 类自身没有具体对象,需要派生出子类后再创建子类的对象;而 final 类不可能有子类,这两个修饰符恰好是矛盾的,所以 abstract 和 final 修饰符不能同时修饰一个类。

final 修饰符作用总结如下:

(1) 修饰变量表明该变量是一个常量,只能被赋值一次;

(2) 修饰方法表明该方法是最终方法,不能被子类覆盖;

(3) 修饰类表明该类是最终类,不能有子类。

任务 2　业务的简单实现

4.2.1　任务目标

- 掌握类实现接口的方式。
- 掌握 If 流程控制。
- 理解重载与多态。

4.2.2　知识学习

1. 接口的实现

我们使用接口抽象了业务功能,但接口是完全抽象的,仅仅给出了抽象方法,相当于程序开发中的一组协议,业务功能的实现必须通过类来完成,如果某个类为接口中的抽象方法实现了方法体,称为实现这个接口。一个类要实现一个接口,其语法格式为:

```
[修饰符] class 类名[extends 父类名][implements 接口名列表]{
    //实现的接口中的方法体
}
```

一个类要实现接口时,要注意以下几个问题:

(1) 在类的声明部分,用 implements 关键字声明该类将要实现哪些接口。

(2) 如果实现某接口的类不是 abstract 抽象类,则必须为所有抽象方法定义方法体,而且方法头部分应该与接口中的定义完全一致。

(3) 如果实现某接口的类是 abstract 的抽象类,则它可以不实现该接口所有的方法。但该抽象类的子类必须实现所有的抽象方法,否则它仍然是抽象类。

(4) 接口的抽象方法的访问限制符都已制定为 public,所以类在实现方法时,必须显式地使用 public 修饰符,否则将出现缩小方法的访问控制范围的错误。

2. if 分支语句

if 语句是构造分支选择结构程序的基本语句。在大数情况下,一个 if 语句往往需要执行多句代码,这就需要用一对花括号将它们包括起来,建议即使在只有一个语句时也这样做,因为这会使你的程序更容易阅读。if 结构存在三种形式,每种形式都需要使用布尔表达式。

形式一:

```
if(条件表达式){
    语句
```

}
```

这种形式可以称之为 if 语句。if 语句的执行取决于表达式的值,如果表达式的值为 true 则执行这段代码,否则就跳过。例如:

```
if (x < 10){
        System.out.println("x 的值小于 10,这段代码被执行");
}
```

形式二:

```
if (条件表达式){
        语句 1
}else {
        语句 2
}
```

这种形式可以称之为 if-else 语句。这种形式使用 else 把程序分成了两个不同的方向,如果表达式的值为 true,就执行 if 部分的代码,并跳过 else 部分的代码;如果为 false,则跳过 if 部分的代码并执行 else 部分的代码。我们可以把上边的例子改写为:

```
if (x < 10){
        System.out.println("x 的值小于 10,if 代码段的语句被执行");
}else{
        System.out.println("x 的值大于 10,else 代码段的语句被执行");
}
```

形式三:

```
if (条件表达式 1){
        语句 1
}else if (条件表达式 2){
        语句 2
}else {
        语句 3
}
```

这种形式是上面两种形式的结合,并可以根据需要增加 else if 部分。例如在形式二的例子中,需要对 x 等于 20 的情况作特殊处理,那么我们可以把程序修改为:

```
if (x < 10){
        System.out.println(" x 的值小于 10,if 代码段的语句被执行");
}else if (x == 20){
        System.out.println(" x 的值等于 20,else if 代码段的语句被执行");
}else{
        System.out.println(" x 的值大于 10,else 代码段的语句被执行");
}
```

无论采用什么形式,在任何时候,if 结构在执行时只能执行某一段代码,而不会同时执行两段,因为布尔表达式的值控制着程序执行流只能走向某一个确定方向,而不会是两个方向。
```

3. 重载

在 Java 中,同一个类中多个同名方法之间构成重载关系,在完成同一功能时,可能遇到不同的具体情况,所以需要定义含不同的具体内容的方法,这些方法的具体实现代码可能不一样,但它们的名称相同,这些方法间构成重载。例如,一个类需要具有打印的功能,而打印是一个很广泛的概念,对应的具体情况和操作有多种,如实数打印、整数打印、字符打印、分行打印等。为了使打印功能完整,在这个类中就可以定义若干个名字都叫 print() 的方法,每个方法用来完成一种不同于其他方法的具体打印操作,处理一种具体的打印情况,这些同名 print() 方法的关系就是重载关系。

```
public void print (int i)
public void print (float f)
public void print ()
```

当一个重载方法被调用时,Java 用参数的类型、数量、参数的顺序来表明实际调用的重载方法的版本。因此,每个重载方法的参数的类型、数量或者参数的顺序至少有一个是不同的,且不能通过方法的返回值类型来定义重载的方法。

4. 多态

多态是指一个方法声明的多个不同表现形式。一个方法可以用不同的方式来解释,多态通常被认为是一种方法在不同的类中可以有不同的实现,甚至在同一类中仍可能有不同的定义及实现。比如前面讲过的子类对父类方法的覆盖以及同一个类中方法的重载,这都是多态的表现形式。无论是方法重载还是方法覆盖,都要求其方法的声明要一致,不一样的是在具体实现方法时,方法体的内容不一样,方法在调用时,必须通过传入的参数的不同或者具体对象的不同,来确定究竟是调用方法的哪一种实现形式。方法收到消息时,对象要予以响应,不同的对象收到同一消息可以产生完全不同的结果,一个名字有多个不同的实现,以实现不同的功能,一名多用,方便名称空间的简化和记忆,方便代码的抽象编程,这正是多态存在的意义。

4.2.3 任务实施

1. 实现 UserDao 功能

实现 UserDao 的功能就是实现 UserDao 接口,UserDao 接口中包含两个方法,一个是注册方法 reg();一个是登录方法 log()。对于 reg() 方法,现阶段我们直接返回 true 代表注册成功;对于 log() 方法,我们分情况处理。如果 type 参数为"管理员",且登录名与密码分别是"张三"与"123"时,我们认为登录成功;如果 type 参数为"普通用户",且用户名、密码、权限分别为"李四"、"123"、"1"时,我们认为登录成功,其余情况一律认为登录失败。

上述分支情况使用 if 语句来实现,使用 String 类的 equals() 方法来判断字符串相等,因此可能的代码如下所示:

```java
package jnvc.computer.stuman.impl;
import jnvc.computer.stuman.dao.UserDao;
import jnvc.computer.stuman.model.Person;
import jnvc.computer.stuman.model.User;
public class UserDaoImpl implements UserDao{
    public Person log(Person person, String type) {          //覆盖登录方法
```

```
        Person per = null;
        if("管理员".equals(type)){                    //管理员登录
            if("张三".equals(person.getName()) && "123".equals(person.getPassword())){
                                                    //登录成功
                per = person;
            }
        }else{                                       //普通用户登录
            if("李四".equals(person.getName()) &&"123".equals(person.getPassword()) &&
                person.getPrivilege() == 1){         //登录成功
                per = person;
            }
        }
        return per;
    }
    public boolean reg(User user) {                  //覆盖注册方法
        System.out.println("注册成功!");
        return true;
    }
}
```

2. 实现 ClassDao 功能

实现 ClassDao 功能就是实现 ClassDao 接口,并覆盖其中的方法。在此我们只做简单的打印输出,其代码如下所示：

```
package jnvc.computer.stuman.impl;
import jnvc.computer.stuman.dao.ClassDao;
import jnvc.computer.stuman.model.Classes;
public class ClassDaoImpl implements ClassDao {
    public boolean add(Classes classes) {
        System.out.println("班级信息已成功添加!");
        return false;
    }
    public boolean delete(String classnum) {
        System.out.println("班级信息已成功删除!");
        return false;
    }
    public boolean update(Classes classes) {
        System.out.println("班级信息已成功修改!");
        return false;
    }
    public Classes[] search(String value, String... type) {
        if(type.length > 0){
            System.out.println("按照" + type + "类型查询成功!");
        }else{
            System.out.println("查询成功!");
        }
        return null;
    }
    public Classes[] search() {
        System.out.println("查询成功!");
        return null;
```

		}
	}

3. 实现 StuDao 功能

实现 StuDao 功能就是实现 StuDao 接口,并覆盖其中的方法。在此我们同样只做简单的打印输出,其代码如下所示:

```java
package jnvc.computer.stuman.impl;
import jnvc.computer.stuman.dao.StuDao;
import jnvc.computer.stuman.model.Student;
public class StuDaoImpl implements StuDao {

	public boolean add(Student stu) {
		System.out.println("学生信息已成功添加!");
		return false;
	}
	public boolean delete(String stunum) {
		System.out.println("学生信息已成功删除!");
		return false;
	}
	public boolean update(Student stu) {
		System.out.println("学生信息已成功修改!");
		return false;
	}
	public Student searchByNum(String stunum) {
		System.out.println("查询成功!");
		return null;
	}
	public Student[] searchByName(String stuname) {
		System.out.println("查询成功!");
		return null;
	}
	public Student[] searchByClass(String classname) {
		System.out.println("查询成功!");
		return null;
	}
	public Student[] searchBySex(String sex) {
		System.out.println("查询成功!");
		return null;
	}
	public Student[] searchByAge(int age) {
		System.out.println("查询成功!");
		return null;
	}
	public Student searchByPhone(String phone) {
		System.out.println("查询成功!");
		return null;
	}
	public Student[] search(String value) {
		System.out.println("查询成功!");
		return null;
```

```
        }
    }
```

4.2.4 任务总结

一个类要实现一个接口,其语法格式为:

```
[修饰符] class 类名 [extends 父类名][implements 接口名列表]{
//实现的接口中的方法体
}
```

if 语句是构造分支选择结构程序的基本语句。其基本结构为:

```
if (条件表达式 1){
        语句 1
}else if (条件表达式 2){
        语句 2
}else {
        语句 3
}
```

在 Java 中,同一个类中多个同名方法之间构成重载。当一个重载方法被调用时,Java 用参数的类型、数量、参数的顺序来表明实际调用的重载方法的版本。

多态是指一个方法声明的多个不同表现形式。子类对父类方法的覆盖以及同一个类中方法的重载,这都是多态的表现形式。

4.2.5 补充拓展

1. switch 分支语句

当要从多个分支中选择一个分支去执行,虽然可用 if 嵌套语句来解决,但当嵌套层数较多时,程序的可读性大大降低。Java 提供的 switch 语句可清楚地处理多分支选择问题。switch 语句根据表达式的值来执行多个操作中的一个,其格式如下:

```
switch(表达式)
{       case 值 1: 语句区块 1; break;              //分支 1
        case 值 2: 语句区块 2; break;              //分支 2
        …
        case 值 n: 语句区块 n; break;              //分支 n
        [ default : 语句区块 n+1; ]                //分支 n+1
}
```

使用 switch 语句时需要注意下面几点:

(1) switch 后面的表达式的类型可以是 byte、char、short 和 int(不允许浮点数类型和 long 型);从 JDK 1.7 开始,switch 语句支持 String 类型。

(2) case 后面的值 1、值 2、…、值 n 是与表达式类型相同的常量,但它们之间的值应各不相同,否则就会出现相互矛盾的情况。case 后面的语句块可以不用花括号括起来。

(3) default 语句可以省去不要。

(4) 当表达式的值与某个 case 后面的常量值相等时,就执行此 case 后面的语句块。

（5）若去掉 break 语句，则执行完第一个匹配 case 的语句块后，会继续执行其余 case 后的语句块，而不管这些语句块前的 case 值是否匹配。

2. Comparable 接口

接口在 Java 中是非常有用的，有些接口很简单却很重要，如 Comparable 接口。这个接口位于 java.lang 核心包中，此接口强行对实现它的每个类的对象进行整体排序。这种排序被称为类的自然排序，类的 compareTo() 方法被称为它的自然比较方法。在这个接口中只有一个方法，即 public int **compareTo**(object o)，该方法用于比较此对象与指定对象的顺序，如果该对象小于、等于或大于指定对象，则分别返回负整数、零或正整数。例如，对于学生对象排序通常可以使用学号的自然顺序，此时，就可以让 Student 类实现 Comparable 接口，并覆盖 compareTo() 方法，在方法中指定学号排序。其代码如下所示：

```java
package com.jnvc.stuman.other;
import java.util.Arrays;
public class Student implements Comparable{
    //为简单说明,只保留了 num 与 name 属性
    private String num;
    private String name;
        public String getNum() {
        return num;
    }
    public void setNum(String num) {
        this.num = num;
    }
    public String getName() {
        return name;
    }
    public void setName(String name) {
        this.name = name;
    }
        public int compareTo(Object o) {
        int inum = Integer.parseInt(num);              //转换学号为整数
        int snum = Integer.parseInt(((Student)o).getNum());  //转换要比较的学号为整数
        if(inum > snum){                               //本学号大于要比较的学号
            return 1;
        }else if(inum < snum){                         //本学号小于要比较的学号
            return -1;
        }
        return 0;
    }
    public static void main(String[] args) {
        Student stu1 = new Student();
        stu1.setNum("1");
        stu1.setName("张三");
        Student stu2 = new Student();
        stu2.setNum("2");
        stu2.setName("李四");
        Student [] s = new Student[2];
        s[0] = stu2;
```

```
        s[1] = stu1;
        System.out.println(s[0].getName());      //排序前 s[0]是张三同学
        Arrays.sort(s);                          //使用自然顺序对数组排序
        System.out.println(s[0].getName());      //排序后 s[0]是李四同学
    }
}
```

任务 3 工 厂 实 现

4.3.1 任务目标

- 掌握 static 的使用。
- 理解工厂模式的使用。
- 理解 DAO 模式的基本思想。

4.3.2 知识学习

1. 开闭原则

开闭原则(OCP,Open-Close-Principle)是面向对象设计中"可复用设计"的基石,是面向对象设计中最重要的原则之一,通俗一点说就是:软件系统中包含的各种组件,例如模块(Modules)、类(Classes)以及功能(Functions)等,应该在不修改现有代码的基础上,引入新功能。开闭原则中的"开",是指对于组件功能的扩展是开放的,是允许对其进行功能扩展的;开闭原则中的"闭",是指对于原有代码的修改是封闭的,即不应该修改原有的代码。

实现开闭原则的主要途径就是添加新的功能时不要修改原有代码,而通过继承现有类,并覆盖其中的方法来实现。

2. 简单工厂

通过开闭原则我们知道,一旦功能需要修改时,通常的做法是扩展子类,比如原来的业务功能使用 UserDaoImpl 类实现,现在可能需要 UserDaoImplNew 类来实现,这就意味着所有 UserDaoImpl 类的实例都要替换成 UserDaoImplNew 的对象,也就是需要将"UserDaoImpl dao = new UserDaoImpl()"这样的语句替换成"UserDaoImplNew dao = new UserDaoImplNew()",多次这样的替换很容易带来程序的问题,通常不提倡直接这样做。

这个问题在扩展一下就会是这样的一个更具普遍性的问题:在编码时,我们不知道将来用哪个类来实现。编码时不需要知道具体类,而是通过另一个类提供给我们,我们需要什么类,就可以拿到什么类,这是工厂模式的功能。

简单工厂是类的创建模式,由一个工厂对象决定创建出哪个类的实例。通常包括三个组成部分:抽象接口、实现类、工厂类。通过工厂类创建实现类的对象提供给其他代码使用,由于实现类都实现了抽象接口,根据替代原理,所有的实现类对象都可以传递给接口引用,这样就可以利用多态返回任意所需要的对象了。例如:

```
package com.jnvc.stuman.other;
//业务抽象接口
```

```
interface UserDao { }
//业务实现类
class UserDaoImpl implements UserDao{ }
class UserDaoImplNew implements UserDao{ }
//工厂类
class Factory{
    public UserDao getUserDao(){
        return new UserDaoImpl();
        //return new UserDaoImplNew();
    }
}
```

通过 Factory 类我们可以返回给其他代码 UserDaoImpl 或者 UserDaoImplNew 类的对象使用,当需要修改实现类时,也只需在工厂中修改这一句代码,这样就很方便了。

3. static

在一个类中,使用 static 修饰的变量和方法分别称为类变量(或称静态变量)和类方法(或称静态方法),没有使用 static 修饰的变量和方法分别称为实例变量和实例方法。

类成员(静态成员)属于这个类而不是属于这个类的某个对象,它由这个类所创建的所有对象共同拥有。类成员仅在类的存储单元中存在,而在由这个类所创建的所有对象中,只是存储了一个指向该成员的引用。因此,如果任何一个该类的对象改变了类成员,则对其他对象而言该类成员会发生同样的改变。对于类成员,既可以使用对象进行访问,也可以使用类名直接进行访问,并且在类方法中只能访问类成员,而不能访问实例成员。

实例成员由每一个对象个体独有,对象的存储空间中的确有一块空间用来存储该成员。不同的对象之间,它们的实例成员相互独立,任何一个对象改变了自己的实例成员,只会影响这个对象本身,而不会影响其他对象中的实例成员。对于实例成员,只能通过对象来访问,不能通过类名进行访问。在实例方法中,既可以访问实例成员,也可以访问类成员。

例如,程序中可能会用到生日与年龄的转换,这样的功能可能很常用,没必要每次使用都创建一个对象,通常是工具类的静态方法实现,如下代码所示:

```java
package com.jnvc.stuman.other;
import java.util.Calendar;
import java.util.Date;
public class BirthdayToAge {
    public static long getAge(Date birthday){      //静态方法属于类,无须创建对象直接调用
        Date now = new Date();
        long age = (now.getTime() - birthday.getTime())/1000/60/60/24/365;
        return age;
    }
}
class Test{
    public static void main(String[] args) {
        Calendar c = Calendar.getInstance();
        c.set(2000, 8, 22);
        Date birthday = c.getTime();
        System.out.println("年龄是: " + BirthdayToAge.getAge(birthday));      //类名调用
    }
}
```

总起来说,static 成员具有如下特点:
(1) 静态方法和静态变量是属于某一个类,而不属于类的对象。
(2) 静态方法和静态变量的引用直接通过类名引用。
(3) 在静态方法中不能调用非静态的方法和引用非静态的成员变量。反之则可以。
(4) 静态变量在某种程度上与其他语言的全局变量相类似,如果不是私有的,就可以在类的外部进行访问。

4. 静态单例

静态工厂就是简单工厂模式,对于无须多线程的实例可以使用静态工厂,对创建对象的方法使用 static 修饰,以方便使用。并且我们还可以只创建一个实例,所有代码共用这一个实例,以提供程序效率。只创建一个对象就是单例模式,我们可以组合使用静态工厂与单例模式,为程序提供一个静态实例,代码如下所示:

```
class FactoryNew{
    private static UserDao dao = null;
    public static UserDao getUserDao(){
        if(dao == null){
            dao = new UserDaoImpl();
        }
        return dao;
    }
}
```

5. DAO 模式

DAO 模式是标准的 J2EE 设计模式之一。开发人员使用这个模式把底层的数据访问操作和上层的商务逻辑分开,一个典型的 DAO 实现有下列几个组件:
(1) 一个 DAO 接口;
(2) 一个实现 DAO 接口的具体类;
(3) 数据传递对象(有些时候叫作值对象);
(4) 一个 DAO 工厂类。

比如学生信息管理中的学生管理功能,我们首先抽象了 StuDao 接口,在接口中抽象了对 Student 能做的操作,也就是其业务功能,通过 StuDaoImpl 类实现了接口中抽象的具体功能,Student 类用于封装需要传输的数据,再使用工厂类提供 StuDao 的实现对象,这样 Student 的业务功能就被封装在一个 Dao 的模块中,可以整体向外提供服务,实现了程序的模块化、可插拔性、复用性、可维护性。

当然,Dao 主要封装的是数据库操作,此时还没有数据库的相关内容,只是通过简单的模拟其思想,今后还会在程序中不断模拟、加强对 DAO 的理解。

4.3.3 任务实施

使用工厂类提供 UserDao、StuDao、ClassDao 的对象,以达到解耦合。

```
package jnvc.computer.stuman.factory;
import jnvc.computer.stuman.dao.ClassDao;
import jnvc.computer.stuman.dao.StuDao;
import jnvc.computer.stuman.dao.UserDao;
```

```java
import jnvc.computer.stuman.impl.ClassDaoImpl;
import jnvc.computer.stuman.impl.StuDaoImpl;
import jnvc.computer.stuman.impl.UserDaoImpl;
public class Factory {
    private static UserDao userdao = null;
    private static StuDao studao = null;
    private static ClassDao classdao = null;
    public static UserDao getUserDao(){
        if(userdao == null){
            userdao = new UserDaoImpl();
        }
        return userdao;
    }
    public static StuDao getStuDao(){
        if(studao == null){
            studao = new StuDaoImpl();
        }
        return studao;
    }
    public static ClassDao getClassDao(){
        if(classdao == null){
            classdao = new ClassDaoImpl();
        }
        return classdao;
    }
}
```

4.3.4 任务总结

开闭原则(OCP)是面向对象设计中"可复用设计"的基石,开闭原则中的"开",是指对于组件功能的扩展是开放的,是允许对其进行功能扩展的;开闭原则中的"闭",是指对于原有代码的修改是封闭的,即不应该修改原有的代码。

实现开闭原则的主要途径就是添加新的功能时不要修改原有代码,而通过继承现有类,并覆盖其中的方法来实现。

编码不依赖实现,面向抽象编程。

简单工厂是类的创建模式,由一个工厂对象决定创建出哪个类的实例。通常包括三个组成部分:抽象接口、实现类、工厂类。

在一个类中,使用 static 修饰的变量和方法分别称为类变量(或称静态变量)和类方法(或称静态方法),没有使用 static 修饰的变量和方法分别称为实例变量与实例方法。

(1) 静态方法和静态变量是属于某一个类,而不属于类的对象。

(2) 静态方法和静态变量的引用直接通过类名引用。

(3) 在静态方法中不能调用非静态的方法和引用非静态的成员变量。反之则可以。

(4) 静态变量在某种程序上与其他语言的全局变量相类似,如果不是私有的,就可以在类的外部进行访问。

DAO 模式是标准的 J2EE 设计模式之一。开发人员使用这个模式把底层的数据访问

操作和上层的商务逻辑分开,一个典型的 DAO 实现有下列几个组件:
(1) 一个 DAO 接口;
(2) 一个实现 DAO 接口的具体类;
(3) 数据传递对象(有些时候叫作值对象);
(4) 一个 DAO 工厂类。

4.3.5 补充拓展

1. 初始化块

Java 的构造方法并不是程序最早执行的代码,有很多代码会在构造方法执行前执行,初始化块就是其中的一种。初始化块就是类中直接用"{ }"括起来的代码的,会在构造方法执行之前完成,用于对构造方法的补充,通常用于完成所有对象共有属性、操作的实现。初始化块分为静态初始化块与非静态初始化块两种。如下代码所示:

```java
package com.jnvc.stuman.other;
public class InitBlockTest {
    int i = 10;
    static int j = 100;
    {                                    //非静态初始化块
        System.out.println("非静态初始化块执行!");
        System.out.println(i + "\t" + j);
    }
    static {                             //静态初始化块
        System.out.println("静态初始化块执行!");
        System.out.println(j);
    }
    public InitBlockTest(){
        System.out.println("构造方法执行!");
    }
    public static void main(String[] args) {
        new InitBlockTest();
    }
}
```

2. 类的初始化顺序

对于继承体系中类的代码的总体执行顺序是:先静态后动态,先父类后子类。即 static 型的不管是 static 变量还是 static 代码块,都是属于类的,首先按照继承关系执行 static 代码,static 执行完毕,才会开始准备生成继承体系的对象,按照继承关系,执行非 static 变量、非 static 代码块、构造方法的调用,一个父类的对象出来后,处于可用状态,再开始下一级的对象的生成工作,一直到没有子类的那个类的对象生成出来。如下代码所示:

```java
package com.jnvc.stuman.other;
class Father{
    int i = 10;                    // -- 5 --
    static int j = 100;            // -- 1 --
    {                              // -- 6 --
        System.out.println("父类初始化块执行...");
        System.out.println(i + "\t" + j);
```

```java
    }
    static {                                    // -- 2 --
        System.out.println("父类静态初始化块执行...");
        System.out.println(j);
    }
    Father(){                                   // -- 7 --
        System.out.println("父类构造方法执行...");
    }
}
class Son extends Father{
    int i = 11;                                 // -- 8 --
    static int j = 101;                         // -- 3 --
    {                                           // -- 9 --
        System.out.println("子类初始化块执行...");
        System.out.println(i + "\t" + j);
    }
    static {                                    // -- 4 --
        System.out.println("子类静态初始化块执行...");
        System.out.println(j);
    }
    Son(){                                      // -- 10 --
        System.out.println("子类构造方法执行...");
    }
}
public class LoadSequence {
    public static void main(String[] args) {
        new Son();
    }
}
```

项目 5 持 有 对 象

项目名称

持有对象

项目编号

Java_Stu_005

项目目标

能力目标:安全持有对象的编码能力。

素质目标:自由控制对象持有的素质。

重点难点:

(1) 循环控制。

(2) 集合的使用。

(3) 泛型思想。

知识提要

for、while、continue、break、List、Set、Map、泛型

项目分析

无论是学生还是班级信息查询,都会查询出很多的信息,这些信息会被封装成若干个学生或者班级对象,如何安全地持有这些对象,是编程时必须要解决的问题。

集合类是持有对象的最佳方案,对集合类的使用方便了对对象的持有操作,而泛型编程则保证了这种持有的安全性。

任务 1 安全持有对象

5.1.1 任务目标

- 使用集合存取对象。
- 使用泛型保证集合的安全性。

5.1.2 知识学习

1. 数组的优势与缺陷

数组无疑是存储一组数据的优先选择,它是一个线性序列,访问快速,使用效率高,并且可以存储基本数据类型(primitives)。但数组也有明显的缺陷,特别是在存储对象数据时使其在使用上显得捉襟见肘。

(1) 数组容量固定

数组的大小是固定的,一旦定义完成,数组的大小是不可改变的。而程序运行时我们可能未必知道需要多大的空间来存储,比如我们从数据库中查询学生信息,但究竟符合条件的学生信息会有多少,在程序相关代码执行完之前我们是不知道的,这给使用这些数组带来了一定的麻烦。

(2) 数组其他功能少,使用起来不方便

程序中我们可能需要对存储的数据进行比较、排序、查找、动态添加、移除数据等操作,这些操作在数组中实现起来比较烦琐,也让我们使用起来感觉到不方便。

(3) 多维数组使用复杂性明显提高

有时我们需要存储的是 key—value 这样的"键值对",甚至于更为复杂的嵌套的键值对,使用多维数组来做这样的存储时其代价明显升高,使用起来极不方便。

2. 集合的优势

集合是 Java 语言中的容器类,用于存储和管理对象,集合类的长度不像数组一样是固定的,集合的容量可以改变,以方便对象的管理。集合类通常提供了大量的方法(诸如比较、排序、查找、动态添加、移除数据、遍历等)供程序员使用,以方便对集合类中对象的管理。另外集合可以通过泛型来确保使用的安全性,确保了程序持有数据时的健壮性。

当然,集合在底层实现上可能仍依赖或借助于数组,其效率也没有数组的效率高,这是集合的缺陷。

3. Java 集合类的层次关系

Java 中主要用到的集合有 3 种,分别是 List、Set、Map,位于 java.util 包中,其主要的继承关系如图 5-1 所示。

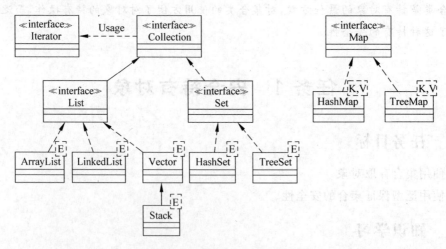

图 5-1 集合类的继承关系

List 和 Set 继承自 Collection,用于存储基本对象,Map 用于存储 key—value 这样的键值对,Map 中的对象也可以产生 Collection。它们的主要特点如表 5-1 所示。

表 5-1 集合类型的特点

集合类型		有序性	元素重复性
Collection		无序	可重复
List		有序	
Set	HashSet	无序	不可重复
	TreeSet	有序(用二叉树排序)	
Map	HashMap	无序	key 必须唯一,value 可以重复
	TreeMap	有序(用二叉树排序)	

比如查询学生信息时,我们会返回很多学生的信息,search()方法的返回值被限定为 Student[ ](Student 的数组类型),现在我们可以用 List 来代替,这样 search()方法可能会被定义成如下代码所示:

```
public List search(String value) {
    System.out.println("查询成功!");
    return null;
}
```

4. 集合的隐患

使用集合时默认是基于 Object 类的,java.lang.Object 类是 Java 的根,也就是说,Java 中所有的类都有其派生出来。Java 的这种单根结构很方便做容器,根据替代原理,只要能存入 Object 类型的数据,就可以存入任何类型的数据了,这增加了程序的方便性与灵活性,但同时这也给集合的使用带来了隐患。

我们存储时是以 Object 类型存入,取出来时同样是 Object 类型,而我们的对象实际可能是 Student 类型,这就要求做强制类型转换,将 Object 类型强制转换成 Student 类型,才能使用 Student 类的功能,这种转换由于存储数据时的灵活性可能导致程序的失败。比如我们存入的是 Classes 类型,这在存储时不会有任何问题,但取出来时却要强制转换成 Student 类型,显然这种转换会出问题。泛型为解决这一问题提供了良好的解决方案。

5. 泛型

泛型的本质就是参数化类型,也就是限定参数的类型,这种限定可以用于类、接口、方法上,也就是泛型类、泛型接口、泛型方法。我们不去探究泛型的定义以及深入使用,只来看集合中泛型的用法以及为程序带来的好处。

我们通常使用泛型时通常是在集合类的后面加上一对"<>",在"<>"写入某一数据类型,用于保证集合存取的安全性。如对于 search()方法,由于检索出来的是 Student 对象,因此我们可以对 search()方法的返回值进行泛型限定,使其只能存取 Student 类型的对象,其代码如下所示:

```
public List<Student> search(String value) {
    List<Student> list = null;
    System.out.println("查询成功!");
    return list;
}
```

通过泛型的限定,带来如下的好处:

(1) 类型安全。

泛型的主要目标是提高 Java 程序的类型安全。通过知道使用泛型定义的变量的类型限制,编译器可以在编译时验证类型合法性,以提高程序的安全性与健壮性。

(2) 消除强制类型转换。

泛型的一个附带好处是,消除源代码中的许多强制类型转换。这使得代码更加可读,并且减少了出错机会。

5.1.3 任务实施

1. 重构 Classes 业务抽象

(1) 重构 ClassDao 接口。

```java
package jnvc.computer.stuman.dao;
import java.util.List;
import jnvc.computer.stuman.model.Classes;
public interface ClassDao {
    public boolean add(Classes classes);
    publicboolean delete(String classnum);
    public boolean update(Classes classes);
    public List<Classes> search(String value,String... type);
    public List<Classes> search();
}
```

(2) 重构 ClassDaoImpl 实现类。

```java
package jnvc.computer.stuman.impl;
import java.util.List;
import jnvc.computer.stuman.dao.ClassDao;
import jnvc.computer.stuman.model.Classes;
public class ClassDaoImpl implements ClassDao {
    public boolean add(Classes classes) {
        System.out.println("班级信息已成功添加!");
        return false;
    }
    public boolean delete(String classnum) {
        System.out.println("班级信息已成功删除!");
        return false;
    }
    public boolean update(Classes classes) {
        System.out.println("班级信息已成功修改!");
        return false;
    }
    public List<Classes> search(String value, String... type) {
        if(type.length>0){
            System.out.println("按照" + type + "类型查询成功!");
        }else{
            System.out.println("查询成功!");
        }
        return null;
    }
```

```
    public List<Classes> search() {
        System.out.println("查询成功!");
        return null;
    }
}
```

2. 重构 Student 业务抽象

(1) 重构 StuDao 接口。

```
package jnvc.computer.stuman.dao;
import java.util.List;
import jnvc.computer.stuman.model.Student;
publicinterface StuDao {
    public boolean add(Student stu);
    public boolean delete(String stunum);
    public boolean update(Student stu);
    public Student searchByNum(String stunum);
    public List<Student> searchByName(String stuname);
    public List<Student> searchByClass(String classname);
    public List<Student> searchBySex(String sex);
    public List<Student> searchByAge(int age);
    public Student searchByPhone(String phone);
    public List<Student> search(String value);
}
```

(2) 重构 StuDaoImpl 实现类。

```
package jnvc.computer.stuman.impl;
import java.util.List;
import jnvc.computer.stuman.dao.StuDao;
import jnvc.computer.stuman.model.Student;
public class StuDaoImpl implements StuDao {
    public boolean add(Student stu) {
        System.out.println("学生信息已成功添加!");
        return false;
    }
    public boolean delete(String stunum) {
        System.out.println("学生信息已成功删除!");
        return false;
    }
    public boolean update(Student stu) {
        System.out.println("学生信息已成功修改!");
        return false;
    }
    public Student searchByNum(String stunum) {
        System.out.println("查询成功!");
        return null;
    }
    public List<Student> searchByName(String stuname) {
        System.out.println("查询成功!");
        return null;
    }
```

```java
    public List<Student> searchByClass(String classname) {
        System.out.println("查询成功!");
        return null;
    }
    public List<Student> searchBySex(String sex) {
        System.out.println("查询成功!");
        return null;
    }
    public List<Student> searchByAge(int age) {
        System.out.println("查询成功!");
        return null;
    }
    public Student searchByPhone(String phone) {
        System.out.println("查询成功!");
        return null;
    }
    public List<Student> search(String value) {
        System.out.println("查询成功!");
        return null;
    }
}
```

5.1.4 任务总结

数组是一个线性序列，访问快速，使用效率高，并且可以存储基本数据类型（primitives）。但数组容量固定，功能简单，使用不方便。

集合是 Java 语言中的容器类，用于存储和管理对象，集合类的长度不像数组一样是固定的。集合的容量可以改变，以方便对象的管理。集合类通常提供了大量的方法（诸如比较、排序、查找、动态添加、移除数据、遍历等）供程序员使用，以方便对集合类中对象的管理。另外集合和可以通过泛型来确保使用的安全性，确保了程序持有数据时的健壮性。

Java 语言中主要用到的集合有 3 种，分别是 List、Set、Map。

泛型的本质就是参数化类型，也就是限定参数的类型。通过泛型的限定，提高程序的安全性与健壮性，消除源代码中的许多强制类型转换，使得代码更加可读，并且减少了出错机会。

5.1.5 补充拓展

1. Java API 文档

Java API(Application Programming Interface，应用程序接口)就是 Java 类库，是系统提供的已实现的标准类的集合。Java 类库中的类和接口大多封装在特定的包里，每个包具有自己的功能，常用包如表 5-2 所示。

Java 提供了极其完善的技术文档，介绍类库以及使用方法。只要了解技术文档的格式，就能方便地查阅文档内容，获取相关资料。

可以从 Oracle 公司的网站上下载 Java 文档。下载完后，找到它下面的 docs 文件夹，打开其中的 index 文件（HTML 文件），找到"Java SE 7 API Documentation"，或者直接进入

docs 文件夹下的 api 文件夹，打开 index（HTML 文件），都可到达"Java™ Platform，Standard Edition 7 API Specification"页面，然后选择需要查看的那个包，进而查看包中的类、接口等内容。

表 5-2 Java 常用包

包　　名	主 要 功 能
java.awt.*	提供了创建用户界面以及绘制和管理图形、图像的类
java.io	提供了通过数据流、对象序列以及文件系统实现的系统输入、输出
java.lang.*	Java 语言的基本类库
java.net	提供了用于实现网络通信应用的所有类
java.sql	提供了访问和处理来自于 Java 标准数据源数据的类
java.text	以一种独立于自然语言的方式处理文本、日期、数字和消息的类和接口
java.util.*	包括集合类、时间处理模式、日期时间工具等各类常用工具包
javax.naming.*	为命名服务提供了一系列类和接口
javax.swing.*	提供了一系列轻量级的用户界面组件，是目前 Java 用户界面常用的包

注：在使用 Java 语言时，除了 java.lang 外，其他的包都需要 import 语句引入之后才能使用。

选择一个包后，可以看到包的名称及简单描述，然后是包中的内容，一般分为 interface summary、class summary、exception summary 和 error summary（接口摘要、类摘要、异常摘要和错误摘要）等部分。选择最上面的菜单中的 tree，可以查看包中各类的继承关系，了解包中的总体结构。

当选择一个类进入后，可以看到如下的内容（以 Double 类为例说明）：

```
java.lang                          //包名
Class Double                       //类名
java.lang.Object                   //继承结构：java.lang 包中的 Double 类的直接父类
    └java.lang.Number              //是 java.lang 中的 Number 类
        └java.lang.Double

All Implemented Interfaces:        //所有已经实现的接口
Comparable, Serializable
```

然后是类头的定义和说明，以及源于哪个版本：

```
public final class Double
    extends Number
    implements Comparable<Double>
The Double class wraps a value of the primitive type double in an object. An object of type
Double contains a single field whose type is double.
In addition, this class provides several methods for converting a double to a String and a
String to a double, as well as other constants and methods useful when dealing with a double.
Since: JDK1.0
See Also: Serialized Form
```

然后就是属性、方法、构造方法的摘要表（summary），最后是属性、方法、构造方法的详细说明。

2. Object 类

Object 类是类层次结构的根，Java 中所有的类从根本上都继承自这个类。Object 类是

97

Java 中唯一没有父类的类,其他所有的类,包括标准容器类,比如数组,都继承了 Object 类中的方法,如果一个类没有显式地指明其父类,那么它的父类就是 Object。

Object 类中定义了很多常用方法,现列举常用的三个方法如下。

(1) public boolean equals(Objectobj)

所有的类均可以按照自己的需要对 equals 方法进行覆盖,顾名思义,这个方法可用来比较两个对象是否"相等",至于什么才叫"相等",各个类可以根据自己的情况与需要自行定义。例如 String,就是要求两个对象所代表的字符串值相等,而对于一个雇员类(Employee),则可能是要求姓名、年龄、工资等一样才算是"相等"。尽管不同的类有不同的规则,但是有一条规则却是公用的,它就是:如果两个对象是"一样"的,那么它们必然是"相等"的。那么什么才叫"一样"? 如果 a==b,我们就说 a 和 b 是"一样的",即 a 和 b 指向同一个对象。Object 类中的 equals 方法实施的就是这一条比较原则,对任意非空的指引值 a 和 b,当且仅当 a 和 b 指向同一个对象时才返回 true。

(2) public int hashCode()

每个类都可以复写 Object 类中的 hashCode 方法,Object 类中的 hashCode 方法就是简单地将对象在内存中的地址转换成 int 返回。这样,如果一个类没有复写 hashCode 方法,那么它的 hashCode 方法就是简单地返回对象在内存中的地址。在 JDK 中,对 hashCode 也定义了一系列约束,其中有一条就是如果两个对象是相等的,那么它们的 hashCode 方法返回的整数值必须相同,但是如果两个对象是不相等的,那么 hashCode 方法的返回值不一定必须不同。正因为这个约束,我们如果复写了 equals()方法,一般也要复写 hashCode 方法。

(3) public String toString()

toString 方法是一个从字面上就容易理解的方法,它的功能是得到一个能够代表该对象的一个字符串,Object 类中的 toString 方法就是得到这样的一个字符串:this.getClass().getName() + '@' + Integer.toHexString(hashCode()),各个类可以根据自己的实际情况对其进行改写,通常的格式是类名[field1=value1,field2=value2…fieldn=valuen]。

我们对 Student 类重写上面三个方法,以实现 Student 的比较和输出。代码如下所示:

```java
package com.jnvc.stuman.other;
public class Student {
    private int id;
    private String name;
    public int getId() {
        return id;
    }
    public void setId(int id) {
        this.id = id;
    }
    public String getName() {
        return name;
    }
    public void setName(String name) {
        this.name = name;
    }
    //判断学生对象相同,id一致即认为相同
    public boolean equals(Object obj){
```

```java
            if(this == obj){
                return true;
            }else if(obj == null){
                return false;
            }else if(obj instanceof Student){
                if(this.id == ((Student)obj).getId()){
                    return true;
                }else{
                    return false;
                }
            }else{
                return false;
            }
        }
        //覆盖 hashCode()
        public int hashCode(){
            return this.id;
        }
        //覆盖 toString()
        public String toString(){
            return "编号: " + this.id + ",姓名: " + this.name;
        }
}
class Test{
    public static void main(String[] args) {
        Student s1 = new Student();
        Student s2 = new Student();
        s1.setId(1);
        s1.setName("张三");
        s2.setId(1);
        s2.setName("张三");
        System.out.println(s1 == s2);           //不是一个对象,打印 false
        System.out.println(s1.equals(s2));      //id 一样,即为相同,打印 true
        System.out.println(s1.toString());
    }
}
```

任务 2 集合存取

5.2.1 任务目标

- 掌握 List 的使用。
- 掌握循环的使用。
- 了解 set、map 的使用。

5.2.2 知识学习

1. ArrayList

ArrayList 是一个可变长度数组,基于数组实现,它实现了 List 接口,因此它也可以包含重复元素和 Null 元素,也可以任意地访问和修改元素,随着向 ArrayList 中不断添加元素,其容量也自动增长。ArrayList 的常用方法如表 5-3 所示。

表 5-3 ArrayList 的常用方法

方 法 名	说 明
add(int index, E element)	将指定的元素插入此列表中的指定位置
add(E e)	将指定的元素添加到此列表的尾部
addAll(Collection<? extends E> c)	将该 collection 中的所有元素添加到此列表的尾部
addAll(int index, Collection<? extends E> c)	从指定的位置开始,将 collection 中所有元素插入到此列表中
clear()	移除此列表中的所有元素
set(int index, E element)	用指定的元素替代此列表中指定位置上的元素
get(int index)	返回此列表中指定位置上的元素
remove(int index)	移除此列表中指定位置上的元素
remove(Object o)	移除此列表中首次出现的指定元素(如果存在)
size()	返回此列表中的元素数
isEmpty()	如果此列表中没有元素,则返回 true

2. LinkedList

LinkedList 是基于链表实现的,其基本用法、作用与 ArrayList 大致相同,主要区别是:

(1) ArrayList 实现了基于动态数组的数据结构,LinkedList 是基于链表的数据结构。

(2) 对于随机访问 get 和 set,ArrayList 优于 LinkedList,因为 LinkedList 要移动指针。

(3) 对于新增和删除操作 add 和 remove,LinedList 占优势,因为 ArrayList 要移动数据。

LinkedList 区别于 ArrayList 的主要方法如表 5-4 所示。

表 5-4 LinkedList 的常用方法

方 法 名	说 明
addFirst(E e)	将指定元素插入此列表的开头
addLast(E e)	将指定元素添加到此列表的结尾
getFirst()	返回此列表的第一个元素
getLast()	返回此列表的最后一个元素
offer(E e)	将指定元素添加到此列表的末尾(最后一个元素)
offerFirst(E e)	在此列表的开头插入指定的元素
offerLast(E e)	在此列表末尾插入指定的元素
peek()	获取但不移除此列表的头(第一个元素)
peekFirst()	获取但不移除此列表的第一个元素;如果此列表为空,则返回 null
peekLast()	获取但不移除此列表的最后一个元素;如果此列表为空,则返回 null
poll()	获取并移除此列表的头(第一个元素)
pollFirst()	获取并移除此列表的第一个元素;如果此列表为空,则返回 null
pollLast()	获取并移除此列表的最后一个元素;如果此列表为空,则返回 null
remove(int index)	移除此列表中指定位置处的元素
remove(Object o)	从此列表中移除首次出现的指定元素(如果存在)

续表

方 法 名	说 明
removeFirst()	移除并返回此列表的第一个元素
removeFirstOccurrence(Object o)	从此列表中移除第一次出现的指定元素
removeLast()	移除并返回此列表的最后一个元素
removeLastOccurrence(Object o)	从此列表中移除最后一次出现的指定元素

3. Vector

Vector 类可以实现可增长的对象数组,与 ArrayList 一样基于数组实现,不同的是它支持线程的同步,即某一时刻只有一个线程能够写 Vector 类,避免了多线程同时写而引起的不一致性,但实现同步需要很高的代价,因此,访问它比访问 ArrayList 慢。

Vector 区别于 ArrayList 的常用方法如表 5-5 所示。

表 5-5 Vector 的常用方法

方 法 名	说 明
capacity()	返回此向量的当前容量
elementAt(int index)	返回指定索引处的组件
firstElement()	返回此向量的第一个组件(位于索引处的项)
setElementAt(E obj, int index)	将此向量指定 index 处的组件设置为指定的对象

4. HashSet

HashSet 类实现 Set 接口,由哈希表(实际上是一个 HashMap 实例)支持。它不保证 set 的迭代顺序;特别是它不保证该顺序恒久不变。此类允许使用 null 元素。HashSet 的常用方法如表 5-6 所示。

表 5-6 HashSet 的常用方法

方 法 名	说 明
add(E e)	如果此 set 中尚未包含指定元素,则添加指定元素
clear()	从此 set 中移除所有元素
clone()	返回此 HashSet 实例的浅表副本:并没有复制这些元素本身
contains(Object o)	如果此 set 包含指定元素,则返回 true
isEmpty()	如果此 set 不包含任何元素,则返回 true
iterator()	返回对此 set 中元素进行迭代的迭代器
remove(Object o)	如果指定元素存在于此 set 中,则将其移除
size()	返回此 set 中的元素的数量(set 的容量)

5. TreeSet

TreeSet 是一个有序集合,TreeSet 中的元素将按照升序排列,默认是按照自然排序进行排列,意味着 TreeSet 中的元素要实现 Comparable 接口。或者有一个自定义的比较器。我们可以在构造 TreeSet 对象时,传递实现 Comparator 接口的比较器对象。

TreeSet 区别于 HashSet 的常用方法如表 5-7 所示。

表 5-7　TreeSet 的常用方法

方 法 名	说　　明
addAll(Collection<? extends E> c)	将指定 collection 中的所有元素添加到此集合中
first()	返回此集合中当前第一个(最低)元素
floor(E e)	返回此集合中小于等于给定元素的最大元素；不存在则返回 null
higher(E e)	返回此集合中严格大于给定元素的最小元素；不存在则返回 null
last()	返回此集合中当前最后一个(最高)元素
lower(E e)	返回此集合中严格小于给定元素的最大元素；不存在则返回 null
pollFirst()	获取并移除第一个(最低)元素；如果此集合为空,则返回 null
pollLast()	获取并移除最后一个(最高)元素；如果此集合为空,则返回 null

6. HashMap

HashMap 是基于哈希表的 Map 接口的实现。此实现提供所有可选的映射操作,并允许使用 null 值和 null 键。(除了非同步和允许使用 null 之外,HashMap 类与 Hashtable 大致相同。)此类不保证映射的顺序,特别是它不保证该顺序恒久不变。HashMap 的常用方法如表 5-8 所示。

表 5-8　HashMap 的常用方法

方 法 名	说　　明
clear()	从此映射中移除所有映射关系
containsKey(Object key)	如果此映射包含对于指定键的映射关系,则返回 true
containsValue(Object value)	如果此映射将一个或多个键映射到指定值,则返回 true
get(Object key)	返回指定键所映射的值；如果不包含任何映射关系,则返回 null
isEmpty()	如果此映射不包含键—值映射关系,则返回 true
keySet()	返回此映射中所包含的键的集合视图
put(K key, V value)	在此映射中关联指定值与指定键
remove(Object key)	从此映射中移除指定键的映射关系(如果存在)
size()	返回此映射中的键—值映射关系数
values()	返回此映射所包含的值的 Collection 视图

7. TreeMap

TreeMap 类不仅实现了 Map 接口,还实现了 Map 接口的子接口 java.util.SortedMap。由 TreeMap 类实现的 Map 集合,不允许键对象为 null,因为集合中的映射关系是根据键对象按照一定顺序排列的,排序顺序可以根据其键的自然顺序进行排序,或者根据创建映射时提供的 Comparator 进行排序,具体取决于使用的构造方法。TreeMap 区别于 HashMap 的常用方法如表 5-9 所示。

表 5-9　TreeMap 的常用方法

方 法 名	说　　明
firstKey()	返回此映射中当前第一个(最低)键
floorKey(K key)	返回小于等于给定键的最大键；如果不存在这样的键,则返回 null
higherKey(K key)	返回严格大于给定键的最小键；如果不存在这样的键,则返回 null

续表

方 法 名	说 明
lastKey()	返回映射中当前最后一个(最高)键
lowerKey(K key)	返回严格小于给定键的最大键；如果不存在这样的键,则返回 null
putAll(Map <? extends K, ? extends V> map)	将指定映射中的所有映射关系复制到此映射中

8. 循环

for 循环语句通过控制一系列的表达式重复循环体内程序的执行,直到条件不再匹配为止。其语句的基本形式为：

```
for(表达式 1;表达式 2;表达式 3){
    循环体
}
```

第一个表达式初始化循环变量；第二个表达式定义循环体的循环条件；第三个表达式定义循环变量在每次执行循环时如何改变。for 语句执行时,首先执行初始化操作；其次判断循环条件是否满足,如果满足,则执行循环体中的语句,最后执行第三个表达式,改变循环变量。完成一次循环后,重新判断循环条件。例如：

```
for(int x = 0;x < 10;x++){
    System.out.println(" 循环已经执行了" + (x + 1) + "次");
}
```

其中的第一个表达式 int x=0,定义了循环变量 x 并把它初始化为 0,这里 Java 与 C 语言不同,Java 支持在循环语句初始化部分声明变量,并且这个变量的作用域只在循环内部。如果第二个表达式 x<10 计算结果为 true,就执行循环,否则跳出循环。第三个表达式是 x++,它在每次执行完循环体后给循环变量加 1。

可以使用逗号语句,来依次执行多个动作。逗号语句是用逗号分隔的语句序列。例如：

```
for(i = 0, j = 10; i<j; i++, j-- ){
    …
}
```

While 循环中,条件表达式的值决定着循环体内的语句是否被执行。如果条件表达式的值为 true,那么就执行循环体内的语句；如果为 false,就会跳过循环体,转而执行循环后面的程序。每执行一次循环体,就重新计算一次条件表达式,直到条件表达式为 false 为止。while 语句的基本形式为：

```
while (条件表达式){
    循环体
}
```

例如：

```
int x = 0;
while (x < 10){
    System.out.println(" 循环已经执行了" + (x + 1) + "次");
```

```
    x++;
}
```

应该注意的是,while 语句首先要计算条件表达式,当条件满足时,才去执行循环中的语句。

do-while 语句与 while 语句非常类似,不同的是,do-while 语句首先执行循环体;其次计算条件表达式,若结果为 true,则继续执行循环内的语句,直到条件表达式的结果为 false。也就是说,无论条件表达式的值是否为 true,都会先执行一次循环体。其语法结构为:

```
do{
    循环体;
}while(条件表达式)
```

从 JDK 5.0 开始,Java 提供 foreach 循环,foreach 的语句格式为:

```
for(元素类型 t 元素变量 x :遍历对象 obj){引用了 x 的 Java 语句;}
```

foreach 并不是一个关键字,习惯上将这种特殊的 for 语句格式称之为 foreach 语句。从英文字面理解,foreach 就是"for 每一个"的意思,实际上也就是这个意思。

foreach 语句是 Java 5 的新特征之一,在遍历数组、集合方面,foreach 为开发人员提供了极大的方便。foreach 语句是 for 语句的特殊简化版本,但是 foreach 语句并不能完全取代 for 语句,然而,任何的 foreach 语句都可以改写为 for 语句版本。

9. Iterator

迭代器是一种设计模式,它是一个对象,它可以遍历并选择序列中的对象,而开发人员不需要了解该序列的底层结构。迭代器通常被称为"轻量级"对象,因为创建它的代价小。

Iterator 常用方法如表 5-10 所示。

表 5-10 Iterator 的常用方法

方 法 名	说 明
hasNext()	如果仍有元素可以迭代,则返回 true
next()	返回迭代的下一个元素
remove()	从迭代器指向的 collection 中移除迭代器返回的最后一个元素(可选操作)

Java 中的 Iterator 功能比较简单,并且只能单向移动:

(1) 使用 iterator()方法要求容器返回一个 Iterator。第一次调用 Iterator 的 next()方法时,它返回序列的第一个元素。

注意:iterator()方法是 java.lang.Iterable 接口,被 Collection 继承。

(2) 使用 next()方法获得序列中的下一个元素。

(3) 使用 hasNext()方法检查序列中是否还有元素。

(4) 使用 remove()方法将迭代器新返回的元素删除。

5.2.3 任务实施

1. 修改 ClassDaoImpl 的 search()方法的实现,使用 List 保存多个信息

```java
public List<Classes> search(String value, String... type) {
    List<Classes> list = new ArrayList<Classes>();
```

```java
        for(int i = 1;i < 5;i++){
            Classes classes = new Classes();
            classes.setId(i);
            classes.setName("2013 软件技术" + i + "班");
            classes.setNum("20130100" + i);
            classes.setTeacher("张三");
            list.add(classes);
        }
        if(type.length > 0){
            System.out.println("按照" + type + "类型查询成功!");
        }else{
            System.out.println("查询成功!");
        }
        return list;
    }
    public List<Classes> search() {
        List<Classes> list = new ArrayList<Classes>();
        for(int i = 1;i < 5;i++){
            Classes classes = new Classes();
            classes.setId(i);
            classes.setName("2013 网络技术" + i + "班");
            classes.setNum("20130200" + i);
            classes.setTeacher("李四");
            list.add(classes);
        }
        System.out.println("查询成功!");
        return list;
    }
}
```

2. 测试 search( )方法，使用循环打印班级信息

```java
package jnvc.computer.stuman.test;
import java.util.List;
import jnvc.computer.stuman.dao.ClassDao;
import jnvc.computer.stuman.factory.Factory;
import jnvc.computer.stuman.model.Classes;
public class Main {
    public static void main(String[] args) {
        ClassDao dao = Factory.getClassDao();
        List<Classes> list = dao.search();
        List<Classes> list1 = dao.search("网络", "班级");
        for(int i = 0;i < list.size();i++){
            Classes classes = list.get(i);
            System.out.println(classes.getId() + "\t" + classes.getName() + "\t" + classes.getTeacher());
        }
        for(Classes classes:list1){
            System.out.println(classes.getId() + "\t" + classes.getName() + "\t" + classes.getTeacher());
        }
    }
}
```

3. 修改 StuDaoImpl 的 search( )方法的实现，使用 List 保存多个信息

```java
public List<Student> searchByName(String stuname) {
    System.out.println("查询成功!");
    List<Student> list = new ArrayList<Student>();
    for(int i = 1; i < 4; i++){
        Student stu = new Student();
        stu.setNum("2013010010" + i);
        stu.setName("张三");
        list.add(stu);
    }
    return list;
}
public List<Student> searchByClass(String classname) {
    System.out.println("查询成功!");
    List<Student> list = new ArrayList<Student>();
    for(int i = 1; i < 5; i++){
        Student stu = new Student();
        stu.setNum("2013010010" + i);
        stu.setName("张" + i);
        list.add(stu);
    }
    return list;
}
public List<Student> searchBySex(String sex) {
    System.out.println("查询成功!");
    List<Student> list = new ArrayList<Student>();
    for(int i = 1; i < 5; i++){
        Student stu = new Student();
        stu.setNum("2013010010" + i);
        stu.setName("张" + i);
        stu.setSex(true);
        list.add(stu);
    }
    return list;
}
public List<Student> searchByAge(int age) {
    System.out.println("查询成功!");
    List<Student> list = new ArrayList<Student>();
    for(int i = 1; i < 5; i++){
        Student stu = new Student();
        stu.setNum("2013010010" + i);
        stu.setName("张" + i);
        list.add(stu);
    }
    return list;
}
public List<Student> search(String value) {
    System.out.println("查询成功!");
    List<Student> list = new ArrayList<Student>();
    for(int i = 1; i < 5; i++){
```

```java
        Student stu = new Student();
        stu.setNum("2013010010" + i);
        stu.setName("张" + i);
        list.add(stu);
    }
    return list;
}
```

4. 测试 search( )方法，使用 Iterator 迭代器打印学生信息

```java
public static void main(String[] args) {
    StuDao dao = Factory.getStuDao();
    List<Student> list = dao.search("");
    List<Student> list1 = dao.searchByAge(20);
    List<Student> list2 = dao.searchByClass("2013软件技术1班");
    List<Student> list3 = dao.searchBySex("男");
    List<Student> list4 = dao.searchByName("张三");
    Iterator<Student> it = list.iterator();
    while(it.hasNext()){
        Student stu = it.next();
        System.out.println(stu.getNum() + "\t" + stu.getName());
    }
    Iterator<Student> it1 = list1.iterator();
    while(it1.hasNext()){
        Student stu = it1.next();
        System.out.println(stu.getNum() + "\t" + stu.getName());
    }
    Iterator<Student> it2 = list2.iterator();
    while(it2.hasNext()){
        Student stu = it2.next();
        System.out.println(stu.getNum() + "\t" + stu.getName());
    }
    Iterator<Student> it3 = list3.iterator();
    while(it3.hasNext()){
        Student stu = it3.next();
        System.out.println(stu.getNum() + "\t" + stu.getName() + "\t" + stu.isSex());
    }
    Iterator<Student> it4 = list4.iterator();
    while(it4.hasNext()){
        Student stu = it4.next();
        System.out.println(stu.getNum() + "\t" + stu.getName());
    }
}
```

5.2.4 任务总结

ArrayList 是一个可变长度数组，基于数组实现，它实现了 List 接口，因此它也可以包含重复元素和 null 元素，也可以任意地访问和修改元素，随着向 ArrayList 中不断添加元素，其容量也自动增长。

LinkedList 是基于链表实现的，其基本用法、作用与 ArrayList 大致相同。

Vector 类可以实现可增长的对象数组,与 ArrayList 一样基于数组实现,不同的是它支持线程的同步。

HashSet 类实现 Set 接口,由哈希表(实际上是一个 HashMap 实例)支持。它不保证 Set 接口的迭代顺序;特别是它不保证该顺序恒久不变。此类允许使用 null 元素。

TreeSet 是一个有序集合,TreeSet 中的元素将按照升序排列,默认是按照自然排序进行排列,意味着 TreeSet 中的元素要实现 Comparable 接口。

HashMap 是基于哈希表的 Map 接口的实现。此实现提供所有可选的映射操作,并允许使用 null 值和 null 键。

TreeMap 类不仅实现了 Map 接口,还实现了 Map 接口的子接口 java.util.SortedMap。由 TreeMap 类实现的 Map 集合,不允许键对象为 null。

迭代器是一种设计模式,它是一个对象,可以遍历并选择序列中的对象。

for 循环语句通过控制一系列的表达式重复循环体内程序的执行,直到条件不再匹配为止。

```
for(i = 0, j = 10; i<j; i++, j-- ){
    …
}
```

while 语句中,条件表达式的值决定着循环体内的语句是否被执行。如果条件表达式的值为 true,那么就执行循环体内的语句;如果为 false,就会跳过循环体,转而执行循环后面的程序。每执行一次循环体,就重新计算一次条件表达式,直到条件表达式为 false 为止。

```
while(条件表达式){
    循环体
}
```

do-while 语句与 while 语句非常类似,不同的是,do-while 语句首先执行循环体,然后计算条件表达式,若结果为 true,则继续执行循环内的语句,直到条件表达式的结果为 false。也就是说,无论条件表达式的值是否为 true,都会先执行一次循环体。

5.2.5 补充拓展

1. 跳转语句

Java 支持两种跳转语句:break 语句和 continue 语句。之所以称其为跳转语句,是因为这两个语句可以摆脱程序的顺序执行,而转移到其他部分去执行。

(1) break 语句

在循环语句中,使用 break 语句可以直接跳出循环,忽略循环体的任何其他语句和循环条件测试。换句话说,循环中遇到 break 语句时,循环终止,程序转到循环后面的语句处继续执行。

与 C/C++不同,Java 语言中没有 goto 语句来实现任意跳转,因为 goto 语句破坏程序的可读性,并且影响编译的优化。但 Java 语言可用 break 来实现 goto 语句所特有的一些优点。Java 语言定义了 break 语句的一种扩展形式来处理这种情况,即带标签的 break 语句。

带标签的 break 语句不但具有普通 break 语句的跳转功能,而且可以明确地将程序控制转移到标签指定的地方。应该强调的是,尽管这种跳转在有些时候会提高程序的效率,但还是应该避免使用这种方式。带标签的 break 语句形式为：

    break 标签；

(2) continue 语句

continue 语句只可能出现在循环语句(while、do-while 和 for 循环)的循环体中，作用是跳过当前循环中 continue 语句以后的剩余语句，直接执行下一次循环。同 break 语句一样，continue 语句也可以跳转到一个标签处。

跳转语句示例如下所示：

```java
package com.jnvc.stuman.other;
import java.util.List;
import java.util.ArrayList;
publicclass BreakTest {
    //使用 List 集合类创建学生集合，通过泛型确保集合使用的安全性
    public static List<Student> add(){
        List<Student> list = new ArrayList<Student>();
        for(int i = 1;i < 10;i++){
            Student stu = new Student();
            stu.setId(i);
            stu.setName("张" + i);
            list.add(stu);
        }
        return list;
    }
    //打印学生信息，如果是张3的则不打印，如果打印到张8的信息，则不再继续打印
    public static void print(List<Student> list){
        for(Student stu:list){
            if("张8".equals(stu.getName())){
                break;
            }
            if("张3".equals(stu.getName())){
                continue;
            }
            System.out.println("学号：" + stu.getId() + "\t姓名：" + stu.getName());
        }
    }
    public static void main(String[] args) {
        print(add());
    }
}
```

2. Set 集合测试

```java
package com.jnvc.stuman.other;
import java.util.HashSet;
import java.util.Set;
import java.util.TreeSet;
publicclass SetTest {
    public static Set<Student> testHashSet(){
        Set<Student> set = new HashSet<Student>();
```

```java
        for(int i = 1;i < 10;i++){
            //循环执行9次,但未必存入9个数据,因Student重写了equals方法,id相同就认为
              是同一个对象,但Set不允许重复数据
            Student stu = new Student();
            //通过随机数保证无序性
            stu.setId(i + (int)(Math.random() * 40));
            stu.setName("张" + i);
            set.add(stu);
        }
        return set;
    }
    public static Set<Student> testTreeSet(){
        Set<Student> set = new TreeSet<Student>();
        for(int i = 1;i < 10;i++){
            Student stu = new Student();
            stu.setId(i + (int)(Math.random() * 40));
            stu.setName("张" + i);
            set.add(stu);
        }
        return set;
    }
    public static void print(Set<Student> set){
        for(Student stu:set){
            System.out.println(stu.getId() + "\t" + stu.getName());
        }
    }
    public static void main(String[] args) {
        Set<Student> hashset = testHashSet();
        System.out.println("无序的HashSet,共存储了" + hashset.size() + "个数据...");
        print(hashset);
        Set<Student> treeset = testTreeSet();
        System.out.println("自动排序的TreeSet,共存储了" + treeset.size() + "个数据...");
        print(treeset);
    }
}
```

3. Map 集合测试

```java
package com.jnvc.stuman.other;
import java.util.HashMap;
import java.util.Map;
import java.util.Set;
import java.util.TreeMap;
publicclass MapTest {
    publicstatic Map<Integer,Student> testHashMap(){
        Map<Integer,Student> Map = new HashMap<Integer,Student>();
        for(int i = 1;i < 10;i++){
            //循环执行9次,未必存入9个数据,因Map的Key不允许重复
            Student stu = new Student();
            //通过随机数保证无序性
            int num = i + (int)(Math.random() * 40);
```

```java
            stu.setId(num);
            stu.setName("张" + i);
            Map.put(num,stu);
        }
        return Map;
    }
    public static Map<Integer,Student> testTreeMap(){
        Map<Integer,Student> Map = new TreeMap<Integer,Student>();
        for(int i = 1;i < 10;i++){
            Student stu = new Student();
            int num = i + (int)(Math.random() * 40);
            stu.setId(num);
            stu.setName("张" + i);
            Map.put(num,stu);
        }
        return Map;
    }
    public static void print(Map<Integer,Student> Map){
        for(Student stu:Map.values()){
            System.out.println(stu.getId() + "\t" + stu.getName());
        }
    }
    public static void printByKey(Map<Integer,Student> Map){
        Set<Integer> keySet = Map.keySet();
        for(Integer i:keySet){
            System.out.println(i + ":\t" + Map.get(i).getId() + "\t" + Map.get(i).getName());
        }
    }
    public static void main(String[] args) {
        Map<Integer,Student> hashMap = testHashMap();
        System.out.println("无序的HashMap,共存储了" + hashMap.size() + "个数据...");
        print(hashMap);
        System.out.println("printByKey...");
        printByKey(hashMap);
        Map<Integer,Student> treeMap = testTreeMap();
        System.out.println("自动排序的TreeMap,共存储了" + treeMap.size() + "个数据...");
        print(treeMap);
        System.out.println("printByKey...");
        printByKey(treeMap);
    }
}
```

项目6 对象持久化——文件

项目名称

对象持久化——文件

项目编号

Java_Stu_006

项目目标

能力目标：使用文件将对象持久化的能力。

素质目标：具备异常处理的基本素质。

重点难点：

(1) 文件的操作。

(2) 异常处理的使用。

(3) 字节流的使用。

(4) 字符流的使用。

(5) 随机文件读写。

(6) 序列化与对象流。

知识提要

持久化、文件、I/O、字节流、字符流、随机读写文件、序列化、对象流、异常处理

项目分析

程序中产生的学生数据仅存在于对象中，而一旦程序从主存中移除，对象中保存的数据就会丢失，我们需要将这些数据长久地存储于外部存储设备中，如何实现这种存储？有几种方式实现这种存储？什么情况用什么样的方式合适？使用时会有什么样的情况需要处理？

本项目介绍使用文件的形式将数据长久保存于磁盘中，通过 Java 语言中的输入/输出流读写磁盘文件，进行对象的存储。

任务1 创建文件

6.1.1 任务目标

- 了解持久化的概念。
- 掌握文件操作的方法。
- 掌握异常处理的方法。

6.1.2 知识学习

1. 对象持久化

对象中封装着重要的数据,我们需要将这些数据长久地保存下来,以便将来使用。但主存中的对象是瞬时状态的,很容易丢失,只有通过持久化才能将这些数据长久地保存下来。持久化(Persistence),即把数据保存到可永久保存的存储设备中(如磁盘),对象持久化就是把主存中的对象数据保存到可永久保存的存储设备中。通常持久化有以下几种形式:存储于数据库中、存储于磁盘文件中、存储于 XML 数据文件中。本项目中我们采用将对象信息存入文件的形式进行持久化。

2. Java I/O 简介

Java 的文件系统是以"流"的形式为基础的。所谓流是指同一台计算机或网络中不同计算机之间有序运动着的数据序列,Java 把这些不同来源和不同目标的数据都统一抽象为数据流。数据流主要在 Java.IO 包中实现,Java.IO 包中提供了各种各样的输入/输出流类。输入流代表从其他设备流入计算机的数据序列;输出流代表从计算机流向外部设备的数据序列。以程序为基准,从输入流中向程序输入数据称为读数据(read),反之,从程序中将数据输出到输出流中称为写数据(write)。

按照 Java 输入/输出流的数据类型,数据流可分为字节流和字符流两类。

字节流按字节读/写二进制数据。在 Javo.IO 包中,基本输入流类(InputStream)和基本输出流类(OutputStream)是处理 8 位字节流的类,读写以字节为基本单位进行。

字符流的输入/输出数据是 Unicode 字符,当遇到不同的编码时,Java 的字符流会自动将其转换成 Unicode 字符。Javo.IO 包中的 Reader 类和 Writer 类是专门处理 16 位字符流的类,其读写以字符为单位进行。图 6-1 展示了 Java I/O 的基本流。

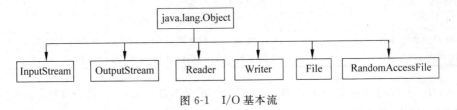

图 6-1 I/O 基本流

3. File

文件操作类 File,它是专门用来管理目录和文件的(实际上,Java 把目录看作一种特殊的文件),它直接处理文件和文件系统,并不处理文件的具体内容。每一个 File 类的对象都与某个目录或文件相联系,调用 File 类的方法可以对目录或文件进行管理,如文件或目录的创建、删除、改名等。File 类的构造方法和常用方法如表 6-1 所示。

4. 异常层次结构

查阅 Java API 文档可以发现,File 类的 createNewFile()方法的声明如下所示:

```
public boolean createNewFile() throws IOException
```

声明中的 throws IOException 代表这个方法会抛出 IOException 异常。异常(Exception)是程序运行过程中可能出现的中断正常程序流程的条件,比如创建新文件的过程中，可能由于路径错误、磁盘已满或者权限问题导致文件创建失败，一旦出现这些情况，程序运行就会中断。这些中断程序的条件中有些并不是严重的问题，比如常见的 0 做除数（ArithmeticException）、数组越界（ArrayIndexOutOfBoundsException）等，我们可以在程序中对可能出现这些中断条件的地方进行预判并处理，这叫作异常处理。

表 6-1　File 类的方法

方 法 名 称	方 法 说 明
构造方法	
File(String pathname)	通过将给定路径名字符串来创建一个新 File 类实例
File(String parent, String child)	根据 parent 路径名和 child 路径名创建一个新 File 类实例
常用方法	
canWrite( )	返回文件是否可写
canRead( )	返回文件是否可读
createNewFile( )	当文件不存在时创建文件
delete( )	从文件系统内删除该文件
deleteOnExit( )	程序顺利结束时从系统中删除文件
exists( )	判断文件是否存在
getAbsoluteFile( )	以 File 类对象形式返回文件的绝对路径
getAbsolutePath( )	以字符串形式返回文件的绝对路径
getName( )	以字符串形式返回文件名称
isDirectory()	判断该 File 对象所对应的是否是目录
isFile()	判断该 File 对象所对应的是否是文件
lastModified()	返回文件的最后修改时间
length()	返回文件长度
list()	返回文件和目录清单
listFiles()	返回文件和目录清单
mkdir()	在当前目录下生成指定的目录
renameTo(File dest)	将当前 File 对象对应的文件名改为 dest 对象对应的文件名
setReadOnly()	将文件对象的路径转换为字符串返回

　　Java 中，所有的异常都由类来表示。所有的异常类都是从一个名为 Throwable 的类派生出来的。因此，当程序中发生一个异常时，就会生成一个异常类的某种类型的对象。Throwable 有两个直接子类：Error 和 Exception。Error 类表示程序运行时发生的严重错误，Exception 类表示程序运行时产生的异常。Error 和 Exception 类又派生了很多子类用来表示程序运行产生的具体错误和异常。例如使用 NoClassDefFoundError 表示没有类定义所产生的错误，使用 ArithmeticException 类表示算术运算产生的异常等。Java 中异常及其类的层次结构如图 6-2 所示。

　　异常类 Exception 可分为执行异常（RuntimeException）和检查异常（Checked Exceptions）两种。执行异常即运行时异常，继承自 RuntimeException。Java 编译器允许程序不对它们做出处理。除了执行异常外，其余的 Exception 子类属于检查异常类，也称为非运行时异常。Java 编译器要求程序必须捕获或者声明抛出这种异常。

5．异常处理

　　程序运行所导致的异常发生后，由 Java 语言提供的异常处理机制处理，Java 异常处理

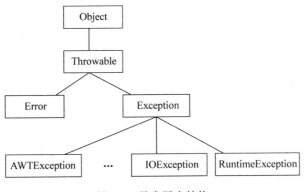

图 6-2 异常层次结构

机制由捕获异常和处理异常两部分组成。

在 Java 程序的执行过程中,如果出现了异常事件,就会生成一个异常对象。生成的异常对象将传递给 Java 运行时系统,这一异常的产生和提交过程称为抛出(throw)异常。当 Java 运行时系统得到一个异常对象时,它将会寻找处理这一异常的代码。找到能够处理这种类型的异常的方法后,运行时系统把当前异常对象交给这个方法进行处理,这一过程称为捕获(catch)异常。如果 Java 运行时系统找不到可以捕获异常的方法,则运行时系统将终止,相应的 Java 程序也将退出。

上述异常处理机制使用 try{ }catch{ }finally{ }语句块实现,try 语句块的格式如下:

```
try{
        //监视可能发生异常的代码块
}catch(异常类型异常对象名){         //捕获并处理异常
        异常处理代码块;
} finally{
无论是否抛出异常都要执行的代码;
}
```

异常处理的核心是 try 和 catch。这两个关键字要一起使用,只有 try 而没有 catch,或者只有 catch 而没有 try 都是不可以的。当 try 描述的代码段遇到异常发生时,会抛出一个异常对象,该异常由相应的 catch 语句捕获并处理。与一个 try 相关的 catch 语句可以有多个,构成多重 catch 语句,异常类型决定了要执行哪个 catch 语句。也就是说,如果由一个 catch 语句指定的异常类型与发生的异常类型相符,那么就会执行这个 catch 语句(其他的 catch 语句则被跳过)。如果 catch 语句执行完毕或者没有抛出异常,就会执行最后一个 catch 后面的第一个语句。无论是否抛出异常,finally 语句块都会被执行,它通常用于放置一些资源回收的代码。

与一个 try 相关的 catch 语句可以有多个,每一个 catch 语句捕获一个不同类型的异常。当异常发生时,每一个 catch 子句被依次检查,第一个匹配异常类型的子句被执行。一个 catch 语句执行以后,其他的子句被忽略,程序从 try/catch 块后的代码开始继续执行。

```
try{
可能发生异常的代码块;
}catch(异常类型 1 异常对象名 1){
异常处理代码块 1;
```

```
        }
        ...
            catch(异常类型 n 异常对象名 n){
异常处理代码块 n;
} finally{
无论是否抛出异常都要执行的代码;
}
```

下面这个代码段演示了异常处理的基本方式。

```
package com.jnvc.stuman.other;
publicclass TryTest {
    public static int divide(int x,int y){
        int z = 0;
        try {
            z = x/y;
        } catch (Exception e) {
            System.out.println("错误,除数为 0!");
        }
        return z;
    }
    public static void main(String[] args) {
        divide(2,0);
    }
}
```

另外,try{}catch{}finally{}语句块也可以嵌套使用。

6. 声明异常

有些时候不方便立即对出现的异常进行处理,Java 提供了另一种处理异常的方式,将出现的异常向调用它的上一层方法抛出,由上层方法进行异常处理或继续向上一层方法抛出该异常。在这种情况下,可以使用 throws 子句标记方法的声明,表明该方法不对抛出的异常进行处理,而是向调用它的方法抛出该异常。thorws 语句的使用格式如下:

```
[修饰符] 返回类型  方法名(参数1,参数2,…)throws 异常列表{
    ...
}
```

比如 File 类的 createNewFile()方法就是用的声明式异常,这就要求使用 createNewFile()方法的代码段对其做异常处理。

下面这段代码段演示了声明式异常的使用。

```
package com.jnvc.stuman.other;
public class DeclareExceptionTest {
    public static int divide(int x,int y) throws Exception{
        return x/y;
    }
    public stat icvoid main(String[] args) {
        try {
            divide(2,0);
        } catch (Exception e) {
```

```
            System.out.println("错误,除数为 0!");
        }
    }
}
```

7. 抛出异常

前面的例子中所涉及的异常都是由 Java 虚拟机(JVM)自动产生的,如果想在某些语句中手动抛出异常对象,则可以是通过 throw 语句实现的,其基本形式如下:

throw new 异常名();

throw 异常通常可以实现类似 goto 语句的功能。程序运行到某处,当满足一定条件时,通过抛出异常,跳转到异常处理的 catch 语句块执行,从而实现了程序的跳转功能。

8. 自定义异常

尽管 Java 的内置异常能够处理大多数常见错误,但有时还可能出现系统没有考虑到的异常,此时我们可以自己建立异常类型,来处理所遇到的特殊情况。只要定义 Exception 的一个子类就可以建立自己的异常类型。

自定义异常的基本形式如下所示:

class 自定义异常 extends 父异常类名{
类体;
}

6.1.3 任务实施

修改 ClassDaoImpl,对添加、删除、修改分别作创建文件、删除文件、修改文件信息的操作。

```java
public boolean add(Classes classes) {
    //获得用户工作目录
    String dir = System.getProperty("user.dir");
    File file = new File(dir + "/class.dat");
    if(!file.exists()){
        try {
            file.createNewFile();
            System.out.println("文件创建成功!");
        } catch (IOException e) {
            System.out.println("文件创建失败!");
        }
    }else{
        System.out.println("文件已存在!");
    }
    return false;
}
public boolean delete(String classnum) {
    String dir = System.getProperty("user.dir");
    File file = new File(dir + "/class.dat");
    if(file.exists()){
        file.delete();
```

```java
            System.out.println("删除成功!");
        }else{
            System.out.println("文件不存在!");
        }
        return false;
    }
    public boolean update(Classes classes) throws IOException {
        String dir = System.getProperty("user.dir");
        File file = new File(dir + "/class.dat");
        if(file.exists()){
            //文件设置为只读
            file.setReadOnly();
            //打印文件的绝对路径名(规范路径名)
            System.out.println(file.getCanonicalPath());
            System.out.println("文件修改成功!");
        }else{
            System.out.println("文件修改失败!");
        }
        return false;
    }
    public static void main(String[] args) {
        new ClassDaoImpl().add(null);
        try {
            new ClassDaoImpl().add(null);
            new ClassDaoImpl().update(null);
            new ClassDaoImpl().delete(null);
        } catch (IOException e) {
        }
    }
```

6.1.4 任务总结

对象持久化就是把主存中的对象数据保存到可永久保存的存储设备中。通常持久化有以下几种形式：存储与数据库中、存储于磁盘文件中、存储于 XML 数据文件中。

Java 的文件系统是以"流"的形式为基础的。所谓流是指同一台计算机或网络中不同计算机之间有序运动着的数据序列，Java 把这些不同来源和不同目标的数据都统一抽象为数据流。数据流主要在 Java.IO 包中实现，Java.IO 包中提供了各种各样的输入/输出流类。

文件操作类 File，它是专门用来管理目录和文件的（实际上，Java 把目录看作一种特殊的文件），它直接处理文件和文件系统，并不处理文件的具体内容。

异常（Exception）是程序运行过程中可能出现的中断正常程序流程的条件。Java 中，所有的异常都由类来表示。所有的异常类都是从一个名为 Throwable 的类派生出来的。

异常处理的核心是 try 和 catch。当 try 描述的代码段遇到异常发生时，会抛出一个异常对象，该异常由相应的 catch 语句捕获并处理。与一个 try 相关的 catch 语句可以有多个，构成多重 catch 语句，异常类型决定了要执行哪个 catch 语句。无论是否抛出异常，finally 语句块都会被执行，它通常用于一些放置一些资源回收的代码。

有些时候不方便立即对出现的异常进行处理，Java 提供了另一种处理异常的方式，将出现的异常向调用它的上一层方法抛出，由上层方法进行异常处理或继续向上一层方法抛出该异常。在这种情况下，可以使用 throws 子句标记方法的声明，表明该方法不对抛出的异常进行处理，而是向调用它的方法抛出该异常。

自定义异常通过 Exceptin 类来实现。

任务 2　CRUD——字节流

6.2.1　任务目标

- 了解字节流的层次关系。
- 掌握 FileInputStream、DataInputStream、BufferedInputStream 的使用。
- 掌握 FileOuputStream、DataOuputStream、BufferedOuputStream 的使用。

6.2.2　知识学习

1. 字节流层次关系

字节流是按字节读/写二进制数据，其顶层父类是 InputStream 与 OutputStream，这两个类是抽象类，定义了用于读写字节流的基本操作，使用时通常使用其子类，如 FileInputStream、FileOutputStream 等。InputStream 类的常用方法如表 6-2 所示。

表 6-2　InputStream 类的常用方法

方法	说明
close()	关闭此输入流并释放与该流关联的所有系统资源
mark(int readlimit)	在此输入流中标记当前的位置
read()	从输入流读取下一个数据字节
read(byte[] b)	从输入流中读取一定数量的字节并将其存储在缓冲区数组 b 中
read(byte[] b, int off, int len)	将输入流中最多 len 个数据字节读入字节数组
reset()	将此流重新定位到对此输入流最后调用 mark 方法时的位置
skip(long n)	跳过和放弃此输入流中的 n 个数据字节

OutputStream 类的常用方法如表 6-3 所示。

表 6-3　OutputStream 类的常用方法

方法	说明
close()	关闭此输出流并释放与此流有关的所有系统资源
flush()	刷新此输出流并强制写出所有缓冲的输出字节
write(byte[] b)	将 b.length 个字节从指定的字节数组写入此输出流
write(byte[] b, int off, int len)	将指定字节数组中从偏移量 off 开始的 len 个字节写入此输出流
write(int b)	将指定的字节写入此输出流

字节流的层次关系如图 6-3 所示。

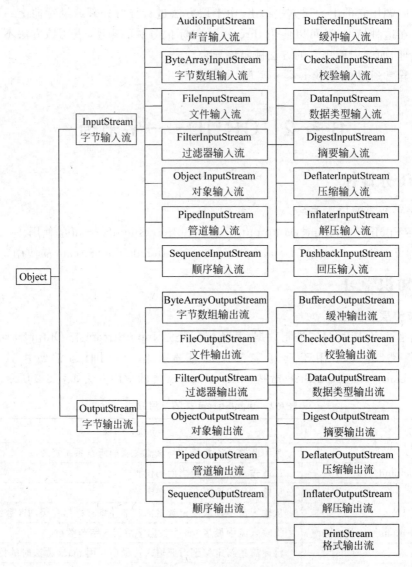

图 6-3　字节流层次关系

2. FileInputStream 与 FileOutputStream

文件输入流 FileInputStream 类和文件输出流 FileOutputStream 类分别是抽象类 InputStream 和 OutputStream 的子类,继承并改写了大部分的方法。这两个类主要用于对文件进行读写操作,所有的读写操作针对的是以字节为单位二进制数据。

FileInputStream 类和 FileOutputStream 类使用构造方法创建输入/输出的对象,通过引用该对象的读写方法,来完成对文件的输入/输出操作。在构造方法中,需要指定与所创建的输入/输出对象相连接的文件。要构造一个 FileInputStream 对象,所连接的文件必须存在而且是可读的;要构造一个 FileOutputStream 对象,如果输出文件已经存在且可写,该文件内容会被新的输出所覆盖。

以下是 FileInputStream 类的两个常用构造方法。

public FileInputStream(String name)：为参数 name 所指定的文件名创建一个 FileInputStream 对象

例如：

`FileInputStream fin = new FileInputStream(" D:\\javapj\\ex.java");`

public FileInputStream(File file)：参数 file 是已经创建的 File 对象，为 file 对象相对应的文件创建一个 FileInputStream 对象。

例如：

```
File f = new File(" C:\\test\\ex.java");
FileInputStream fin = new FileInputStream(f);
```

FileOutputStream 类的构造方法在格式上与 FileInputStream 类基本相同，分别为 public FileOutputStream(String name) 和 public FileOutputStream(File file)。

下面的代码段实现了 File 类中不存在的文件复制功能。

```
String file1,file2;
int ch = 0;
file1 = "readme.txt";
file2 = "readme.bak";
try {
    FileInputStream fis = new FileInputStream(file1);
    FileOutputStream fos = new FileOutputStream(file2);
    int size = fis.available();           //含回车换行(\r\n)
    System.out.println("字节有效数: " + size);
    while ((ch = fis.read())!= -1){       //判断文本文件的结束
        System.out.write(ch);              //向屏幕输出
        fos.write(ch);                     //向文件输出
    }
    fis.close();
    fos.close();
}
catch (IOException e){
    System.out.println(e.toString());
}
```

3. DataInputStream 与 DataOutputStream

在实际应用中，有时需要处理的数据不一定是字节数据，而是具有某种格式的数据。Java 的基本数据类型中就有占几个字节的数据，如 int 型、float 型、double 型等。对于这些类型的数据，Java 提供了专门格式的输入/输出流来处理。DataInputStream 和 DataOutputStream 分别实现了 Java.IO 包中的 DataInput 和 DataOutput 接口，能够读写 Java 基本数据类型的格式数据和 Unicode 编码格式的字符串。这样，在输入/输出数据时就不必关心该数据究竟包含几个字节了。

DataInputStream 类和 DataOutputStream 类是从过滤流类继承过来，这两个流的对象均不能独立地实现数据的输入和输出处理，必须与 FileInputStream 类和 FileOutputStream 类相配合可以完成对格式数据的读写。DataInputStream 类的常用方法如表 6-4 所示。

表 6-4 DataInputStream 类的常用方法

方法	说明
readBoolean()	读入一个 boolean 值
readByte()	读入一个 byte 值
readChar()	读入一个 char 值
readDouble()	读入一个 double 值
readFloat()	读入一个 float 值
readInt()	读入一个 int 值
readLong()	读入一个 long 值
readShort()	读入一个 short 值
readUTF()	读入一个 String 值
available()	返回下一次对此输入流调用的方法可以不受阻塞地从此输入流读取的估计剩余字节数

DataOutputStream 类的常用方法如表 6-5 所示。

表 6-5 DataOutputStream 类的常用方法

方法	说明
writeBoolean()	写入一个 boolean 值
writeByte()	写入一个 byte 值
writeChar()	写入一个 char 值
writeDouble()	写入一个 double 值
writeFloat()	写入一个 float 值
writeInt()	写入一个 int 值
writeLong()	写入一个 long 值
writeShort()	写入一个 short 值
writeUTF()	写入一个 String 值

下面的代码段实现了数据类型的文件流读写。

```
try{                             //基于数据类型写文件
    FileOutputStream fout = new FileOutputStream("student.dat");
    DataOutputStream dout = new DataOutputStream(fout);
    dout.writeInt(1);
    dout.writeUTF("李小平");
    dout.writeDouble(95);
    dout.close();
    fout.close();
}catch(IOException e){
    System.out.println("文件错误!");
}

try{                             //基于数据类型读文件
    FileInputStream fin = new FileInputStream("student.dat");
    DataInputStream din = new DataInputStream(fin);
    int i = 0;
```

```
        while(i == 0){
            no = din.readInt();
            name = din.readUTF();
            score = din.readDouble();
            System.out.println(no + "\t" + name + "\t" + score);
        }
        din.close();
        fin.close();
    }catch(EOFException e){
        System.out.println("文件结束!");
    }
    catch(IOException e){
        System.out.println("文件错误!");
    }
```

4. BufferedInuputStream 与 BufferedOutputStream

BufferedInuputStream 类是 InputSteam 类的子类，BufferedOutputStream 类是 OutputStream 类的子类。当这两个类的对象被创建时，就产生了一个内部缓冲数组，以提高效率。

利用 BufferedInuputStream 类创建的对象可以根据需要从连接的输入数据流中一次性读多个字节的数据到内部缓冲数组中，利用 BufferedOutputStream 类创建的对象可以从连接的输出数据流中一次性向内部缓冲数组中写多个字节的数据。

BufferedInuputStream 类的常用构造方法如表 6-6 所示。

表 6-6 BufferedInputStream 类的常用方法

方 法	说 明
BufferedInputStream(InputStream in)	创建 BufferedInputStream 并保存其参数，即输入流 in
BufferedInputStream(InputStream in, int size)	创建具有指定缓冲区大小的 BufferedInputStream，并保存其参数，即输入流 in

BufferedOutputStream 类的常用构造方法如表 6-7 所示。

表 6-7 BufferedOutputStream 类的常用方法

方 法	说 明
BufferedOutputStream(OutputStream out)	创建一个新的缓冲输出流，以将数据写入指定的基础输出流
BufferedOutputStream(OutputStream out, int size)	创建一个新的缓冲输出流，以将具有指定缓冲区大小的数据写入指定的基础输出流

6.2.3 任务实施

1. 修改 ClassDaoImpl 并保存班级信息

保存班级信息就是追加文件内容，为方便编程，我们使用 DataOutputStream 中嵌套其他流的形式，使用 write×××()方法，将班级信息追加到文件中。主要代码如下所示：

```
publicboolean add(Classes classes) throws IOException {
```

```java
        //获得用户工作目录
        String dir = System.getProperty("user.dir");
        File file = new File(dir + "/class.dat");
        if(!file.exists()){
            try {
                file.createNewFile();
                System.out.println("文件创建成功!");
            } catch (IOException e) {
                System.out.println("文件创建失败!");
            }
        }
        //以追加形式打开文件
        FileOutputStream fos = new FileOutputStream(file,true);
        BufferedOutputStream bos = new BufferedOutputStream(fos);
        DataOutputStream dos = new DataOutputStream(bos);
        dos.writeInt(classes.getId());
        dos.writeUTF(classes.getNum());
        dos.writeUTF(classes.getName());
        dos.writeUTF(classes.getTeacher());
        dos.close();
        bos.close();
        fos.close();
        return true;
    }
    public static void main(String[] args) {
        try {
            Classes class1 = new Classes();
            class1.setId(1);
            class1.setName("11 软件 1 班");
            class1.setNum("20130101");
            class1.setTeacher("王老师");
            ClassDao dao = Factory.getClassDao();
            if(dao.add(class1)){
                System.out.println(class1.getName() + "添加成功!");
            }
            Classes class2 = new Classes();
            class2.setId(2);
            class2.setName("11 软件 2 班");
            class2.setNum("20130102");
            class2.setTeacher("王老师");
            if(dao.add(class2)){
                System.out.println(class2.getName() + "添加成功!");
            }
            Classes class3 = new Classes();
            class3.setId(3);
            class3.setName("11 网络 1 班");
            class3.setNum("20130201");
            class3.setTeacher("李老师");
            if(dao.add(class3)){
                System.out.println(class3.getName() + "添加成功!");
            }
```

```
        } catch (Exception e) {
            e.printStackTrace();
        }
    }
```

2. 修改 ClassDaoImpl 并查找班级信息

查找班级信息就是读文件,如果与查找的关键字相同,就将相关的数据封装成对象并显示出来。主要的代码如下所示:

```
public List<Classes> search(String value, String... type) throws FileNotFoundException {
    List<Classes> list = new ArrayList<Classes>();
    DataInputStream dis = new DataInputStream(new BufferedInputStream(new FileInputStream
(System.getProperty("user.dir") + "/class.dat")));
    try {
        while(dis.available()!= 0){                     //循环直到文件结束
            int id = dis.readInt();
            String num = dis.readUTF();
            String name = dis.readUTF();
            String teacher = dis.readUTF();
            Classes classes = new Classes();
            classes.setId(id);
            classes.setNum(num);
            classes.setName(name);
            classes.setTeacher(teacher);
            if("id".equals(type[0])){                   //按照 id 查找
                if(id == Integer.parseInt(value)){
                    list.add(classes);
                    continue;
                }
            }else if("num".equals(type[0])){            //按照 num 查找
                if(num.equals(value)){
                    list.add(classes);
                    continue;
                }
            }else if("name".equals(type[0])){           //按照 name 查找
                if(name.equals(value)){
                    list.add(classes);
                    continue;
                }
            }else{                                      //按照 teacher 查找
                if(teacher.equals(value)){
                    list.add(classes);
                }
            }
        }
        dis.close();
    } catch (Exception e) {
        e.printStackTrace();
    }
    return list;
}
```

```java
    public List<Classes> search() throws IOException {
        List<Classes> list = new ArrayList<Classes>();
        DataInputStream dis = new DataInputStream(new BufferedInputStream(new FileInputStream(System.getProperty("user.dir") + "/class.dat")));
        try {
            while(dis.available()!= 0){     //循环,直到文件结束
                int id = dis.readInt();
                String num = dis.readUTF();
                String name = dis.readUTF();
                String teacher = dis.readUTF();
                Classes classes = new Classes();
                classes.setId(id);
                classes.setNum(num);
                classes.setName(name);
                classes.setTeacher(teacher);
                list.add(classes);
            }
            dis.close();
        } catch (Exception e) {
            e.printStackTrace();
        }
        return list;
    }
    public static void main(String[] args) {
        try {
            List<Classes> list = Factory.getClassDao().search("王老师","teacher");
            for(Classes classes:list){
                System.out.println(classes.getId() + "\t" + classes.getNum() + "\t" +
                    classes.getName() + "\t" + classes.getTeacher());
            }
        } catch (Exception e) {
            e.printStackTrace();
        }
    }
```

3. 修改 ClassDaoImpl 并删除班级信息

修改班级信息其实是重写文件,也就是拷贝文件,拷贝时与要删除的班级编号一致的相关信息不再写入新文件,写完后将原文件删除,并将新文件改名与原文件一致。主要代码如下所示:

```java
public boolean delete(String classnum) throws FileNotFoundException {
    File source = new File(System.getProperty("user.dir") + "/class.dat");
    File destination = new File(System.getProperty("user.dir") + "/classTmp.dat");
    DataOutputStream dos = new DataOutputStream(new BufferedOutputStream(new FileOutputStream(destination,true)));
    DataInputStream dis = new DataInputStream(new BufferedInputStream(new FileInputStream(source)));
    try {
        while(dis.available()!= 0){     //循环,直到文件结束
            int id = dis.readInt();
```

```java
                String num = dis.readUTF();
                String name = dis.readUTF();
                String teacher = dis.readUTF();
                if(num.equals(classnum)){
                        continue;
                }
                dos.writeInt(id);
                dos.writeUTF(num);
                dos.writeUTF(name);
                dos.writeUTF(teacher);
            }
            dis.close();
            dos.close();
            source.delete();
            destination.renameTo(source);
        } catch (Exception e) {
            e.printStackTrace();
        }
        return true;
    }
    public static void main(String[] args) {
        try {
            Factory.getClassDao().delete("20130102");
        } catch (Exception e) {
            e.printStackTrace();
        }
    }
}
```

4. 修改 ClassDaoImpl 并修改班级信息

修改文件的思路与删除文件基本一致，只是与要修改的班级编号一致的相关信息不再写入新文件，而用传入的班级信息代替，其主要代码如下所示：

```java
public boolean update(Classes classes) throws IOException {
        File source = new File(System.getProperty("user.dir") + "/class.dat");
        File destination = new File(System.getProperty("user.dir") + "/classTmp.dat");
        DataOutputStream dos = new DataOutputStream(new BufferedOutputStream(new FileOutputStream(destination,true)));
        DataInputStream dis = new DataInputStream(new BufferedInputStream(new FileInputStream(source)));
        try {
            while(dis.available()!= 0){        //循环,直到文件结束
                int id = dis.readInt();
                String num = dis.readUTF();
                String name = dis.readUTF();
                String teacher = dis.readUTF();
                if(num.equals(classes.getNum())){
                        id = classes.getId();
                        num = classes.getNum();
                        name = classes.getName();
                        teacher = classes.getTeacher();
                }
```

```
                    dos.writeInt(id);
                    dos.writeUTF(num);
                    dos.writeUTF(name);
                    dos.writeUTF(teacher);
                }
                dis.close();
                dos.close();
                source.delete();
                destination.renameTo(source);
            } catch (Exception e) {
                e.printStackTrace();
            }
            return true;
        }
        public static void main(String[] args) {
            try {
                Classes classes = new Classes();
                classes.setId(4);
                classes.setName("11软件2班");
                classes.setNum("20130101");
                classes.setTeacher("东方老师");
                Factory.getClassDao().update(classes);

            } catch (Exception e) {
                e.printStackTrace();
            }
        }
```

6.2.4 任务总结

字节流是按字节读/写二进制数据,其顶层父类是 InputStream 与 OutputStream,这两个类是抽象类,定义了用于读写字节流的基本操作,使用时通常使用其子类,如 FileInputStream、FileOutputStream 等。

文件输入/输出流 FileInputStream 类和 FileOutputStream 类分别是抽象类 InputStream 和 OutputStream 的子类,继承并改写了大部分的方法。这两个类主要用于对文件进行读写操作,所有的读写操作针对的是以字节为单位的二进制数据。

DataInputStream 和 DataOutputStream 分别实现了 Java.IO 包中的 DataInput 和 DataOutput 接口,能够读写 Java 基本数据类型的格式数据和 Unicode 编码格式的字符串。这样,在输入/输出数据时就不必关心该数据究竟包含几个字节了。

利用 BufferedInuputStream 类创建的对象可以根据需要从连接的输入数据流中一次性读多个字节的数据到内部缓冲数组中,利用 BufferedOutputStream 类创建的对象可以从连接的输出数据流中一次性向内部缓冲数组中写多个字节的数据。

6.2.5 补充拓展

1. 随机文件与顺序文件

前面我们介绍的访问文件的方式是顺序方式:顺序读取、顺序写入,这种文件通常叫作顺序文件,顺序文件只能按有序的方式来读取数据,就是说如果要读取后面的数据,必须先读取前面的数据。

对于 class.dat 文件,如果含有多个班级的记录信息,现要读取其中某一条记录,最好能够直接到达该记录所在的位置读取,而不必从第一条开始顺序读取。这就需要对文件进行随机访问。随机文件是以记录的方式组织的,可以按需要读取指定位置的数据,就是说无须读取前面的数据就可以读取后面的数据。

2. RandomAccessFile

RandomAccessFile 类是随机访问文件的类。它为文件定义了一个当前位置指针(指示器),指示操作位置的开始。通过移动这个指针,就可以改变操作位置,实现对文件的随机读写。RandomAccessFile 类直接继承自 Object 类,同时实现了 DataInput 接口和 DataOutput 接口。所以 RandomAccessFile 类既可以作为输入流,又可以作为输出流。

3. RandomAccessFile 构造方法

RandomAccessFile 类提供了两个构造方法:

```
public RandomAccessFile(File file,String mode);
public RandomAccessFile(String name,String mode);
```

第一个构造方法,参数 file 表示要将已经创建的文件对象作为要打开的文件。第二个构造方法,参数 name 表示所对应的文件名。

参数 mode 表示访问文件的方式字符串,取值为 r,表示以只读方式打开文件;取值为 rw,表示以读写方式打开文件。

例如:

```
RandomAccessFile rf = new RandomAccessFile("student.dat","r");
File f1 = new File("c:\\test\\class.dat");
RandomAccessFile rwf = new RandomAccessFile(f1, "rw");
```

4. 控制指针的方法

在创建 RandomAccessFile 类对象的同时,系统自动创建了文件位置指针,指向这个文件开始处,即文件位置指针的初始值是 0。当执行读写操作时,每读/写一个字节,指针自动增加 1,使指针指向被读写数据之后的第一个字节处,即下一次读/写的开始位置处。RandomAccessFile 类提供了一些控制指针移动的方法如表 6-8 所示。

表 6-8 RandomAccessFile 类的常用方法

方法	说明
getFilePointer()	获取当前指针指向文件的位置
seek(long pos)	将指针移动到参数 pos 指定的位置
skipBytes(int n)	指针从当前位置向后移动 n 个字节,并返回指针实际移动的字节数

5. 读写数据的常用方法

因为 RandomAccessFile 类实现了 DataInput 和 DataOutput 两个接口,因此,它与前面讲述的 DataInputStream 类和 DataOutputStream 类一样,具备读写 Java 的基本数据类型和 Unicode 编码字符串的功能,读写数据所用的方法也彼此相似。例如,readInt()方法读取一个 int 型数，writeInt(int v)方法写入一个 int 型数，readUTF()和 writeUTF(String str)可以按 UTF-8 编码读写一个字符串，等等。

该类中还提供了 readLine()方法，用于文本文件的读取，一次读取文件的一行。readLine()方法的结果以字符串返回，同时，文件指针自动移到下一行开始位置。行的结束标记使用回车符(\r)、换行符(\n)或回车换行符(\r\n)。由于该方法把字节转化为字符时，将高 8 位设为 0，所以会导致有些字符显示不正确，如中文字符等。

RandomAccess 使用如下代码所示：

```java
import java.io.*;
public class Exam9_12{
    public static void main(String args[]) throws IOException{
        RandomAccessFile rf = new RandomAccessFile("c.txt","rw");
        for (int i = 0;i<10;i++){
            rf.writeInt(i);
        }
        rf.seek(5*4);
        rf.writeInt(0);
        for(int i = 0;i<10;i++){
            rf.seek(i*4);
            System.out.println(rf.readInt());
        }
        rf.close();
    }
}
```

任务 3　CRUD——字符流

6.3.1　任务目标

- 了解字符流的层次关系。
- 掌握 FileReader、BufferedReader 的使用。
- 掌握 FileWriter、BufferedWriter 的使用。
- 掌握 InputStreamReader、OutputStreamWriter 的使用。

6.3.2　知识学习

1. 字符流与字节流的区别

字节流与字符流都是 Java 流的形式，其区别主要体现在以下几点：

（1）字符流处理的单元为 2 个字节的 Unicode 字符，分别操作字符、字符数组或字符串，而字节流处理单元为 1 个字节，操作字节和字节数组。

（2）字节流不仅可用于操作文本文件，也可用于其他类型的对象，包括二进制对象，如声音、图片、视频文件等，而字符流只能处理字符或者字符串，通常用于操作文本文件。

（3）字符流是与编码格式相关的，不同的编码格式字符所用的存储空间是不一样的。比如 GBK 的汉字就占用 2 个字节，而 UTF-8 的汉字就占用 3 个字节。字节流与编码无关。

（4）字符流是 Reader、Writer 的派生类，字节流以 InputStream、OutputStream 为基类。

（5）如果确认要处理的流是可打印的字符，那么字符流使用起来简单一点。如果不确定，那么用字节流总是不会错的。

2. 字符流继承关系

字符流是以 Reader 与 Writer 两个类为基类的，Reader 类及其子类用于字符流的读；Writer 类及其子类用于字符流的写。字符流的继承层次关系如图 6-4 所示。

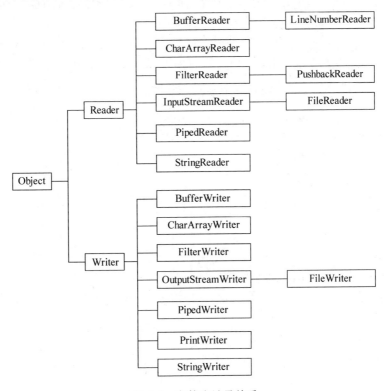

图 6-4　字符流继承关系

3. Reader 与 Writer

Reader、Writer 类与其子类是处理字符流（Character Stream）的相关类，支持 Unicode 标准字符集，用于进行所谓纯文本文件的字符读/写。

Reader 类的常用方法与 InputStream 类基本相似；Writer 类的常用方法与 OutputStream 类基本相似。它们的主要区别是：InputStream 类和 OutputStream 类操作的是字节，而 Reader 类和 Writer 类操作的是字符。

Reader 和 Writer 都是抽象类，通常都是使用其子类进行程序设计。常用的子类包括 FileReader 类、FileWriter 类、BufferedReader 类、BufferedWriter 类等，其子类分别重写了不同功能的 read()、write()等方法，以解决实际问题。

4. FileReader 与 FileWriter

FileReader 用于读取字符流，FileWriter 用于写入字符流。它们都是 Reader 和 Writer 的子类，实现了对字符文件的读写操作。FileReader 与 FileWriter 常用的构造方法如表 6-9 所示。

表 6-9　FileReader 与 FileWriter 常用的构造方法

构造方法	说明
FileReader(String fileName)	用给定的文件名创建一个文件字符输入流
FileReader(File file)	用给定的 File 对象创建一个文件字符输入流
FileWriter(String fileName)	用给定的文件名创建一个文件字符输出流
FileWriter(File file)	用给定的 File 对象创建一个文件字符输出流
FileWriter(String fileName, boolean append)	用给定的文件名创建一个文件字符输出流，boolean 值指示是否以追加方式写入数据
FileWriter(File file, boolean append)	用给定的 File 对象创建一个文件字符输出流，boolean 值指示是否以追加方式写入数据

FileReader 与 FileWriter 的使用如下面的代码所示：

```
FileReader fr = new FileReader("a.txt");    //构造方法
FileWriter fw = new FileWriter("b.txt");    //构造方法
char [] content = new char[255];
int i = 0;
while((i = fr.read(content))!= -1){
    fw.write(content,0,i);
}
fr.close();
fw.close();
```

5. BufferedReaer 与 BufferedWriter

BufferedReader 类与 BufferedWriter 类也称为缓冲字符流类，它们都是 Reader 和 Writer 的子类。

BufferedReader 类用于从字符输入流中读取文本；BufferedWriter 类将文本写入字符输出流。它们具有字符缓冲功能，从而实现字符、数组和行的高效读取。

BufferedReader 类的常用方法如表 6-10 所示。

表 6-10　BufferedReader 类的常用方法

方法	说明
BufferedReader(Reader in)	创建一个缓冲字符输入流，使用默认缓冲区
BufferedReader(Reader in, int sz)	创建一个缓冲字符输入流，指定输入缓冲区的大小
close()	关闭该流并释放与之关联的所有资源
mark(int readAheadLimit)	标记流中的当前位置
read()	读取单个字符
read(char[] cbuf)	将字符数据读入到字符数组中
read(char[] cbuf, int off, int len)	将字符读入到数组的某一部分
readLine()	读取一个文本行
ready()	判断此流是否已准备好被读取
reset()	将流重置到最新的标记
skip(long n)	跳过 n 个字符不读取

BufferedWriter 类的常用方法如表 6-11 所示。

表 6-11 BufferedWriter 类的常用方法

方法	说明
BufferedWriter(Writer out)	创建一个缓冲字符输出流,使用默认缓冲区
BufferedWriter(Writer out, int sz)	创建一个缓冲字符输出流,指定输出缓冲区的大小
close()	关闭此流,但要先刷新它
flush()	刷新该流的缓冲区
newLine()	写入一个行分隔符到流中
write(char[] cbuf)	将字符数组写入到流
write(char[] cbuf, int off, int len)	将字符数组的某一部分写入到流
write(int c)	写单个字符到流中
write(String s)	写字符串到流中
write(String s, int off, int len)	写入字符串的某一部分到流中

BufferedReader 与 BufferedWriter 的使用如下面的代码所示:

```
BufferedReader br = new BufferedReader(new FileReader("a.txt"));
BufferedWriter bw = new BufferedWriter(new FileWriter("b.txt"));
String s = "";
while(true){
    s = br.readLine();
    if(s == null) break;
    bw.write(s,0,s.length());
    bw.newLine();
}
br.close();
bw.close();
```

6. 字节流与字符流的转换

InputStreamReader 类与 OutputStreamWriter 类可以完成字节流—字符流间的转换,也称为转换流类。可以指定进行转换所使用的字符集(charset),或者使用系统平台默认的字符集。

InputStreamReader 类,将输入的字节流变为字符流,即将一个字节流的输入对象变为字符流的输入对象。OutputStreamWriter 类,将输出的字符流变为字节流,即将一个字符流的输出对象变为字节流输出对象。

如果以文件操作为例,则从文件中读入的字节流通过 InputStreamReader 变为字符流。内存中的字符数据通过 OutputStreamWriter 变为字节流,保存到文件中。

6.3.3 任务实施

1. 修改 ClassDaoImpl 并使用字符流保存班级信息

```
publicboolean add(Classes classes) throws IOException {
    //获得用户工作目录
    String dir = System.getProperty("user.dir");
    File file = new File(dir + "/classnew.dat");
```

```java
        if(!file.exists()){
            try {
                file.createNewFile();
                System.out.println("文件创建成功!");
            } catch (IOException e) {
                System.out.println("文件创建失败!");
            }
        }
        BufferedWriter bw = new BufferedWriter(new FileWriter(file,true));
        bw.write(classes.getId() + "," + classes.getNum() + "," + classes.getName() + "," + classes.getTeacher());
        bw.newLine();
        bw.close();
    return true;
}
```

2. 修改 ClassDaoImpl 并使用字符流查找班级信息

```java
public List<Classes> search(String value, String... type) throws FileNotFoundException {
    List<Classes> list = new ArrayList<Classes>();
    BufferedReader br = new BufferedReader(new FileReader(System.getProperty("user.dir") + "/classnew.dat"));
    try {
        String s = null;
        String[] strclass = new String[4];
        while((s = br.readLine())!= null){
            strclass = s.split(",");
            Classes classes = new Classes();
            classes.setId(Integer.parseInt(strclass[0]));
            classes.setNum(strclass[1]);
            classes.setName(strclass[2]);
            classes.setTeacher(strclass[3]);
            if("id".equals(type[0])){               //按照 id 查找
                if(classes.getId() == Integer.parseInt(value)){
                    list.add(classes);
                    continue;
                }
            }else if("num".equals(type[0])){        //按照 num 查找
                if(classes.getNum().equals(value)){
                    list.add(classes);
                    continue;
                }
            }else if("name".equals(type[0])){       //按照 name 查找
                if(classes.getName().equals(value)){
                    list.add(classes);
                    continue;
                }
            }else{                                  //按照 teacher 查找
                if(classes.getTeacher().equals(value)){
                    list.add(classes);
                }
```

```java
                }
            }
            br.close();
        } catch (Exception e) {
            e.printStackTrace();
        }
        return list;
    }
    public List<Classes> search() throws IOException {
        List<Classes> list = new ArrayList<Classes>();
        BufferedReader br = new BufferedReader(new FileReader(System.getProperty("user.dir") + "/classnew.dat"));
        try {
            String s = null;
            String[] strclass = new String[4];
            while((s = br.readLine()) != null){
                strclass = s.split(",");
                Classes classes = new Classes();
                classes.setId(Integer.parseInt(strclass[0]));
                classes.setNum(strclass[1]);
                classes.setName(strclass[2]);
                classes.setTeacher(strclass[3]);
                list.add(classes);
            }
            br.close();
        } catch (Exception e) {
            e.printStackTrace();
        }
        return list;
    }
```

3. 修改 ClassDaoImpl 并使用字符流删除班级信息

```java
public boolean delete(String classnum) throws IOException {
    File source = new File(System.getProperty("user.dir") + "/classnew.dat");
    File destination = new File(System.getProperty("user.dir") + "/classTmp.dat");
    BufferedReader br = new BufferedReader(new FileReader(source));
    BufferedWriter bw = new BufferedWriter(new FileWriter(destination, true));
    try {
        String s = null;
        while((s = br.readLine()) != null){
            String[] strclass = s.split(",");
            Classes classes = new Classes();
            classes.setId(Integer.parseInt(strclass[0]));
            classes.setNum(strclass[1]);
            classes.setName(strclass[2]);
            classes.setTeacher(strclass[3]);
            if(classes.getNum().equals(classnum)){
                continue;
            }
```

```java
            bw.write(classes.getId() + "," + classes.getNum() + "," + classes.getName() +
"," + classes.getTeacher());
            bw.newLine();
        }
        bw.close();
        br.close();
        source.delete();
        destination.renameTo(source);
    } catch (Exception e) {
        e.printStackTrace();
    }
    return true;
}
```

4. 修改 ClassDaoImpl 并使用字符流修改班级信息

```java
publicboolean update(Classes classes) throws IOException {
    File source = new File(System.getProperty("user.dir") + "/classnew.dat");
    File destination = new File(System.getProperty("user.dir") + "/classTmp.dat");
    BufferedReader br = new BufferedReader(new FileReader(source));
    BufferedWriter bw = new BufferedWriter(new FileWriter(destination,true));
    try {
        String s = null;
        while((s = br.readLine())!= null){
            String [] strclass = s.split(",");
            Classes classes1 = new Classes();
            classes1.setId(Integer.parseInt(strclass[0]));
            classes1.setNum(strclass[1]);
            classes1.setName(strclass[2]);
            classes1.setTeacher(strclass[3]);
            if(classes1.getNum().equals(classes.getNum())){
                classes1 = classes;
            }
            bw.write(classes1.getId() + "," + classes1.getNum() + "," + classes1.getName() +
"," + classes1.getTeacher());
            bw.newLine();
        }
        bw.close();
        br.close();
        source.delete();
        destination.renameTo(source);
    } catch (Exception e) {
        e.printStackTrace();
    }
    return true;
}
```

6.3.4 任务总结

字符流处理的单元为 2 个字节的 Unicode 字符,通常用于操作文本文件;字节流处理单元为1个字节,可用于其他类型的对象,包括二进制对象,如声音、图片、视频文件等。

字符流是以 Reader 与 Writer 两个类为基类的, Reader 和 Writer 都是抽象类,通常都是使用其子类进行程序设计。

FileReader 用于读取字符流; FileWriter 用于写入字符流。

BufferedReader 类与 BufferedWriter 类也称为缓冲字符流类, BufferedReader 类用于从字符输入流中读取文本, BufferedWriter 类将文本写入字符输出流。它们具有字符缓冲功能,从而实现字符、数组和行的高效读取。

InputStreamReader 类与 OutputStreamWriter 类可以完成字节流—字符流间的转换,也称为转换流类。

6.3.5 补充拓展

1. StringBuffer 与 StringBuilder

在字符流操作时我们常会用到 String 类,但 String 是不可改变的字符串,一旦定义就不再发生变化,而程序中可能经常要改变 String 的内容,就像我们在程序中通过 while 循环不停地在改变 String s 的值一样,系统需要不断地分配空间,改变引用的值,这会严重影响程序的性能。为了提高性能,Java 提供了 StringBuffer 与 StringBuilder 类。

缓冲字符串类 StringBuffer 与 String 类相似,它具有 String 类的很多功能,甚至更丰富。它们主要的区别是: StringBuffer 对象可以方便地在缓冲区内被修改,如增加、替换字符或子串; StringBuffer 对象可以根据需要自动增长存储空间,故特别适合于处理可变字符串。当完成了缓冲字符串数据操作后,可以通过调用其方法 StringBuffer.toString()或 String 类的构造方法,把它们有效地转换回标准字符串(String)格式。

StringBuffer 类的常用方法如表 6-12 所示。

表 6-12 StringBuffer 类的常用方法

方 法	说 明
append(String str)	将指定的字符串追加到此字符序列
capacity()	返回当前容量
delete(int start, int end)	移除此序列的子字符串中的字符
deleteCharAt(int index)	移除此序列指定位置的 char
insert(int offset, String str)	将字符串插入此字符序列中
reverse()	将此字符序列用其反转形式取代

StringBuilder 与 StringBuffer 类似,都是字符串缓冲区,但 StringBuilder 不是线程安全的类,如果只是在单线程中使用字符串缓冲区,那么 StringBuilder 的效率会更高一些。值得注意的是,StringBuilder 是在 JDK 1.5 版本中增加的。StringBuilder 的使用方法与 StringBuffer 基本一致。

StringBuffer 与 StringBuilder 的使用方法如下面的代码所示:

```
package com.jnvc.stuman.other;
publicclass StringBufferTest {
    public static long testBuffer(){
        long begin = System.currentTimeMillis();
```

```java
        StringBuffer s = new StringBuffer("hello");
        for(int i = 0;i < 80000;i++){
            s.append("java");
        }
        for(int i = 0;i < 80000;i++){
            s.insert(5, i);
        }
        for(int i = 80000;i > 0;i -- ){
            s.deleteCharAt(i);
        }
        System.out.println(s.length());
        s.reverse();
        long end = System.currentTimeMillis();
        return (end - begin)/1000;
    }
    public static long testBuilder(){
        long begin = System.currentTimeMillis();
        StringBuilder s = new StringBuilder("hello");
        for(int i = 0;i < 80000;i++){
            s.append("java");
        }
        for(int i = 0;i < 80000;i++){
            s.insert(5, i);
        }
        for(int i = 80000;i > 0;i -- ){
            s.deleteCharAt(i);
        }
        System.out.println(s.length());
        s.reverse();

        long end = System.currentTimeMillis();
        return (end - begin)/1000;
    }
    public static void main(String[] args) {
        System.out.println("StringBuffer 用时" + testBuffer() + "秒.");
        System.out.println("StringBuilder 用时" + testBuilder() + "秒.");

    }
}
```

2. Scanner

Scanner 是 JDK 1.5 新增的一个类，在 java.util 包中，一个可以使用正则表达式来分析基本类型和字符串的简单文本扫描器。使用此类可以方便地完成输入流的输入操作。

Scanner 可以通过构造方法与其他输入流连接，比如 System.in，就可以扫描键盘输入，使用起来很方便。另外，Scanner 提供了很多方法，方便数据的输入，比如 nextByte()、nextDouble()、nextFloat()、nextInt()、nextLine()、nextLong()、nextShort()。上述方法执行时都会造成堵塞，等待用户在命令行输入数据并回车确认。例如，用户在键盘中输入12.34，hasNextFloat()的值是 true，而 hasNextInt()的值是 false。NextLine()等待用户输入一个文本行并且按回车键，该方法得到一个 String 类型的数据。

Scaaner 的使用方法如下面的代码所示：

```java
package com.jnvc.stuman.other;
import java.util.Scanner;
public class ScannerTest {
    public static void main(String[] args) {
        Scanner s = new Scanner(System.in);
        System.out.println("请输入字符串：");
        while (true) {
            String line = s.nextLine();
            if (line.equals("exit")) break;
            System.out.println("您输入的是：" + line);
        }
    }
}
```

任务 4　CRUD——对象流

6.4.1　任务目标

- 理解对象序列化的意义。
- 掌握对象流的使用。

6.4.2　知识学习

1. 对象流概述

前面在进行班级信息的读写时，我们都需要将班级对象的相关信息进行区分，不同类型的数据通过不同的方法进行读写，使用起来比较麻烦。如果能够将整个对象直接写入流进行存储，需要时在直接从流当中读取出来，这样操作就很方便了，对象流正是为了实现这一目的存在的。

所谓对象流也就是将对象的内容进行流化。可以对流化后的对象进行读写操作，也可将流化后的对象传输于网络之间。

2. 序列化与反序列化

序列化是一种用来处理对象流的机制，Java 序列化技术可以将一个对象的状态写入一个 Byte 流里，并且可以从其他地方把该 Byte 流里的数据读出来，重新构造一个相同的对象。把 Java 对象转换为字节序列的过程称为对象的序列化。把字节序列恢复为 Java 对象的过程称为对象的反序列化。

这种机制允许将对象通过网络进行传播，并可以随时把对象持久化到数据库、文件等系统里。Java 的序列化机制是 RMI、EJB 等技术的技术基础。利用对象的序列化实现保存应用程序的当前工作状态，下次再启动的时候将自动地恢复到上次执行的状态。对象的序列化主要有两种用途：

（1）把对象的字节序列永久地保存到硬盘上，通常存放在一个文件中；

（2）在网络上传送对象的字节序列。

3. Serializable

类通过实现 java.io.Serializable 接口以启用其序列化功能。未实现此接口的类将无法使其任何状态序列化或反序列化。序列化接口没有方法或字段，仅用于标识可序列化的语义，也就是说 Serializable 是一个表示能力的接口，该接口中没有任何方法需要被覆盖。

对象序列化使用时需要注意以下几点：

（1）如果某个类能够被序列化，其子类也可以被序列化。如果该类有父类，则分两种情况来考虑，如果该父类已经实现了可序列化接口，则其父类的相应字段及属性的处理和该类相同；如果该类的父类没有实现可序列化接口，则该类的父类所有的字段属性将不会序列化。

（2）声明为 static 和 transient 类型的成员数据不能被序列化。因为 static 代表类的状态，transient 代表对象的临时数据。

（3）如果父类没有实现序列化接口，则其必须有默认的构造方法（即没有参数的构造方法）。否则编译的时候就会报错。在反序列化的时候，默认构造方法会被调用。但是若把父类标记为可以序列化，则在反序列化的时候，其默认构造方法不会被调用。这是为什么呢？这是因为 Java 对序列化的对象进行反序列化的时候，直接从流里获取其对象数据来生成一个对象实例，而不是通过其构造方法来完成。

4. ObjectInputStream 与 ObjectOutputStream

ObjectOutputStream 将 Java 对象的基本数据类型和图形写入 OutputStream 进行序列化。可以使用 ObjectInputStream 读取（重构）对象。通过在流中使用文件可以实现对象的持久存储。如果流是网络套接字流，则可以在另一台主机上或另一个进程中重构对象。

只能将支持 java.io.Serializable 接口的对象写入流中。每个 serializable 对象的类都被编码，编码内容包括类名和类签名、对象的字段值和数组值，以及从初始对象中引用的其他所有对象的闭合包。

writeObject 方法用于将对象写入流中。所有对象（包括 String 和数组）都可以通过 writeObject 写入。可将多个对象或基元写入流中。必须使用与写入对象时相同的类型和顺序从相应 ObjectInputStream 中读回对象。还可以使用 DataOutput 中的适当方法将基本数据类型写入流中。

对象序列化包括如下步骤：

（1）创建一个对象输出流，它可以包装一个其他类型的目标输出流，如文件输出流；

（2）通过对象输出流的 writeObject() 方法写对象。

对象序列化代码如下所示：

```
FileOutputStream fos = new FileOutputStream("t.tmp");
ObjectOutputStream oos = new ObjectOutputStream(fos);
oos.writeInt(12345);
oos.writeObject("Today");
oos.writeObject(new Date());
oos.close();
```

ObjectInputStream 对以前使用 ObjectOutputStream 写入的基本数据和对象进行反序列化。

readObject 方法用于从流读取对象。应该使用 Java 的安全强制转换来获取所需的类型。在 Java 中，字符串和数组都是对象，所以在序列化期间将其视为对象。读取时，需要将其强制转换为期望的类型。还可以使用 DataInput 上的适当方法从流读取基本数据类型。

默认情况下，对象的反序列化机制会将每个字段的内容恢复为写入时它所具有的值和类型。反序列化进程将忽略声明为瞬态或静态的字段。对其他对象的引用使得根据需要从流中读取这些对象。使用引用共享机制能够正确地恢复对象的图形。反序列化时始终分配新对象，这样可以避免现有对象被重写。

对象反序列化的步骤如下：
(1) 创建一个对象输入流，它可以包装一个其他类型的源输入流，如文件输入流；
(2) 通过对象输入流的 readObject() 方法读取对象。

对象反序列化代码如下所示：

```
FileInputStream fis = new FileInputStream("t.tmp");
ObjectInputStream ois = new ObjectInputStream(fis);
int i = ois.readInt();
String today = (String) ois.readObject();
Date date = (Date) ois.readObject();
ois.close();
```

ObjectOutputStream 和 ObjectInputStream 分别与 FileOutputStream 和 FileInputStream 一起使用时，可以为应用程序提供对对象图形的持久存储。ObjectInputStream 用于恢复那些以前序列化的对象。其他用途包括使用套接字流在主机之间传递对象，或者用于编组和解组远程通信系统中的实参和形参。

6.4.3 任务实施

1. 修改 ClassDaoImpl 并使用对象流保存班级信息

```
public class Classes implements Serializable{...}
class MyObjectOutputStream extends ObjectOutputStream {
    public MyObjectOutputStream() throws IOException {
            super();
    }
     public MyObjectOutputStream(OutputStream out) throws IOException {
      super(out);
    }
     @Override
    protected void writeStreamHeader() throws IOException {
        return;
    }
  }
public boolean add(Classes classes) throws IOException {
        String dir = System.getProperty("user.dir");
        File file = new File(dir + "/classinf.dat");
        FileOutputStream fos = new FileOutputStream(file, true);
        ObjectOutputStream oos = null;
        if(!file.exists()){
            try {
```

```java
                file.createNewFile();
                System.out.println("文件创建成功!");
            } catch (IOException e) {
                System.out.println("文件创建失败!");
                e.printStackTrace();
            }
        }
        //根据文件大小,决定是否写入文件头部
        if(file.length()<1){
            oos = new ObjectOutputStream(fos);
        }else{
            oos = new MyObjectOutputStream(fos);
        }
        oos.writeObject(classes);
        oos.close();
        return true;
    }
```

2. 修改 ClassDaoImpl 并使用对象流查找班级信息

```java
public List<Classes> search(String value, String... type) throws IOException {
    List<Classes> list = new ArrayList<Classes>();
    ObjectInputStream ois = new ObjectInputStream(new FileInputStream(System.getProperty("user.dir") + "/classinf.dat"));
    try {
        Classes classes = null;
        while((classes = (Classes)ois.readObject())!= null){
            if("id".equals(type[0])){              //按照 id 查找
                if(classes.getId() == Integer.parseInt(value)){
                    list.add(classes);
                    continue;
                }
            }else if("num".equals(type[0])){       //按照 num 查找
                if(classes.getNum().equals(value)){
                    list.add(classes);
                    continue;
                }
            }else if("name".equals(type[0])){      //按照 name 查找
                if(classes.getName().equals(value)){
                    list.add(classes);
                    continue;
                }
            }else{                                 //按照 teacher 查找
                if(classes.getTeacher().equals(value)){
                    list.add(classes);
                }
            }
        }
    } catch (Exception e) {
    }finally{
        ois.close();
```

```java
        }
        return list;
    }
public List<Classes> search() throws IOException {
        List<Classes> list = new ArrayList<Classes>();
        ObjectInputStream ois = new ObjectInputStream(new FileInputStream(System.getProperty
("user.dir") + "/classinf.dat"));
        try {
            Classes classes = null;
            while((classes = (Classes)ois.readObject())!= null){
                list.add(classes);
            }
        } catch (Exception e) {
        }finally{
            ois.close();
        }
        return list;
    }
```

3. 修改 ClassDaoImpl 并使用对象流删除班级信息

```java
public boolean delete(String classnum) throws IOException {
    File source = new File(System.getProperty("user.dir") + "/classinf.dat");
    File destination = new File(System.getProperty("user.dir") + "/classTmp.dat");
    ObjectInputStream ois = new ObjectInputStream(new FileInputStream(source));
    ObjectOutputStream oos = null;
    //根据文件大小,决定是否写入文件头部
    if(destination.length()<1){
        oos = new ObjectOutputStream(new FileOutputStream(destination,true));
    }else{
        oos = new MyObjectOutputStream(new FileOutputStream(destination,true));
     }
    try {
        Classes classes = null;
        while((classes = (Classes)ois.readObject())!= null){
            if(classes.getNum().equals(classnum)){
                    continue;
            }
            oos.writeObject(classes);
        }
    } catch (Exception e) {
    }finally{
        ois.close();
        oos.close();
        System.out.println(source.delete());
        destination.renameTo(source);
    }
    return true;
}
```

4. 修改 ClassDaoImpl 并使用对象流修改班级信息

```java
public boolean update(Classes classes) throws IOException {
```

```java
File source = new File(System.getProperty("user.dir") + "/classinf.dat");
File destination = new File(System.getProperty("user.dir") + "/classTmp.dat");
ObjectInputStream ois = new ObjectInputStream(new FileInputStream(source));
ObjectOutputStream oos = null;
//根据文件大小,决定是否写入文件头部
if(destination.length()<1){
    oos = new ObjectOutputStream(new FileOutputStream(destination,true));
}else{
    oos = new MyObjectOutputStream(new FileOutputStream(destination,true));
}
try {
    Classes classes1 = null;
    while((classes1 = (Classes)ois.readObject())!= null){
        if(classes1.getNum().equals(classes.getNum())){
            classes1 = classes;
        }
        oos.writeObject(classes1);
    }
} catch (Exception e) {
}finally{
    oos.close();
    ois.close();
    source.delete();
    destination.renameTo(source);
}
return true;
}
```

6.4.4 任务总结

所谓对象流也就是将对象的内容进行流化。序列化是一种用来处理对象流的机制,Java 序列化技术可以将一个对象的状态写入一个 Byte 流里,并且可以从其他地方把该 Byte 流里的数据读出来,重新构造一个相同的对象。把 Java 对象转换为字节序列的过程称为对象的序列化。把字节序列恢复为 Java 对象的过程称为对象的反序列化。

类通过实现 java.io.Serializable 接口以启用其序列化功能。如果某个类能够被序列化,其子类也可以被序列化。声明为 static 和 transient 类型的成员数据不能被序列化。

ObjectOutputStream 将 Java 对象的基本数据类型和图形写入 OutputStream 进行序列化。ObjectInputStream 对以前使用 ObjectOutputStream 写入的基本数据和对象进行反序列化。

对象序列化包括如下步骤:
(1) 创建一个对象输出流,它可以包装一个其他类型的目标输出流,如文件输出流;
(2) 通过对象输出流的 writeObject()方法写对象。

对象反序列化的步骤如下:
(1) 创建一个对象输入流,它可以包装一个其他类型的源输入流,如文件输入流;
(2) 通过对象输入流的 readObject()方法读取对象。

6.4.5 补充拓展

下面介绍浅克隆与深克隆。

克隆就是复制一个对象的复本。Java 中克隆包括浅克隆(Shadow Clone)与深克隆(Deep Clone)。

浅克隆：仅仅是对对象字段的逐字段拷贝；

深克隆：不仅拷贝对象的字段，而且还对对象通过字段关联的其他对象实施拷贝，即对于与当前对象关联的其他对象，深克隆要先创建这个其他对象再实施克隆、迭代。

一个对象中可能有基本数据类型，如:int,long,float 等，也同时含有非基本数据类型如(对象、数组、集合等)。对于基本数据类型而言，被克隆得到的对象基本类型的值修改，原对象的值不会发生改变。但如果要改变一个非基本类型的值时，原对象的值却改变了，比如一个数组，内存中只拷贝它的地址，而这个地址指向的具体对象并没有拷贝，当克隆时，两个地址指向了一个值，这样一旦这个值改变了，原来的值当然也变了，因为它们共用一个值；如果希望克隆对象的引用类型的值发生变化而源对象中的值不受其影响，仍保持原值，就必须使用深克隆。

克隆时通常要覆盖继承自 Object 类的 clone()方法，而继承时通常还要实现 Cloneable 接口，否则就会抛出异常。Cloneable 接口中没有任何方法需要覆盖。

直接覆盖 clone()方法，在其中调用 super.clone()就可以实现浅克隆。而要实现深克隆可以多种解决方法，比如可以依照对象的包含关系，对每一个被包含的对象进行克隆，也可以使用对象流将对象序列化后再写入字节流中，然后反序列化，还可以使用反射机制实现深克隆。

浅克隆与深克隆如下面的代码所示：

```java
package com.jnvc.stuman.other;
import java.io.ByteArrayInputStream;
import java.io.ByteArrayOutputStream;
import java.io.IOException;
import java.io.ObjectInputStream;
import java.io.ObjectOutputStream;
import java.io.Serializable;
class Order implements Cloneable,Serializable{        //订单
    private Good good = null;                         //商品
    private int count;                                //数量
    public Good getGood() {
        return good;
    }
    public void setGood(Good good) {
        this.good = good;
    }
    public int getCount() {
        return count;
    }
    public void setCount(int count) {
        this.count = count;
    }
    public Object clone() throws CloneNotSupportedException{
```

```java
        //方法1：单独克隆每一个引用属性
        /* Order o = (Order) super.clone();
        o.good = (Good) good.clone();
        return o; */
        return super.clone();
    }
    //方法2：使用序列化重写对象
    public Object deepClone(Object src){
        Object o = null;
        try
        {
            if (src != null)
            {
                ByteArrayOutputStream baos = new ByteArrayOutputStream();
                ObjectOutputStream oos = new ObjectOutputStream(baos);
                oos.writeObject(src);
                oos.close();
                ByteArrayInputStream bais = new ByteArrayInputStream(baos
                        .toByteArray());
                ObjectInputStream ois = new ObjectInputStream(bais);
                o = ois.readObject();
                ois.close();
            }
        } catch (IOException e)
        {
            e.printStackTrace();
        } catch (ClassNotFoundException e)
        {
            e.printStackTrace();
        }
        return o;
    }
}
class Good implements Serializable,Cloneable{    //商品使用方法2时无须实现cloneable
    private String name;                          //商品名称

    public String getName() {
        return name;
    }
    public void setName(String name) {
        this.name = name;
    }
/*  public Object clone() throws CloneNotSupportedException{
        return super.clone();
    } */
}
class Customer{
    private Order order;
    public Order getOrder() {
        return order;
    }
    public void setOrder(Order order) {
```

```java
            this.order = order;
        }
    }
    public class CloneTest{
        public static void main(String[] args) throws CloneNotSupportedException {
            Customer c1 = new Customer();                    //顾客 1
            Order order1 = new Order();                      //订单 1
            Good good = new Good();                          //商品 1
            good.setName("汉堡");
            order1.setGood(good);                            //订单 1 的内容
            order1.setCount(3);
            c1.setOrder(order1);                             //顾客 1 的订单
            System.out.println("顾客 1 订单的商品: " + c1.getOrder().getGood().getName() + "\t"
            + c1.getOrder().getCount() + "份");
            Customer c2 = new Customer();
            //顾客 2 与顾客 1 订单一样
            //Order order2 = (Order) order1.clone();         //浅克隆
            Order order2 = (Order) order1.deepClone(order1); //深克隆
            c2.setOrder(order2);
            System.out.println("顾客 2 订单的商品: " + c2.getOrder().getGood().getName() + "\t"
            + c2.getOrder().getCount() + "份");
            c2.getOrder().getGood().setName("鸡翅");          //顾客 2 修改订单中的商品名称
            c2.getOrder().setCount(5);
            System.out.println("顾客 1 订单的商品: " + c1.getOrder().getGood().getName() + "\t"
            + c1.getOrder().getCount() + "份");
            System.out.println("顾客 2 订单的商品: " + c2.getOrder().getGood().getName() + "\t"
            + c2.getOrder().getCount() + "份");
        }
    }
```

关于克隆的总结如下。

(1) 无论是深克隆还是浅克隆都是克隆,既然是克隆,就必然会产生一个全新的对象,这个全新的对象和原对象是否保持一致性的深浅取决于克隆的深度。但需要始终明确的一点是克隆的对象与原对象没有任何关系,它在堆中是一个独立的实体,占据独立的内存地址,与原对象没有任何引用与指向关系。这个新生的对象是在源对象被克隆时由 JVM 运行时环境在调用类加载器时通过反射创建出来的。

(2) 深克隆与浅克隆的区别：深克隆的过程是通过序列化来完成的,而序列化的过程可以将对象及所牵涉的所有引用链中的对象一起通过字节流的方式转移到特定的存储单元中(这个存储单元可以是内存也可以是硬盘,对于克隆通常是序列化至内存),再通过反序列化的过程读出这些序列化的字节流重构出对象,这样就完成了一个新对象的产生。而浅克隆不用序列化,这种克隆方式仅仅只是将指定的当前对象复制出来一个,这种复制过程不包括原对象引用的各个对象。

(3) 克隆出的对象与原对象具有相同的属性及方法,但克隆的对象与原对象是属于两个不同的独立对象,因此两者占据内存中不同的空间地址。这就好比孪生兄弟,两个人长得极为相像,但他们毕竟还是属于两个人,可以住在不同的场所中。

项目 7 对象持久化——数据库

项目名称
对象持久化——数据库

项目编号
Java_Stu_007

项目目标
能力目标：使用数据库进行对象持久化的能力。
素质目标：数据库设计建模的素质。

重点难点：
(1) MySQL 的使用。
(2) JDBC 技术的使用。

知识提要
MySQL、JDBC、Class、DriverManager、Connection、Statement、PraparedStatement、ResultSet、Propeties、资源文件

项目分析
通过文件进行对象持久化是很烦琐的事情，特别是查询与修改时，对数据的操作很不方便。对象持久化通常采用的方式是关系对象映射（ORM，Object-Relation Mapping），即采用关系型数据库存储对象的数据信息。

本项目首先说明了关系数据库的基本概念，介绍了 MySQL 数据库的常见操作，然后详细说明了 JDBC 实现 ORM 的思路。

任务 1 MySQL 关系数据库

7.1.1 任务目标

- 理解关系数据库的基本概念。
- 掌握常用 SQL 语句的使用。
- 掌握 MySQL 的常用操作。

7.1.2 知识学习

1. 关系型数据库

客观存在并且可以相互区别的事物称为实体。描述实体的特性称为实体的属性。属性值的集合表示一个实体，而属性的集合表示一种实体的类型，称为实体型。同类型的实体的集合称为实体集。

实体间存在以下几种联系。

一对一联系：表现为主表的每一条记录只与相关表中的一条记录相关联。例如：人事部门的人员表与劳资部门的工资表中的人员的记录为一对一的关系。

一对多联系：表现为主表中的每一条记录与相关表中的多条记录相关联。例如：学校的系别表中的系别，学生表中的学生是一对多的关系，一个系中有多个学生，一个学生只能在一个系就读。

多对多联系：表现为一个表中的多个记录在相关表中同样有多个记录与其匹配。例如：学生表和课程表的关系，是多对多的关系，一个学生可以选修多门课程，一门课程可以供多个学生选修。

数据库(DataBase, DB)是存储在计算机存储设备上的、结构化的相关数据集合，它描述数据本身以及数据之间的相互联系。

关系型数据库模型使用二维表结构来表示数据以及数据之间的联系。在关系模型中，操作的对象和结果都是二维表，这种二维表就是关系。二维表由行和列组成，表与表之间的联系通过数据之间的公共属性实现。关系型数据库包含一个或多个数据表文件，每个数据表由若干条记录组成，一条记录存储一个实体的信息，每条记录由若干个字段组成，字段存储实体属性的值，每个字段有自己的属性，如类型、长度、约束等。

2. 数据库管理系统

为了让多种应用程序并发地使用数据库中具有最小冗余度的共享数据，必须使数据与程序具有较高的独立性。这需要一个软件系统对数据实行专门管理，提供完整性和安全性等统一控制机制，方便用户对数据库进行操作。

数据库管理系统(Database Management System, DBMS)可以对数据库的建立、使用和维护进行管理。

数据库系统的特点是实现数据共享，减少数据冗余，采用特定的数据模型，具有较高的数据独立性，有统一的数据控制功能。

关系型数据库管理系统(Relation Database Management System, RDBMS)指的是关系型数据库管理系统，是 SQL 的基础，同样也是所有现代数据库系统的基础，RDBMS 中的数据存储在被称为表(tables)的数据库对象中。表是相关的数据项的集合，它由列和行组成。常见的关系数据库管理系统如：Oracle、IBM DB2、MySQL、MS SQLServer、MS Access 等。

3. 结构化查询语言(SQL)

结构化查询语言(SQL)是访问数据库的标准语言。使用 SQL 语言，可以完成复杂的数据库操作，而不用考虑物理数据库的底层操作细节，同时，SQL 语言也是一个非常优化的语言，它用专门的数据库技术和数学算法来提高对数据库访问的速度，因此，使用 SQL 语言比自己编写过程来访问数据库要快得多。

目前，流行的数据库管理系统都支持并使用美国国家标准局制定的标准 SQL 语言(ANSI SQL)。SQL 语言按语句的基本功能可分为：数据定义语言(Data Definition Language, DDL)、数据库操作语言(Data Manipulation Language, DML)、数据查询语言(Data Query

Language,DQL)。

4. DDL

数据定义语言提供一系列的命令用以创建数据库对象,如创建、删除表、建立字段及其属性、为表增加索引、创建表与表之间的连接关系等。

基本表的创建可用 CREATE 语句来实现,其语法如下:

```
CREATE TABLE 表名(字段名1 类型,字段名2  类型…)
```

创建"班级表"的具体代码如下:

```
CREATE TABLE 'classes' (
   'num' varchar(12) NOT NULL,
   'name' varchar(45) NOT NULL,
   'teacher' varchar(15) NOT NULL,
   'id' int(10) unsigned NOT NULL AUTO_INCREMENT,
   PRIMARY KEY ('id'),
   UNIQUE KEY 'uni_num' ('num'),
   UNIQUE KEY 'uni_name' ('name')
)
```

删除表可使用 DROP 语句,其语法如下:

```
DROP   TABLE   表名
```

例如,删除班级表使用如下语句:

```
DROP TABLE 'classes';
```

修改表一般是指对字段的添加、删除、修改操作,修改表可以使用 ALTER 语句。
添加字段的语法如下:

```
ALTER   TABLE   表名   ADD   COLUMN 字段名1 类型(长度),字段名2   类型(长度)…
```

删除字段的语法如下:

```
ALTER   TABLE 表名 DROPD   COLUMN 字段名
```

修改字段的语法如下:

```
ALTER   TABLE 表名 ALTER   (字段名1 类型,字段名2   类型…)
```

5. DML

DML 主要用于操作数据库的记录,如添加、删除、修改等,分别使用 INSERT、DELETE、UPDATE 语句实现。

SQL 语言用 INSERT 语句向表中添加记录。其语法如下:

```
INSERT INTO 表名字(字段1,字段2,…) VALUES(数据1,数据2,…)
```

若在添加记录时,对记录的所有字段都依次赋值,则可省略表名后的字段名,其语法则变为:

INSERT INTO 表名字 VALUES(数据 1,数据 2,…)

如添加班级信息的 SQL 语句如下所示:

INSERT INTO Classes(NUM,NAME,TEACHER) VALUES('20110101','11 软件 1 班','王老师')

删除记录使用 DELETE 语句,其语法如下:

DELETE FROM 表名 WHERE 条件

如删除班级信息的 SQL 语句如下所示:

DELETE FROM Classes WHERE NAME = '11 软件 1 班'

修改记录使用 UPDATE 语句,其语法如下:

UPDATE 表名称 SET 字段 1 = 数据 1,字段 2 = 数据 2,… WHERE 条件

如修改班级信息的 SQL 语句如下所示:

UPDATE Classes SET Num = '20110102',NAME = '11 软件 2 班' WHERE ID = 1

6. DQL

DQL 语句常用于检索查询(Retrieve),使用 SELECT 语句实现。SELECT 查询语句的语法形式如下:

SELECT 字段 1,字段 2,字段 3,…
FORM 子句
[WHERE 子句]
[GROUP BY 子句]
[ORDER BY 子句]

在 SELECT 关键字之后指定字段名称作为查询对象。若查询多个字段,则各字段间用逗号隔开,形成字段列表;若查询整个数据表的所有字段,则可以使用通配符"*"替代字段名称。WHERE 子句指定查询条件,查询条件是值为 True 或 False 的任何逻辑运算,表示将所有符合条件的记录查询出来。GROUP BY 子句用于将记录进行分类统计。ORDER BY 子句用于对查询结果进行排序,递增排列使用 ASC,递减顺序使用 DESC。

查询所有班级信息使用如下 SQL 语句:

SELECT ID,NUM,NAME,TEACHE FORM Classes

或者

SELECT * FORM Classes

查询所有班主任为王老师的班级信息,使用如下 SQL:

SELECT * FORM Classes WHERE TEACHER = '王老师'

7. MySQL

MySQL 是一个开放源码的小型关系数据库管理系统,开发者为瑞典 MySQL AB 公司,2009 年 4 月被甲骨文(Oracle)收购,成为 Oracle 旗下产品。MySQL 被广泛地应用在 Internet 上的中小型网站中。由于其体积小、速度快、总体成本低,尤其是开放源码这一特

点,使许多中小型网站为了降低网站总体成本而选择了MySQL作为网站数据库。

7.1.3 任务实施

1. 下载、安装 MySQL

MySQL 的主要版本如表 7-1 所示。

表 7-1 MySQL 主要版本

版 本	说 明
MySQL Community Server	社区版本,免费,但是 MySQL 不提供官方技术支持
MySQL Enterprise Edition	企业版,功能强大,该版本是收费版本,可以试用 30 天
MySQL Cluster	分布式的多主机架构,免费版本
MySQL Cluster CGE	收费版本

截至 2013 年 10 月,MySQL 的最新版本为 5.6.14,下载地址为:http://dev.mysql.com/downloads/windows/installer。

我们以 MySQL Enterprise Edition 5.5 为例,说明 MySQL 的安装与配置过程。安装 MySQL 一般不用特殊的设置,按照提示进入下一步即可,但安装完成后配置时需要注意几个细节。

开始安装的界面如图 7-1 所示。

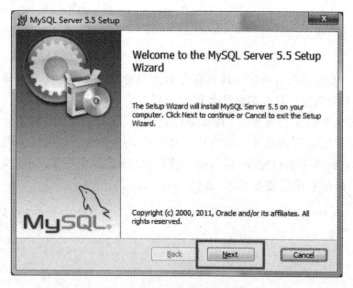

图 7-1 开始安装

选择同意协议,如图 7-2 所示。

选择安装类型,包括典型安装(Typical)、自定义安装(Custom)、完全安装(Complete)三种,如图 7-3 所示。

选择安装组件与安装位置,如图 7-4 所示。

项目 7 对象持久化——数据库

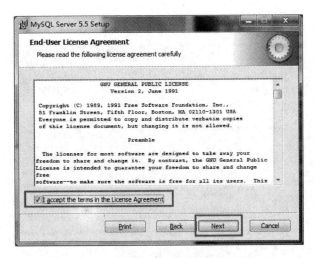

图 7-2 同意协议

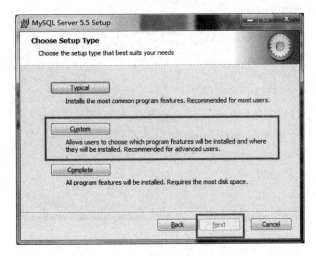

图 7-3 选择安装类型

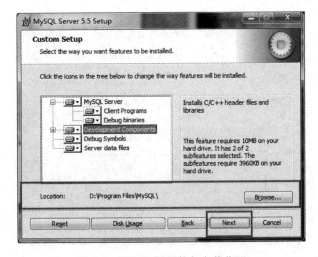

图 7-4 选择安装组件与安装位置

153

确认安装，如图 7-5 所示。

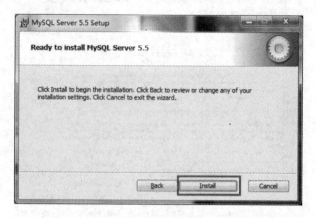

图 7-5　确认安装

安装过程如图 7-6 所示。

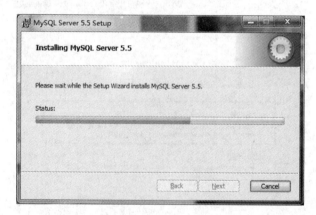

图 7-6　安装过程

企业版数据库说明如图 7-7 所示。

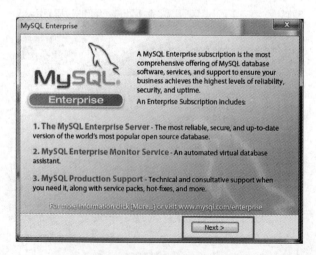

图 7-7　企业版数据库说明

安装完成,选择 Launch the MySQL Instance Configuration Wizard 选项,启动 MySQL 的配置,这也是最关键的地方,单击 Finish 按钮,如图 7-8 所示,进入到配置界面。

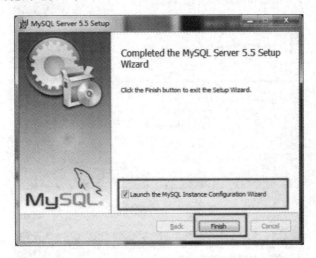

图 7-8　安装完成

启动配置窗口,如图 7-9 所示。

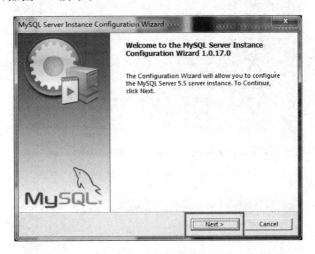

图 7-9　配置窗口

选择配置类型,配置类型包括 Detailed Configuration(手动精确配置)、Standard Configuration(标准配置),我们选择 Detailed Configuration,单击 Next 按钮继续,如图 7-10 所示。

选择服务器的类型,包括 Developer Machine(开发服务器)、Server Machine(数据库服务器)、Dedicated MySQL Server Machine(专用数据库服务器),我们选择 Developer Machine,如图 7-11 所示。

选择 MySQL 数据库的用途,包括 Multifunctional Database(通用多功能型)、Transactional Database Only(服务器类型)、Non-Transactional Database Only(非事务处理型),我们选择 Multifunctional Database(通用多功能型),如图 7-12 所示。

155

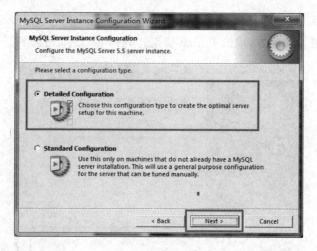

图 7-10　选择配置类型

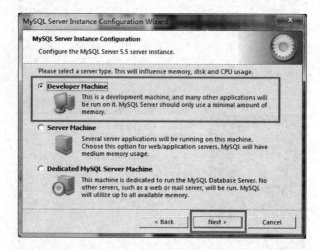

图 7-11　选择服务器类型

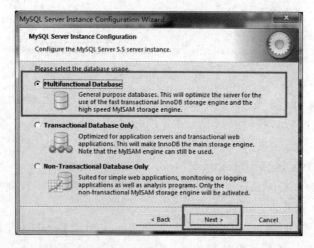

图 7-12　选择 MySQL 数据库用途

选择数据文件存放位置,如图 7-13 所示。

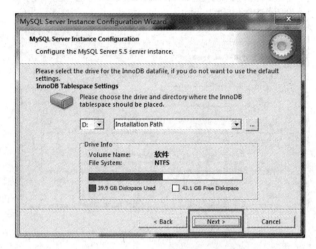

图 7-13　选择数据文件存放位置

选择 MySQL 的同时连接的数目,包括 Decision Support(DSS)/OLAP(20 个左右)、Online Transaction Processing(OLTP)(500 个左右)、Manual Setting(手动设置,设置为 15 个),如图 7-14 所示。

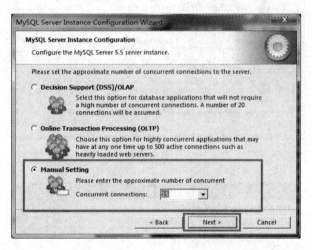

图 7-14　选择 MySQL 数据库同时连接数目

设定端口,默认的端口是 3306,通常不用改变,写 Java 代码时需要用到这一端口。也可以选择 Enable Strict Mode,启用严格的 SQL 检查,如图 7-15 所示。

设置 MySQL 使用的字符集,也就是编码格式,为使用中文,我们将其设置为 UTF8 或者 GBK,如图 7-16 所示。

配置 Windows 服务,可以指定服务名称以及是否随 Windows 启动而启动,也可以将 MySQL 加入环境变量,以方便 MySQL 命令行的使用,如图 7-17 所示。

配置 root 用户及密码。root 用户是 MySQL 的超级管理员用户,为了安全,通常为其设置上密码,在使用时新建一个基本的 user 用户以确保数据库的安全,如图 7-18 所示。

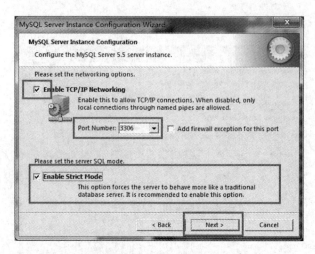

图 7-15　设定端口

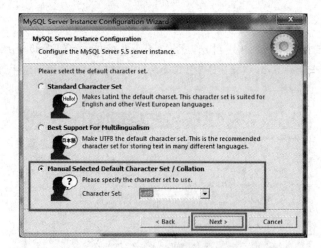

图 7-16　设置编码格式

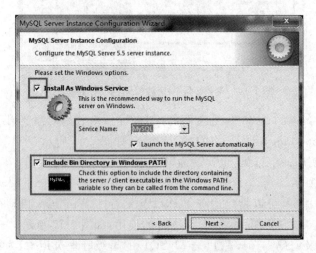

图 7-17　配置 Windows 服务

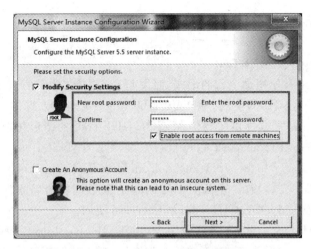

图 7-18　配置 root 用户及密码

应用以上配置，如图 7-19 所示。

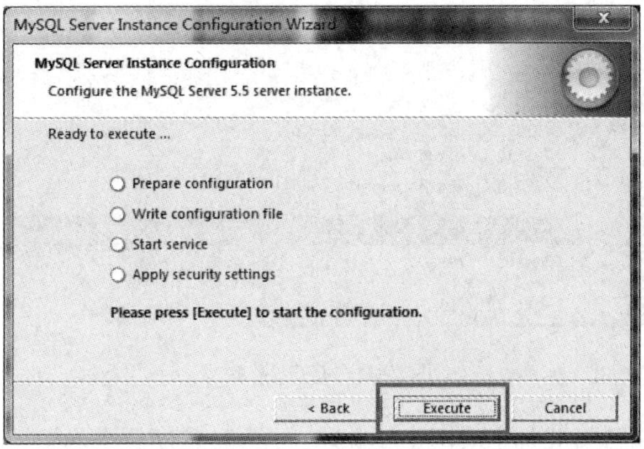

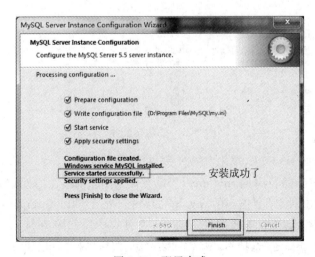

图 7-19　应用以上配置

配置完成后如图 7-20 所示。

图 7-20　配置完成

另外,MySQL 有免安装版,官网下载压缩文件,解压缩后即可使用,只是配置起来稍微复杂一点。

2. 下载、安装 MySQL GUI Tool

MySQL 的管理通常使用命令行的形式,使用起来不方便,为此官方提供了相关的图形化管理工具以方便 MySQL 的使用,MySQL GUI Tool 就是官方提供的图形化工具之一(MySQL Workbench 是官方提供的替代 MySQL GUI Tool 的图形化工具,但在 Windows 上运行时需要安装.Net FrameWork 4,可自行安装测试),MySQL GUI Tool 的最终版本 5.0 版的官网下载地址为:http://dev.mysql.com/downloads/gui-tools/5.0.html,同样分为安装版与免安装版。安装板的 MySql GUI Tool 在安装时没有特别注意的内容,一步步安装即可;免安装版的 MySQL GUI Tool 解压后即可使用。

对于安装版的 MySQL,通常不需要使用 MySQL GUI Tool 进行下面的服务配置,可直接略过此部分内容,进入"增强 MySQL 安全性"这一步骤;对于免安装版的 MySQL 则需要配置服务,以启动 MySQL 服务器,配置的过程如下。

首先找到文件夹中的 MySQLSystemTrayMonitor.exe 文件,以管理员身份运行,可以看到系统托盘中的图标,右击,选择 Actions→Manage MySQL Instances 命令,如图 7-21 所示。

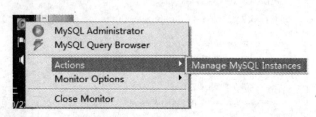

图 7-21 配置服务

在弹出的窗口的"已安装的服务"中右击并选择"安装新服务"命令,如图 7-22 所示。

图 7-22 安装新服务

输入服务名称,如 MySQL,单击"确定"按钮,如 7-23 所示。

复制 MySQL 安装路径中的 my-small.ini 文件为 my.ini,在"配置服务"窗口中,配置"配置文件"→"配置文件名"为正确的 my.ini 的路径,配置 path to binary 为正确的 mysqld 的路径(mysqld 位于 MySQL 安装路径下的 bin 文件夹中),如图 7-24 所示。

切换到"开始/停止服务"选项卡,单击"启动服务"按钮(启动后按钮变为"停止服务");如

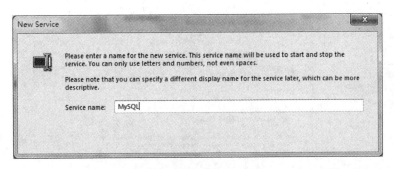

图 7-23 输入服务名称

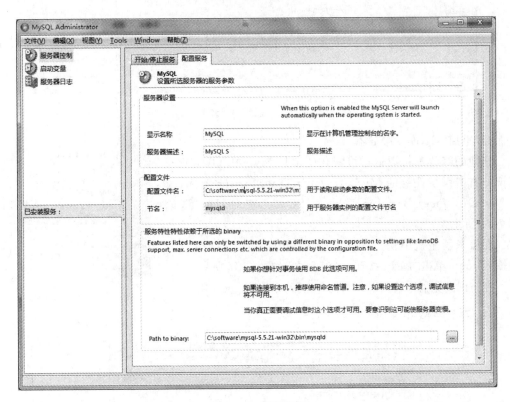

图 7-24 配置服务

果上述配置正确,服务器会正常启动;如果服务器没有启动,请检查上述过程,如图 7-25 所示。

3. 增强 MySQL 的安全性

MySQL 启动后还需要进行下面的操作,以增强 MySQL 的安全性,方便使用:一是修改编码字符集,以支持中文(安装版的 MySQL 不用进行此步骤,因在安装后已进行过服务器的配置);二是删除 guest 用户;三是为 root 用户添加密码;四是新建一个数据库用于将来保存对象数据;五是创建一个新用户以方便使用。

修改字符集通过修改配置文件实现。打开 MySQL 安装路径中的 my.ini 文件,配置编码字符集。字符集分为客户端字符集与服务器端字符集,分别配置于不同的节点中。在"[client]"节点中添加 default-character-set＝GBK,以更改客户端字符集为 GBK;在"[mysqld]"节点中添加 character_set_server＝GBK,以更改服务器端字符集为 GBK,更改

图 7-25 启动 MySQL

后保存,重启 MySQL 服务器。

其他的修改都可以通过可视化的工具 MySQL GUI Tool 实现。右击系统托盘的 MySQLSystemTrayMonitor 图标,选择 MySQL Query Browser,启动 MySQL 的查询浏览器,如图 7-26 所示。

在服务器主机中输入 localhost 或者 127.0.0.1,用户名中输入 root,单击"确定"按钮,进行登录,如图 7-27 所示。

在查询浏览器中输入以下语句并运行,以删除 guest 用户:

DELETE FROM mysql.user WHERE User = '';

图 7-26 启动 MySQL Query Browser

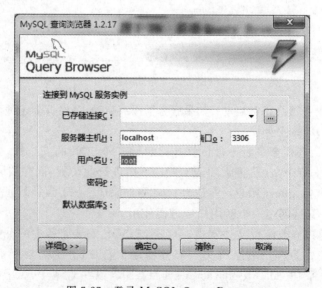

图 7-27 登录 MySQL Query Browser

输入以下语句为 root 用户添加密码，其中，newpwd 为要设置的密码：

SET PASSWORD FOR 'root'@'localhost' = PASSWORD('newpwd');

两句代码需要分别执行，如图 7-28 所示。

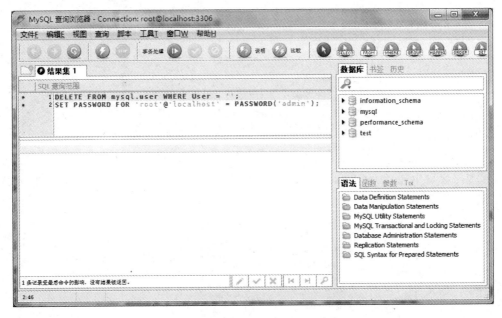

图 7-28　账户配置

在查询浏览器的"数据库"选项卡中右击并选择"创建新数据库"命令，如图 7-29 所示。

图 7-29　创建新数据库

在弹出的窗口中输入数据库的名称 stumanage，创建数据库。关闭 MySQL Query Browser，用同样的方式启动 MySQL Administrator，在"服务器主机"文本框中输入 localhost 或者 127.0.0.1，"用户名"文本框中输入 root，并且需要在"密码"文本框中输入刚才设置的密码（如果不需要输入密码就能进入 administrator，请重新执行设置密码语句，并重启 MySQL 服务器），单击"确定"按钮，如图 7-30 所示。

图 7-30　登录 MySQL Administrator

在弹出窗口中选择 User Adminstration,并在左下用户列表中右击并选择"增加新用户"命令,如图 7-31 所示。

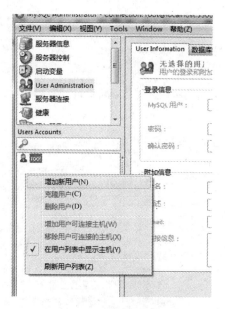

图 7-31　增加新用户

在右侧窗口的"MySQL 用户"文本框中输入用户名 jnvc;在"密码"和"确认密码"文本框中输入密码 computer,如图 7-32 所示。

选择"数据库特权"选项卡,选择 stumanage 数据库,从右侧"可用权限"中选择必要的权限并移动到"赋值权限"列表中,然后应用更改,如图 7-33 所示。再关闭 MySQL Administrator 窗口。

4. 创建 Student MIS 数据关系

下面我们来创建学生信息管理系统中所需要用到的表。启动 MySQL Query Browser,使用刚创建的 jnvc 用户登录,在"数据库"选项卡中选中数据库 stumanage,右击,选择"创建新表"命令,如图 7-34 所示。

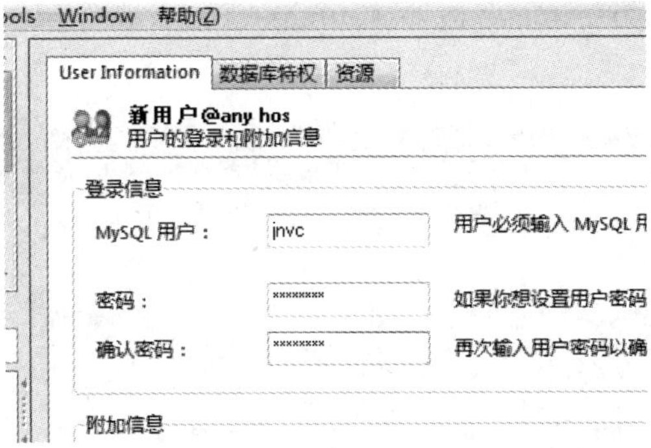

项目 7　对象持久化——数据库

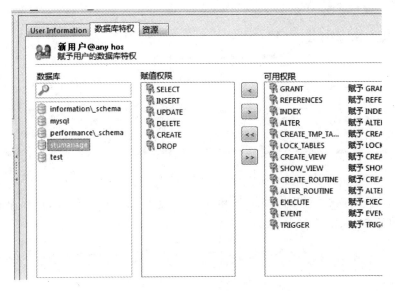

图 7-32　配置新用户

图 7-33　配置用户权限

图 7-34　创建新表

创建 user 表,创建时为 name 字段添加 unique 约束,确保用户名不能重复,如图 7-35 所示。

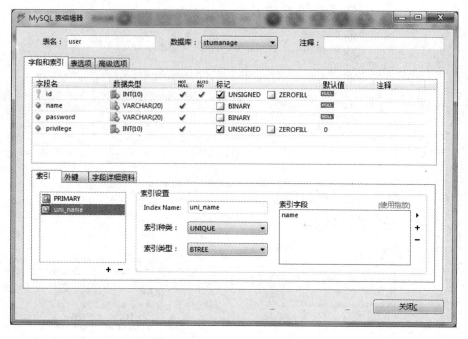

图 7-35　创建 user 表

创建班级表 classes,创建时为 name 和 num 字段添加 unique 约束,以确保班级名称与班级编号不可重复,如图 7-36 所示。

图 7-36　创建 classes 表

创建学生表 student，创建时为 phone 字段添加 unique 约束，确保电话不可重复。同时选择"外键"选项卡，为 student 表创建外键关联，保证 cid 字段引用 classes 表的 id 字段，如图 7-37 所示。

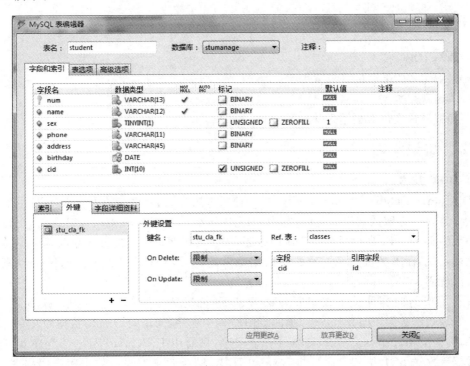

图 7-37　创建 student 表

7.1.4　任务总结

　　数据库是存储在计算机存储设备上的、结构化的相关数据集合，它描述数据本身以及数据之间的相互联系。

　　关系型数据库模型使用二维表结构来表示数据以及数据之间的联系。在关系模型中，操作的对象和结果都是二维表，这种二维表就是关系。二维表由行和列组成，表与表之间的联系通过数据之间的公共属性实现。关系型数据库包含一个或多个数据表文件，每个数据表由若干条记录组成，一条记录存储一个实体的信息，每条记录由若干个字段组成，字段存储实体属性的值，每个字段有自己的属性，如类型、长度、约束等。

　　数据库管理系统可以对数据库的建立、使用和维护进行管理。

　　关系型数据库管理系统指的是关系型数据库管理系统，是 SQL 的基础，同样也是所有现代数据库系统的基础。

　　结构化查询语言（SQL）是访问数据库的标准语言。

　　数据定义语言提供一系列的命令用以创建数据库对象，如创建、删除表、建立字段及其属性、为表增加索引、创建表与表之间的连接关系等。

　　DML 主要用于操作数据库的记录，如添加、删除、修改等，分别使用 INSERT、DELETE、UPDATE 语句实现。

　　DQL 语句常用于检索查询，使用 SELECT 语句实现。

任务 2 JDBC

7.2.1 任务目标

- 理解 JDBC 技术。
- 了解 JDBC 常用接口与常用类。
- 掌握获得数据库连接的方法。
- 理解属性文件对数据库移植的贡献。

7.2.2 知识学习

1. JDBC 技术

JDBC(Java Database Connectivity)是一种用于执行 SQL 语句的 JavaAPI,是用来提供 Java 程序连接与存取数据库的套件,它由一组用 Java 语言编写的类和接口组成,使编程人员能够用纯 Java API 来编写数据库应用程序,程序可以通过一致的方式存取各个不同的关系数据库系统,而不必再为每一种关系数据库系统(如 MySQL、Access、Oracle 等)编写不同的程序代码。

有了 JDBC,向各种关系数据库发送 SQL 语句就是一件很容易的事。换言之,有了 JDBC API,就不必为访问 Sybase 数据库专门写一个程序,为访问 Oracle 数据库又专门写一个程序,为访问 Informix 数据库又写另一个程序,只需用 JDBC API 写一个程序就可向相应的数据库发送 SQL 语句。而且将 Java 和 JDBC 结合起来编写的数据库应用程序,可在任何平台上运行。

2. JDBC 四种驱动

目前 JDBC 驱动程序可分为以下四种类型。

(1) JDBC-ODBC 桥。JDBC-ODBC 桥驱动程序将 JDBC 调用转换为 ODBC 的调用,利用 ODBC 驱动程序提供 JDBC 访问。图 7-38 表示了 JDBC-ODBC 桥驱动的基本运作方式。

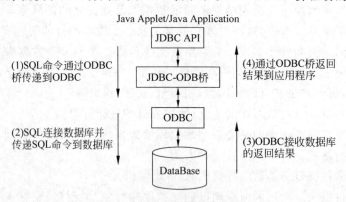

图 7-38 JDBC-ODBC 桥驱动

(2) 本地 API。它也是桥接器驱动程序之一,通过 JDBC-Native API 桥接器的转换,把客户机 API 上的 JDBC 调用转换为 Oracle、Sybase、Informix、DB2 或其他 DBMS 的调用,进而存取数据库。图 7-39 表示了本地 API 驱动的基本运作方式。

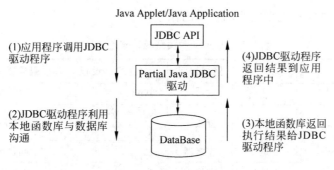

图 7-39　本地 API 驱动

（3）JDBC 网络中应用纯 Java 驱动。这种驱动程序将 JDBC 转换为与 DBMS 无关的网络协议,之后,这种协议又被某个服务器转换为一种 DBMS 协议。这种类型的驱动程序最大的好处就是省去了在使用者计算机上安装任何驱动程序的麻烦,只需在服务器端安装好 middleware,而 middleware 会负责所有存取数据库的必要转换。图 7-40 表示了 JDBC 网络驱动的基本运作方式。

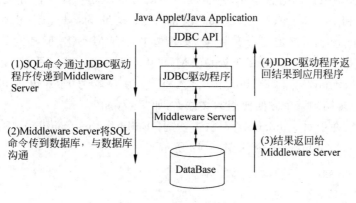

图 7-40　Java 网络驱动

（4）本地协议中应用纯 Java 驱动。这种类型的驱动程序是最成熟的 JDBC 驱动程序,不但无须在使用者计算机上安装任何额外的驱动程序,而且也不需要在服务器端安装任何中间件程序,所有存取数据库的操作,都直接由驱动程序来完成。它会将 JDBC 调用直接转换为具体数据库服务器可以接收的网络协议,允许从客户机机器上直接调用 DBMS 服务器。图 7-41 表示了纯本地 Java 驱动程序的基本运作方式。

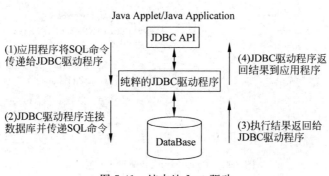

图 7-41　纯本地 Java 驱动

表 7-2 显示了这 4 种类型的驱动程序的比较。

表 7-2　JDBC 4 种类型驱动程序的比较

驱动程序种类	纯 Java	网络协议	客户端设置	服务器端设置	效能
JDBC-OCBC 桥	非	直接	ODBC	无	较差
本地 API	非	直接	设置数据库连接函数库	无	优
JDBC 网络纯 Java 驱动	是	连接器	无	中间件服务器	较差
本地协议纯 Java 驱动	是	直接	无	无	优

学生信息管理系统采用第四种纯 Java 驱动的形式进行数据库的连接。

3. 添加 MySQL 驱动 jar 包

数据库提供商通常通过 jar 包的形式提供纯 Java 的 JDBC 驱动，jar 包就是 Java 类的归档文件，通常是将完成一定功能的相关的多个类压缩到一个文件中，以方便使用。数据库的驱动 jar 包一定要与数据库的版本相对应，版本不对应的驱动可能无法完成数据库的驱动或带来程序的错误。MySQL 驱动 jar 包的下载地址为：http://dev.mysql.com/downloads/connector/j/，这是一个安装包，安装包中含有 MySQL 驱动的 jar 包、源码、文档，默认安装于"C:\Program Files\MySQL\MySQL Connector J"目录中，我们只需要其中的"mysql-connector-java-×××-bin.jar"（×××为版本号）jar 包即可。将"mysql-connector" jar 包复制到某个方便使用的文件夹，如"C:/test"。

启动 Eclipse，在项目 stumanage 上右击，选择 Build Path→Configure Build Path 命令或者 Add External Archives 命令，如图 7-42 所示。

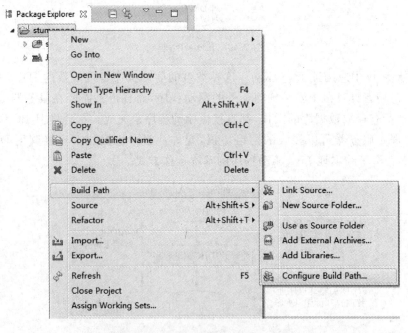

图 7-42　添加 MySQL 驱动 jar 包

选择 Libraries 选项卡，选择 Add External JARs（如果上一步选择 Add External Archives，则略过此步骤），在打开的对话框中找到驱动 jar 包所在位置，单击"打开"按钮关闭对话框，再单击 OK 按钮，驱动 jar 包被添加进程序的类路径中，如图 7-43 所示。

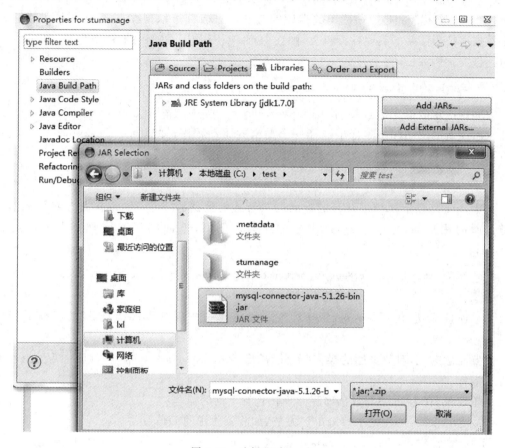

图 7-43 选择驱动 jar 包

将驱动 jar 包添加入类路径中后，就可以进行程序设计的代码编写了。

4. 连接数据库

JDBC API 包含两个部分，在编写数据库应用程序时，首先要把相关的 API 包引入到程序中：

（1）有关客户端连接数据库及访问数据库功能，在 java.sql 包中。

（2）有关服务器端增加的服务器功能，在 javax.sql 包中。

要想连接数据库，必须首先加载对应数据库的驱动程序 Driver。在程序中使用 Class 类的 forName()方法完成。要加载 MySQL 驱动程序，使用以下语句：

```
Class.forName("com.mysql.jdbc.Driver ");
```

成功加载了驱动程序后，Class.forName()会向 DriverManager 类注册自己。接下来的工作是使用 DriverManager 类建立与数据库的连接。JDBC URL 提供了一种标识数据库的方法，可以使相应的驱动程序能识别数据库并与之建立连接。JDBC URL 的标准语法如下所示，由三部分组成，各部分之间用冒号分隔。

jdbc:<子协议>:<子名称>

(1) jdbc：JDBC URL 中的协议是 jdbc。

(2) <子协议>：驱动程序名或数据库连接机制的名称。例如，jdbc:mysql。

(3) <子名称>：是一种标识数据库的方法。子名称可以根据不同的子协议而变化。如果数据库位于网络的其他计算机上，则在 JDBC URL 中可将网络地址作为子名称的一部分包括进去。例如：

jdbc:mysql://localhost:3306/stumanage

建立到给定数据库的连接，使用 DriverManager 类中的静态方法 getConnection()，该方法从已注册的驱动程序集合中选择一个适当的驱动程序，并返回一个 Connection 对象。该方法的原型是：

public static Connection getConnection(String url,String user,String password) throws SQLException

其中，url 为符合 JDBC URL 的标准语法形式的数据源路径名；user 是与数据源对应的数据库的用户名；password 是用户的密码。例如，下面的语句就建立了与数据库 stumanage 的连接：

Connection stucon = DriverManager.getConnection("jdbc:mysql://localhost:3306/stumanage","jnvc","computer");

如果连接成功，使用 Connection 对象 stucon 就可以对数据库执行 SQL 语句并返回结果。

需要注意的是，对数据库的操作都可能抛出 SQLException 异常，在程序中需要捕获并处理该异常。

简单地说，在 Java 中与数据库建立连接包括下面的流程：

(1) 使用 Class 类中的 forName() 方法，加载要使用的 Driver。

(2) 加载成功后，通过 DriverManager 类的 getConnection() 方法与数据库连接。

(3) getConnection() 方法会返回一个 Connection 对象，通过这个对象操作数据库。

下列代码段给出了连接数据库的常用方法。

```java
Public Connectton getConn() {
Connection con = null;
    try{
        String driver = " com.mysql.jdbc.Driver ";                //指定驱动程序
        String url = " jdbc:mysql://localhost:3306/stumanage ";   //指定 JDBC Url
        String user = " jnvc ";                                   //指定用户名
        String password = " computer ";                           //指定密码
        Class.forName(driver);
        con = DriverManager.getConnection(driver,url,user,password);
     }catch(Exception e){
         e.printStackTrace();
     }
    return con;
}
```

5. 属性文件

JDBC 技术使得 Java 代码可以脱离数据库而独立编写，但如果将连接数据库的代码以硬编码的形式写入代码中,在数据库迁移时不得不进行重新编码,这会给程序的维护带来麻烦。通常我们可以将数据库连接所需要的配置写入配置文件中,可以是属性文件,也可以是 XML 文件。相比较而言,写入属性文件更简单。

属性文件就是存储"key=value"这种属性键值对的文件,通常以"×××.properties"来命名。比如我们可以将存储数据库连接属性的属性文件命名为"db.properties"。

java.util 包下面有一个类 Properties,该类主要用于读取项目的配置文件。Properties 类表示了一个持久的属性集。Properties 可保存在流中或从流中加载。属性列表中每个键及其对应值都是一个字符串。Properties 类中最主要的方法是 load()与 getPropety()。

```
public void load(InputStream inStream)  throws IOException
public String getProperty(String key)
```

load()方法用于从输入流中读取属性列表(键和元素对)。getPropety()方法用于读取属性。如果在此文件中未找到该键,则接着递归检查默认属性列表及其默认值。如果未找到属性,则此方法返回 null。

7.2.3 任务实施

1. 创建"db.properties"属性文件并存储数据库连接属性

在 src 包中新建 res 文件夹,以存放资源文件,在 res 文件夹中新建"db.propreties"属性文件,文件内容如下所示:

```
driver=com.mysql.jdbc.Driver
url=jdbc:mysql://localhost:3306/stumanage
user=jnvc
password=computer
```

2. 创建数据库连接类并实现与 stumanage 数据库的连接

```
package jnvc.computer.stuman.db;
import java.io.IOException;
import java.sql.Connection;
import java.sql.DriverManager;
import java.sql.SQLException;
import java.util.Properties;
public class DBCon {
private String driver;
private String url;
private String user;
private String password;
private static Connection cn;
//获得连接
public Connection getConnection() throws IOException, InstantiationException, IllegalAccessException, ClassNotFoundException, SQLException{
        Properties property = new Properties();
        property.load(this.getClass().getClassLoader().getResourceAsStream("res/db.properties"));
        driver = property.getProperty("driver");
        url = property.getProperty("url");
        user = property.getProperty("user");
```

```java
            password = property.getProperty("password");
            Class.forName(driver).newInstance();
            cn = DriverManager.getConnection(url,user,password);
            return cn;
    }
    //关闭连接
    public void close(){
        if(cn!= null){
            try {
                cn.close();
            } catch (SQLException e) {
                e.printStackTrace();
            }
            cn = null;
        }
    }
}
```

7.2.4　任务总结

JDBC(Java Database Connectivity)是一种用于执行 SQL 语句的 Java API,是用来提供 Java 程序连接与存取数据库的套件,它由一组用 Java 语言编写的类和接口组成,使编程人员能够用纯 Java API 来编写数据库应用程序,程序可以通过一致的方式存取各个不同的关系数据库系统,而不必再为每一种关系数据库系统(如 MySQL、Access、Oracle 等)编写不同的程序代码。

JDBC 驱动程序可分为四种类型,第四种纯 Java 驱动的形式最常用。

编写数据库程序需要将驱动 jar 包添加到类路径中,在 Java 中与数据库建立连接包括下面的流程:

(1) 使用 Class 类中的 forName()方法,加载要使用的驱动程序。

(2) 加载成功后,通过 DriverManager 类的 getConnection()方法与数据库连接。

(3) getConnection()方法会返回一个 Connection 对象,通过这个对象操作数据库。

属性文件就是存储"key=value"这种属性键值对的文件,通常以"×××.properties"来命名。通过属性文件,可以使得数据库迁移时不用修改 Java 源代码。

7.2.5　补充拓展

在加载数据库驱动时我们使用了 Class(类),Class(类)的实例表示正在运行的 Java 应用程序中的类和接口,换言之,就是 Java 中的引用甚至于基本数据类型、void 都是 Class(类)的对象,通过 Class(类)我们可以得到类的很多信息,Class(类)构成了反射的基础。

反射(Reflection)是 Java 程序开发语言的特征之一,它允许运行中的 Java 程序对自身进行检查,或者说"自审",并能直接操作程序的内部属性。例如,使用它能获得 Java 类中各成员的名称并显示出来。反射是很多 Java 框架的基础。

JavaBean 是 reflection 的实际应用之一,它能让一些工具可视化地操作软件组件。这些工具通过 reflection 动态地载入并取得 Java 组件(类)的属性,调用类的方法。通过反射操作类通常有 4 个步骤：

（1）获得你想操作的类的 java.lang.Class 对象。

（2）通过 newInstance()方法，构建操作类的对象。

（3）调用诸如 getDeclaredMethods()的方法，取得该类中定义的所有方法的列表，调用诸如 getDeclaredFields()的方法，取得该类中定义的所有属性的列表。

（4）使用 reflection API 来操作这些信息。

下面的代码段说明了反射的基本应用。

```java
package com.jnvc.stuman.other;
import java.lang.reflect.Field;
import java.lang.reflect.InvocationTargetException;
import java.lang.reflect.Method;
class MyClass {
    private int i = 0;
    public int getI() {
        return i;
    }
    public void setI(int i) {
        this.i = i;
    }
    public void print() {
        System.out.println("i = " + i);
    }
}
public class ReflectBasicTest {
    public staticvoid main(String[] args) throws InstantiationException, IllegalAccessException,
ClassNotFoundException, IllegalArgumentException, InvocationTargetException {
        Object o = Class.forName("com.jnvc.stuman.other.MyClass").newInstance();
        Field [] field = o.getClass().getDeclaredFields();
        for(Field f:field){
            System.out.println(f.getType() + "\t" + f.getName());
        }
        Method [] method = o.getClass().getDeclaredMethods();
        for(Method m:method){
            Class<?>[]param = m.getParameterTypes();
            StringBuilder  p = new StringBuilder();
            for(int i = 0;i < param.length;i++){
                p.append(param[i].getName() + ",");
            }
            if(p.length()>0){
                p.deleteCharAt(p.length() - 1);
            }
            System.out.println(m.getReturnType() + "\t" + m.getName() +"(" + p + "){}");
            if(m.getName().startsWith("set")){
                Object [] pra = new Object[param.length];
                for(int i = 0;i < pra.length;i++){
                    //System.out.println(Class.forName(param[i].getName()).getClass());
                    pra[i] = 100;
                }
```

```java
            m.invoke(o, pra);
        }
        if(m.getName().startsWith("print")){
            Object [] pra = new Object[param.length];
            m.invoke(o, pra);
        }
    }
}
```

反射的主要应用在动态地创建对象方面,使我们可以在不修改代码的情况下,通过工厂创建所需要的对象。以下代码演示了这种应用。

```java
package com.jnvc.stuman.other;
import java.io.FileNotFoundException;
import java.io.FileReader;
import java.io.IOException;
import java.util.Properties;
interface Fruit{
    public void print();
}
class Apple implements Fruit{
    public void print() {
        System.out.println("苹果真好吃!");
    }
}
class Orange implements Fruit{
    public void print() {
        System.out.println("橘子真好吃!");
    }
}
class Pear implements Fruit{
    public void print() {
        System.out.println("梨子真好吃!");
    }
}
class Factory{
    public static Fruit getFruit() throws InstantiationException, IllegalAccessException, ClassNotFoundException, FileNotFoundException, IOException{
        Properties p = new Properties();
        String url = System.getProperty("user.dir");
        p.load(new FileReader(url + "/src/res/fruit.properties"));
        String name = p.getProperty("name");
        return (Fruit) Class.forName(name).newInstance();
    }
}
public class ReflectTest {
    public static void main(String[] args) throws InstantiationException, IllegalAccessException, ClassNotFoundException, FileNotFoundException, IOException {
        Factory.getFruit().print();
    }
}
```

其中 fruit.properties 的代码如下：

name = com.jnvc.stuman.other.Orange

当更改 fruit.properties 的 name 属性值时，程序就可以创建不同的类，程序的功能也就不同。从而实现了在不修改代码的情况下，通过工厂创建所需要的对象，达到程序实现不同功能的效果。

任务 3 DML 实现

7.3.1 任务目标

- 理解 DML 的 JDBC 实现。
- 理解 Statement 与 PraparedStatement 的区别。
- 掌握 PraparedStatement 的使用。

7.3.2 知识学习

1. Statement

Statement 用于执行静态 SQL 语句并返回它所生成结果的对象。Statement 通过 Connection 对象调用 createStatement()方法获得。Statement 类的常用方法如表 7-3 所示。

表 7-3 Statement 类的常用方法

方法名称	说明
close()	立即释放此 Statement 对象的数据库和 JDBC 资源
execute(String sql)	执行给定的 SQL 语句，该语句可能返回多个结果
executeQuery(String sql)	执行给定的 SQL 语句，该语句返回单个 ResultSet 对象
executeUpdate(String sql)	执行给定 SQL 语句，该语句可能为 INSERT、UPDATE 或 DELETE 语句，或者不返回任何内容的 SQL 语句（如 SQL DDL 语句）
getConnection()	获取生成此 Statement 对象的 Connection 对象
getResultSet()	以 ResultSet 对象的形式获取当前结果
isClosed()	获取是否已关闭了此 Statement 对象

下列的代码体现了 Statement 对象的使用。

```
try {
    Class.forName(driverName).newInstance();
    con = DriverManager.getConnection(url, user, pwd);
    stm = con.createStatement();
    String sql = "insert into classes(num,name,teacher) values('20130101','11 软件 1 班','王老师')"
    stm.execute(sql);
} catch (Exception ex) {
    ex.printStackTrace();
} finally{
```

```
try{
    stm.close();
    con.close();
}catch(Exception e){
    ex.printStackTrace();
}
}
```

2. PreparedStatement

PreparedStatement 表示预编译的 SQL 语句的对象。SQL 语句被预编译并存储在 PreparedStatement 对象中。然后可以使用此对象多次高效地执行该语句。PrepareStatement 最常用方法就是一组 set×××()方法，如 setInt()、setString()等，用于对参数赋值。set×××()方法有两个参数，第一个代表该参数在 SQL 语句中的位置，从 1 开始；第二个参数代表赋值的具体数值，如下面代码表示对 SQL 语句中的第二个参数赋值为"11 软件 1 班"。

```
pstm.setString(2, '11 软件 1 班');
```

下列代码体现了 PreparedStatement 对象的使用。

```
try {
    Class.forName(driverName).newInstance();
    con = DriverManager.getConnection(url, user, pwd);
    String sql = "insert into classes(num,name,teacher) values(?,?,?)"
    pstm = con.prepareStatement();
    pstm.setString(1, '20130101');
    pstm.setString(2, '11 软件 1 班');
    pstm.setString(3, '王老师');
    pstm.execute(sql);
} catch (Exception ex) {
    ex.printStackTrace();
} finally{
    try{
        pstm.close();
        con.close();
    }catch(Exception e){
        ex.printStackTrace();
    }
}
```

3. DML 实现的步骤

对于数据操作，可以按照下面的流程进行：

（1）获得数据库连接（Connection）对象。

（2）创建 SQL 语句，遇到传入的参数使用"?"代替。

（3）使用 Connection 对象的 prepareStatement()方法创建一个 PreparedStatement 对象。

（4）通过 PreparedStatement 对象的 set×××()方法对传入的参数赋值。

（5）调用 PreparedStatement 对象的 executeUpdate()方法，执行 SQL 语句。

7.3.3 任务实施

1. 修改 UserDaoImpl 并实现 UserDao 的注册

```java
private Connection cn;
private PreparedStatement ps;
private ResultSet rs;
    public boolean reg(User user) throws Exception {
        boolean flag = false;
        DBCon db = new DBCon();
        cn = db.getConnection();
        String sql = "insert into user(name,password) values(?,?)";
        ps = cn.prepareStatement(sql);
        ps.setString(1, user.getName());
        ps.setString(2, user.getPassword());
        ps.executeUpdate();
        flag = true;
        ps.close();
        ps = null;
        db.close();
        return flag;
}
```

2. 修改 ClassesDaoImpl 并实现班级信息的添加、删除、修改操作

```java
private Connection cn;
private PreparedStatement ps;
private ResultSet rs;
public boolean add(Classes classes) throws Exception {
    boolean flag = false;
    DBCon db = new DBCon();
    cn = db.getConnection();
    String sql = "insert into classes(num,name,teacher) values(?,?,?)";
    ps = cn.prepareStatement(sql);
    ps.setString(1, classes.getNum());
    ps.setString(2, classes.getName());
    ps.setString(3, classes.getTeacher());
    ps.executeUpdate();
    flag = true;
    ps.close();
    ps = null;
    db.close();
    return flag;
}
public boolean delete(String classnum)   throws Exception{
    boolean flag = false;
    DBCon db = new DBCon();
    cn = db.getConnection();
    String sql = "delete from classes where num = ?";
    ps = cn.prepareStatement(sql);
    ps.setString(1, classnum);
```

```java
        ps.executeUpdate();
        flag = true;
        ps.close();
        ps = null;
        db.close();
        return flag;
    }
    public boolean update(Classes classes)    throws Exception{
        boolean flag = false;
        DBCon db = new DBCon();
        cn = db.getConnection();
        String sql = "update classes set num = ?,name = ?,teacher = ? where id = ?";
        ps = cn.prepareStatement(sql);
        ps.setString(1, classes.getNum());
        ps.setString(2, classes.getName());
        ps.setString(3, classes.getTeacher());
        ps.setInt(4, classes.getId());
        ps.executeUpdate();
        flag = true;
        ps.close();
        ps = null;
        db.close();
        return flag;
    }
```

3. 修改 StuDaoImpl 并实现学生信息的添加、删除、修改操作

```java
private Connection cn;
private PreparedStatement ps;
private ResultSet rs;
publicboolean add(Student stu) throws Exception {
    boolean flag = false;
    DBCon db = new DBCon();
    cn = db.getConnection();
    String sql = " insert into student ( num, name, sex, birthday, phone, address, cid ) values(?,?,?,?,?,?,?)";
    ps = cn.prepareStatement(sql);
    ps.setString(1, stu.getNum());
    ps.setString(2, stu.getName());
    ps.setBoolean(3, stu.isSex());
    ps.setDate(4, stu.getBirthday());
    ps.setString(5, stu.getPhone());
    ps.setString(6, stu.getAddress());
    if(stu.getCid() == 0){
        ps.setString(7,null);
    }else{
        ps.setInt(7, stu.getCid());
    }
    ps.executeUpdate();
    flag = true;
    ps.close();
```

```java
            ps = null;
            db.close();
            return flag;
        }
        public boolean delete(String stunum) throws Exception {
            boolean flag = false;
            DBCon db = new DBCon();
            cn = db.getConnection();
            String sql = "delete from student where num = ?";
            ps = cn.prepareStatement(sql);
            ps.setString(1, stunum);
            ps.executeUpdate();
            flag = true;
            ps.close();
            ps = null;
            db.close();
            return flag;
        }
        public boolean update(Student stu) throws Exception {
            boolean flag = false;
            DBCon db = new DBCon();
            cn = db.getConnection();
            String sql = "update student set name = ?, sex = ?, birthday = ?, phone = ?, address = ?, cid = ? where num = ?";
            ps = cn.prepareStatement(sql);
            ps.setString(1, stu.getName());
            ps.setBoolean(2, stu.isSex());
            ps.setDate(3, stu.getBirthday());
            ps.setString(4, stu.getPhone());
            ps.setString(5, stu.getAddress());
            if(stu.getCid() == 0){
                ps.setString(6,null);
            }else{
                ps.setInt(6, stu.getCid());
            }
            ps.setString(7, stu.getNum());
            ps.executeUpdate();
            flag = true;
            ps.close();
            ps = null;
            db.close();
            return flag;
        }
```

7.3.4 任务总结

Statement 用于执行静态 SQL 语句并返回它所生成结果的对象。Statement 通过 Connection 对象调用 createStatement() 方法获得。

PreparedStatement 表示预编译的 SQL 语句的对象。SQL 语句被预编译并存储在

PreparedStatement 对象中。然后可以使用此对象多次高效地执行该语句。PrepareStatement 最常用方法就是一组 set×××()方法,如 setInt()、setString()等,用于对参数赋值。set×××()方法有两个参数,第一个代表该参数在 SQL 语句中的位置,从 1 开始;第二个参数代表赋值的具体数值。

对于数据操作,可以按照下面的流程进行:

(1) 获得数据库连接(Connection)对象。

(2) 创建 SQL 语句,遇到传入的参数使用"?"代替。

(3) 使用 Connection 对象的 prepareStatement()方法创建一个 PreparedStatement 对象。

(4) 通过 PreparedStatement 对象的 set×××()方法对传入的参数赋值。

(5) 调用 PreparedStatement 对象的 executeUpdate()方法,执行 SQL 语句。

7.3.5 补充拓展

1. 批处理执行

批处理执行 SQL 语句,可以提高程序的执行效率,批处理执行使用 Statement 或者 PreparedStatement 对象的 addBatch()方法与 executeBatch()方法实现。通过 addBatch()方法将执行的 SQL 语句添加到批处理中,通过 executeBatch()方法执行批处理。下面这段代码演示了批处理执行的过程。

```java
package com.jnvc.stuman.other;
import java.sql.Connection;
import java.sql.PreparedStatement;
import jnvc.computer.stuman.db.DBCon;
publicclass BatchTest {
    private Connection cn;
    private PreparedStatement ps;
    public void executeBatch(){
        try {
            cn = new DBCon().getConnection();
            String sql = "insert into classes(num,name,teacher) values(?,?,?)";
            ps = cn.prepareStatement(sql);
            ps.setString(1, "20130101");
            ps.setString(2, "11 软件 1 班");
            ps.setString(3, "王老师");
            ps.addBatch();
            ps.setString(1, "20130102");
            ps.setString(2, "11 软件 2 班");
            ps.setString(3, "王老师");
            ps.addBatch();
            ps.setString(1, "20130201");
            ps.setString(2, "11 网络 1 班");
            ps.setString(3, "李老师");
            ps.addBatch();
            ps.executeBatch();
        } catch (Exception e) {
            e.printStackTrace();
```

```
            }finally{
                try {
                    if(ps!= null){
                        ps.close();
                        ps = null;
                    }
                    if(cn!= null){
                        cn.close();
                        cn = null;
                    }
                } catch (Exception e2) {
                    e2.printStackTrace();
                }
            }
        }
        public static void main(String[] args) {
            new BatchTest().executeBatch();
        }
}
```

2. 存储过程

存储过程(Stored Procedure)是在大型数据库系统中，一组为了完成特定功能的 SQL 语句集，经编译后存储在数据库中，用户通过指定存储过程的名字并给出参数(如果该存储过程带有参数)来执行它。使用存储过程可以提高 SQL 语句的执行效率，增强 SQL 语句的安全性。

JDBC 中使用 CallableStatement 对象来执行存储过程。CallableStatement 对象通过 Connection 对象的 prepareCall()方法创建，创建时要将"{call 存储过程名()}"传入，如果存储过程需要参数，还需要用"?"来代表参数，执行前也要通过 set×××()方法对参数进行设置。存储过程的执行通过 executeUpdte()方法实现。

下面的代码演示了 JDBC 执行存储过程的方法。

```
package com.jnvc.stuman.other;
import java.sql.CallableStatement;
import java.sql.Connection;
import jnvc.computer.stuman.db.DBCon;
public class CallableStatementTest {
    /*
     * Mysql 的存储过程,用于添加班级信息
    DELIMITER $ $
    DROP PROCEDURE IF EXISTS 'addClass' $ $
    CREATE DEFINER = 'jnvc'@'%' PROCEDURE 'addClass'(nu varchar(20),na varchar(20),te varchar(20))
    BEGIN
    insert into classes(num,name,teacher) values(nu,na,te);
    END $ $
    DELIMITER;
     */
    private Connection cn;
    private CallableStatement cs;
    public void executeProcedure(){
```

```java
        try {
            cn = new DBCon().getConnection();
            cs = cn.prepareCall("{call addClass(?,?,?)}");
            cs.setString(1, "20130301");
            cs.setString(2, "11应用1班");
            cs.setString(3, "刘老师");
            cs.executeUpdate();
        } catch (Exception e) {
            e.printStackTrace();
        }finally{
            try {
                if(cs!= null){
                    cs.close();
                    cs = null;
                }
                if(cn!= null){
                    cn.close();
                    cn = null;
                }
            } catch (Exception e2) {
                e2.printStackTrace();
            }
        }
    }
    public static void main(String[] args) {
        new CallableStatementTest().executeProcedure();
    }
}
```

任务4 DQL 实现

7.4.1 任务目标

- 掌握 ResultSet 的使用。
- 掌握数据库查询操作的步骤。

7.4.2 知识学习

1. ResultSet

ResultSet 表示数据库结果集的数据表,通常通过执行查询数据库的语句生成。ResultSet 对象具有指向其当前数据行的光标。最初,光标被置于第一行之前。next 方法将光标移动到下一行;因为该方法在 ResultSet 对象没有下一行时返回 false,所以可以在 while 循环中使用它来迭代结果集。

默认的 ResultSet 对象不可更新,仅有一个向前移动的光标。因此,只能迭代它一次,并且只能按从第一行到最后一行的顺序进行。

ResultSet 接口提供用于从当前行获取列值的获取方法(getBoolean、getLong 等)。可以使用列的索引编号或列的名称获取值。一般情况下,使用列索引较为高效。列从 1 开始编号。为了获得最大的可移植性,应该按从左到右的顺序读取每行中的结果集列,每列只能读取一次。

当生成 ResultSet 对象的 Statement 对象关闭、重新执行或用来从多个结果的序列获取下一个结果时,ResultSet 对象将自动关闭。

ResultSet 类的常用方法如表 7-4 所示。

表 7-4 ResultSet 类的常用方法

方法名称	说 明
absolute(int row)	将光标移动到此 ResultSet 对象的给定行编号
afterLast()	将光标移动到此 ResultSet 对象的末尾,正好位于最后一行之后
beforeFirst()	将光标移动到此 ResultSet 对象的开头,正好位于第一行之前
deleteRow()	从此 ResultSet 对象和底层数据库中删除当前行
first()	将光标移动到此 ResultSet 对象的第一行
getInt(int columnIndex)	以 Java 编程语言中 int 的形式获取此 ResultSet 对象的当前行中指定列的值
getInt(String columnLabel)	以 Java 编程语言中 int 的形式获取此 ResultSet 对象的当前行中指定列的值
getRow()	获取当前行编号
getString(int columnIndex)	以 Java 编程语言中 String 的形式获取此 ResultSet 对象的当前行中指定列的值
getString(String columnLabel)	以 Java 编程语言中 String 的形式获取此 ResultSet 对象的当前行中指定列的值
isBeforeFirst()	获取光标是否位于此 ResultSet 对象的第一行之前
isClosed()	获取此 ResultSet 对象是否已关闭
isFirst()	获取光标是否位于此 ResultSet 对象的第一行
isLast()	获取光标是否位于此 ResultSet 对象的最后一行
last()	将光标移动到此 ResultSet 对象的最后一行
next()	将光标从当前位置向前移一行
insertRow()	将插入行的内容插入到此 ResultSet 对象和数据库中
updateInt(int columnIndex, int x)	用 int 值更新指定列
updateInt(String columnLabel, int x)	用 int 值更新指定列
updateString(int columnIndex, String x)	用 String 值更新指定列
updateString(String columnLabel, String x)	用 String 值更新指定列
updateRow()	用此 ResultSet 对象的当前行的新内容更新数据库

下列代码段演示了 ResultSet 的使用。

```
Student student = null;
DBCon db = new DBCon();
cn = db.getConnection();
String sql = "select * from student where num = ?";
ps = cn.prepareStatement(sql);
ps.setString(1, stunum);
```

```
    rs = ps.executeQuery();
    if(rs.next()){
        student = new Student();
        student.setAddress(rs.getString("address"));
        student.setBirthday(rs.getDate("birthday"));
        student.setCid(rs.getInt("cid"));
        student.setName(rs.getString("name"));
        student.setNum(rs.getString("num"));
        student.setPhone(rs.getString("phone"));
        student.setSex(rs.getBoolean("sex"));
    }
    rs.close();
    rs = null;
    ps.close();
    ps = null;
```

2. DQL 的实现步骤

对于数据查询操作,可以按照下面的流程进行:

(1) 获得数据库连接(Connection)对象。

(2) 创建 SELECT SQL 语句,遇到传入的参数使用"?"代替。

(3) 使用 Connection 对象的 prepareStatement()方法创建一个 PreparedStatement 对象。

(4) 通过 PreparedStatement 对象的 set×××()方法对传入的参数赋值。

(5) 调用 PreparedStatement 对象的 executeQuery()方法执行 SQL 查询语句,返回的结果是一个 ResultSet 对象。

(6) 利用 ResultSet 对象的 next()方法移动数据指针,并判断是否有记录存在。

(7) 如果 next()方法返回 true,则可用 get×××()方法获取记录中的信息。如果 next()方法返回 false,则 ResultSet 对象中已经没有任何记录。

(8) 可以使用循环依次取得所有记录中的数据。

7.4.3 任务实施

1. 修改 UserDaoImpl 并实现登录功能

```
public Person log(Person person,String type) throws Exception {
    Person per = null;
    DBCon db = new DBCon();
    cn = db.getConnection();
    String sql = "select * from user where name = ? and password = ?";
    ps = cn.prepareStatement(sql);
    ps.setString(1, person.getName());
    ps.setString(2, person.getPassword());
    rs = ps.executeQuery();
    if(rs.next()){
        if("管理员".equals(type)){           //检查管理员权限
            if(rs.getInt("privilege") == 2){
                per = new Admin();           //返回管理员对象
            }
```

```
            }else{                              //检查普通用户权限
                if(rs.getInt("privilege") == 1){
                    per = new User();          //返回普通用户对象
                }
            }
            if(per!= null){
                per.setId(rs.getInt("id"));
                per.setName(rs.getString("name"));
                per.setPassword(rs.getString("password"));
                per.setPrivilege(rs.getInt("privilege"));
            }
        }
        rs.close();
        rs = null;
        ps.close();
        ps = null;
        db.close();
        return per;
}
```

2. 修改 ClassDaoImpl 并实现班级信息查询功能

```
public List<Classes> search(String value,String ...type ) throws Exception{
    List<Classes> list = new ArrayList<Classes>();
    DBCon db = new DBCon();
    cn = db.getConnection();
    String field = "id";
    if(type.length>0){
    if("班级编号".equals(type[0])){
        field = "num";
    }else if("班级名称".equals(type[0])){
        field = "name";
    }else if("班主任".equals(type[0])){
        field = "teacher";
    }
    }
        String sql = "select * from classes where " + field + " = ?";
        ps = cn.prepareStatement(sql);
        ps.setString(1, value);
        rs = ps.executeQuery();
        while(rs.next()){
            Classes classes = new Classes();
            classes.setId(rs.getInt("id"));
            classes.setName(rs.getString("name"));
            classes.setNum(rs.getString("num"));
            classes.setTeacher(rs.getString("teacher"));
            list.add(classes);
        }
        rs.close();
        rs = null;
        ps.close();
        ps = null;
```

```java
            db.close();
            return list;
    }
    public List<Classes> search() throws Exception{
        List<Classes> list = new ArrayList<Classes>();
        DBCon db = new DBCon();
        cn = db.getConnection();
        String sql = "select * from classes";
        ps = cn.prepareStatement(sql);
        rs = ps.executeQuery();
        while(rs.next()){
            Classes classes = new Classes();
            classes.setId(rs.getInt("id"));
            classes.setName(rs.getString("name"));
            classes.setNum(rs.getString("num"));
            classes.setTeacher(rs.getString("teacher"));
            list.add(classes);
        }
        rs.close();
        rs = null;
        ps.close();
        ps = null;
        db.close();
        return list;
    }
```

3. 修改 StuDaoImpl 并实现学生信息的查询功能

```java
    public Student searchByNum(String stunum) throws Exception {
        Student student = null;
        DBCon db = new DBCon();
        cn = db.getConnection();
        String sql = "select * from student where num = ?";
        ps = cn.prepareStatement(sql);
        ps.setString(1, stunum);
        rs = ps.executeQuery();
        if(rs.next()){
            student = new Student();
            student.setAddress(rs.getString("address"));
            student.setBirthday(rs.getDate("birthday"));
            student.setCid(rs.getInt("cid"));
            student.setName(rs.getString("name"));
            student.setNum(rs.getString("num"));
            student.setPhone(rs.getString("phone"));
            student.setSex(rs.getBoolean("sex"));
        }
        rs.close();
        rs = null;
        ps.close();
        ps = null;
        db.close();
```

```java
        return student;
    }
    public List<Student> searchByName(String stuname) throws Exception {
        List<Student> list = new ArrayList<Student>();
        DBCon db = new DBCon();
        cn = db.getConnection();
        String sql = "select * from student where name = ?";
        ps = cn.prepareStatement(sql);
        ps.setString(1, stuname);
        rs = ps.executeQuery();
        while(rs.next()){
            Student student = new Student();
            student.setAddress(rs.getString("address"));
            student.setBirthday(rs.getDate("birthday"));
            student.setCid(rs.getInt("cid"));
            student.setName(rs.getString("name"));
            student.setNum(rs.getString("num"));
            student.setPhone(rs.getString("phone"));
            student.setSex(rs.getBoolean("sex"));
            list.add(student);
        }
        rs.close();
        rs = null;
        ps.close();
        ps = null;
        db.close();
        return list;
    }
    public List<Student> searchByClass(String classname) throws Exception {
        List<Student> list = new ArrayList<Student>();
        DBCon db = new DBCon();
        cn = db.getConnection();
        String sql = "select * from student s join classes c on s.cid = c.id where c.name = ?";
        ps = cn.prepareStatement(sql);
        ps.setString(1, classname);
        rs = ps.executeQuery();
        while(rs.next()){
            Student student = new Student();
            student.setAddress(rs.getString("address"));
            student.setBirthday(rs.getDate("birthday"));
            student.setCid(rs.getInt("cid"));
            student.setName(rs.getString("name"));
            student.setNum(rs.getString("num"));
            student.setPhone(rs.getString("phone"));
            student.setSex(rs.getBoolean("sex"));
            list.add(student);
        }
        rs.close();
        rs = null;
        ps.close();
        ps = null;
```

```java
            db.close();
            return list;
        }
        public List<Student> searchBySex(String sex)   throws Exception {
            List<Student> list = new ArrayList<Student>();
            DBCon db = new DBCon();
            cn = db.getConnection();
            String sql = "select * from student where sex = ?";
            ps = cn.prepareStatement(sql);
            if("男".equals(sex)){
                ps.setBoolean(1, true);
            }else{
                ps.setBoolean(1, false);
            }
            rs = ps.executeQuery();
            while(rs.next()){
                Student student = new Student();
                student.setAddress(rs.getString("address"));
                student.setBirthday(rs.getDate("birthday"));
                student.setCid(rs.getInt("cid"));
                student.setName(rs.getString("name"));
                student.setNum(rs.getString("num"));
                student.setPhone(rs.getString("phone"));
                student.setSex(rs.getBoolean("sex"));
                list.add(student);
            }
            rs.close();
            rs = null;
            ps.close();
            ps = null;
            db.close();
            return list;
        }
        public List<Student> searchByAge(int age)   throws Exception {
            Calendar now = Calendar.getInstance();
            Date bir = Date.valueOf((now.get(Calendar.YEAR) - age) + "-" + (now.get(Calendar.MONTH) + 1)
            + "-" + now.get(Calendar.DATE));
            List<Student> list = new ArrayList<Student>();
            DBCon db = new DBCon();
            cn = db.getConnection();
            String sql = "select * from student where birthday <= ?";
            ps = cn.prepareStatement(sql);
            ps.setDate(1, bir);
            rs = ps.executeQuery();
            while(rs.next()){
                Student student = new Student();
                student.setAddress(rs.getString("address"));
                student.setBirthday(rs.getDate("birthday"));
                student.setCid(rs.getInt("cid"));
                student.setName(rs.getString("name"));
                student.setNum(rs.getString("num"));
```

```java
            student.setPhone(rs.getString("phone"));
            student.setSex(rs.getBoolean("sex"));
            list.add(student);
        }
        rs.close();
        rs = null;
        ps.close();
        ps = null;
        db.close();
        return list;
    }
    public Student searchByPhone(String phone)  throws Exception {
        Student student = null;
        DBCon db = new DBCon();
        cn = db.getConnection();
        String sql = "select * from student where phone = ?";
        ps = cn.prepareStatement(sql);
        ps.setString(1, phone);
        rs = ps.executeQuery();
        if(rs.next()){
            student = new Student();
            student.setAddress(rs.getString("address"));
            student.setBirthday(rs.getDate("birthday"));
            student.setCid(rs.getInt("cid"));
            student.setName(rs.getString("name"));
            student.setNum(rs.getString("num"));
            student.setPhone(rs.getString("phone"));
            student.setSex(rs.getBoolean("sex"));
        }
        rs.close();
        rs = null;
        ps.close();
        ps = null;
        db.close();
        return student;
    }
    public List<Student> search(String value)  throws Exception {
        List<Student> list = new ArrayList<Student>();
        DBCon db = new DBCon();
        cn = db.getConnection();
        String sql = "select * from student where name like ? or num like ? or address like ? or phone like ?";
        ps = cn.prepareStatement(sql);
        value = "%" + value + "%";
        ps.setString(1, value);
        ps.setString(2, value);
        ps.setString(3, value);
        ps.setString(4, value);
        rs = ps.executeQuery();
        while(rs.next()){
            Student student = new Student();
```

```java
            student.setAddress(rs.getString("address"));
            student.setBirthday(rs.getDate("birthday"));
            student.setCid(rs.getInt("cid"));
            student.setName(rs.getString("name"));
            student.setNum(rs.getString("num"));
            student.setPhone(rs.getString("phone"));
            student.setSex(rs.getBoolean("sex"));
            list.add(student);
        }
        rs.close();
        rs = null;
        ps.close();
        ps = null;
        db.close();
        return list;
    }
```

7.4.4 任务总结

ResultSet 表示数据库结果集的数据表,通常通过执行查询数据库的语句生成。

对于数据查询操作,可以按照下面的流程进行:

(1) 获得数据库连接(Connection)对象。

(2) 创建 SELECT SQL 语句,遇到传入的参数使用"?"代替。

(3) 使用 Connection 对象的 prepareStatement() 方法创建一个 PreparedStatement 对象。

(4) 通过 PreparedStatement 对象的 set×××() 方法对传入的参数赋值。

(5) 调用 PreparedStatement 对象的 executeQuery() 方法执行 SQL 查询语句,返回的结果是一个 ResultSet 对象。

(6) 利用 ResultSet 对象的 next() 方法移动数据指针,并判断是否有记录存在。

(7) 如果 next() 方法返回 true,则可用 get×××() 方法获取记录中的信息。如果 next() 方法返回 false,则 ResultSet 对象中已经没有任何记录。

(8) 可以使用循环依次取得所有记录中的数据。

7.4.5 补充拓展

1. 元数据

从本质上讲,元数据是关于数据的数据(data about data),用于描述数据及其环境的数据。对于数据库而言,通常就是描述数据库结果及表结构的信息。

java.sql 包中关于元信息的类主要有两个,分别是 DatabaseMetaData、ResultSetMetaData,用于描述数据库元信息与结果集元信息。

DatabaseMetaData、ResultSetMetaData 的使用方法如下面的代码所示:

```java
package com.jnvc.stuman.other;
import java.io.IOException;
import java.sql.Connection;
import java.sql.DatabaseMetaData;
```

```java
import java.sql.ResultSet;
import java.sql.ResultSetMetaData;
import java.sql.SQLException;
import java.sql.Statement;
import jnvc.computer.stuman.db.DBCon;
public class MetaDateTest {
    public static void main(String[] args) throws InstantiationException, IllegalAccessException,
ClassNotFoundException, IOException, SQLException {
        new MetaDateTest().getMeta();
    }
    public void getMeta () throws InstantiationException, IllegalAccessException,
ClassNotFoundException, IOException, SQLException{
        Connection cn = new DBCon().getConnection();
        try {
            DatabaseMetaData dbmd = cn.getMetaData();
            System.out.println("majorversion:" + dbmd.getDatabaseMajorVersion() +
                "miorversion:" + dbmd.getDatabaseMinorVersion());
            System.out.println("drivermajor:" + dbmd.getDriverMajorVersion() +
                "driverminr:" + dbmd.getDriverMinorVersion());
            System.out.println("drivername:" + dbmd.getDriverName() +
                "driverversion:" + dbmd.getDriverVersion());
            Statement st = cn.createStatement();
            String sql = "select * from student";
            ResultSet rs = st.executeQuery(sql);
            ResultSetMetaData rsmd = rs.getMetaData();
            int i = rsmd.getColumnCount();
            for (int j = 1; j <= i; j++) {
                System.out.println(rsmd.getColumnName(j) + " " + rsmd.getColumnLabel(j) + " "
                    + rsmd.getColumnTypeName(j));
            }
        } catch (Exception e) {
            e.printStackTrace();
        }
    }
}
```

2. 可回滚的 ReslutSet

默认的 ResultSet 对象不可更新,仅有一个向前移动的光标。因此,它只能迭代一次,并且只能按从第一行到最后一行的顺序进行。但我们可以生成可滚动和/或可更新的 ResultSet 对象,通过可回滚/可更新的 ResultSet 对象对数据进行添加、删除、修改操作。下面的代码用于产生可回滚/可更新的 ResultSet 对象。

```java
Statement stmt = con.createStatement(ResultSet.TYPE_SCROLL_INSENSITIVE,
ResultSet.CONCUR_UPDATABLE);
ResultSet rs = stmt.executeQuery ("SELECT * FROM Student");
```

要产生可滚动/可更新的 ResultSet 对象,使用如下代码:

```java
package com.jnvc.stuman.other;
import java.io.IOException;
import java.sql.Connection;
```

```java
import java.sql.PreparedStatement;
import java.sql.ResultSet;
import java.sql.SQLException;
import jnvc.computer.stuman.db.DBCon;
public class RollResultSetTest {
    public static void main(String[] args) throws InstantiationException, IllegalAccessException,
ClassNotFoundException, IOException, SQLException {
        Connection cn = new DBCon().getConnection();
        String sql = "select * from classes";
        PreparedStatement ps = cn.prepareStatement(sql, ResultSet.TYPE_SCROLL_SENSITIVE,
ResultSet.CONCUR_UPDATABLE);
        ResultSet rs = ps.executeQuery();
        rs.absolute(2);
        System.out.println(rs.getString("name") + "\t" + rs.getString("num"));
        rs.moveToInsertRow();
        rs.updateString("num", "20130401");
        rs.updateString("name", "2013动漫1班");
        rs.updateString("teacher", "刘老师");
        rs.insertRow();
        rs.first();
        rs.updateString("teacher", "欧阳老师");
        rs.updateRow();
        rs.last();
        rs.relative(-3);
        System.out.println(rs.getString("name") + "\t" + rs.getString("num"));
        rs.deleteRow();
        System.out.println(rs.getString("name") + "\t" + rs.getString("num"));
    }
}
```

项目 8 开启多彩世界

项目名称
开启多彩世界
项目编号
Java_Stu_008
项目目标
能力目标：表现层设计、美化能力。
素质目标：设计友好用户界面的素质。
重点难点：
(1) 熟悉表现层设计的过程。
(2) 掌握 Swing 程序开发步骤。
(3) 理解容器与组件的概念。
(4) 掌握常用布局管理器的使用。
(5) 掌握常用事件处理的编写过程。
知识提要
Gui、Swing、Component、Container、Layout、事件处理
项目分析

学生信息管理系统最终要通过图形界面的形式给用户使用，在实现了学生信息管理系统的功能后，我们可以为这些功能设计美观易用的界面。学生信息管理系统的界面主要包括注册登录界面、用户权限管理界面、班级信息管理界面、学生信息管理界面等，我们需要为这些界面设计控件组成、布局管理、事件处理，以通过这些图形化的界面完成学生信息管理系统的功能。

Java 图形界面设计主要在 java.awt 与 javax.swing 两个包中，通过控件与容器提供用户可操作的界面，通过布局管理器组织控件的位置与大小，通过事件处理响应用户的操作，控件容器、布局管理器、事件处理共同组成了 Java 图形界面程序设计的全部。

任务 1 创建注册登录窗口

8.1.1 任务目标

- 掌握 Swing 开发图形用户界面的步骤。
- 掌握 JFrame、JPanel、JLable、JTextField、JButton、JPasswordFiled、JComboBox 等控件的使用。
- 理解常用布局管理器的特点。

8.1.2 知识学习

1. Java GUI 简介

GUI 全称是 Graphical User Interface，即图形用户界面，GUI 为用户提供界面友好的桌面操作环境，使一个应用程序具有与众不同的"外观"与"感觉"。Java 的 GUI 分为重量级的 awt 组件与轻量级的 swing 组件。

AWT 是 Abstract Window ToolKit（抽象窗口工具包）的缩写，这个工具包提供了一套与本地图形界面进行交互的接口。AWT 依赖于本地对等组件，当利用 AWT 来构建图形用户界面的时候，我们实际上是在利用操作系统所提供的图形库。由于不同操作系统的图形库所提供的功能是不一样的，在一个平台上存在的功能在另外一个平台上则可能不存在，AWT 不得不通过牺牲功能来实现其平台无关性。AWT 组件存在于 java.awt 包中，通常把 AWT 控件称为重量级控件（Heavy-weight Component），这些组件在它们自己的本地不透明窗口中绘制，它们必须是矩形的，且不能有透明背景。

Swing 是在 AWT 的基础上构建的一套新的图形界面系统，存放于 javax.swing 包中，Swing 组件没有使用本地方法来实现图形功能，而是在它们的重量容器窗口中绘制，我们通常把 Swing 控件称为轻量级控件（Light-weight Component）。由于 Swing 组件由 Java 重新绘制，保证了在不同的平台上组件外观的一致性，真正达到了"write once, run anywhere"的目的。

2. 组件与容器

组件（Component）是图形用户界面的最小单位之一，是可见的对象，用户可以通过鼠标或键盘对它进行操作，通过对不同事件的响应，完成组件与用户之间或组件与组件之间的交互，包括接收用户的一个命令、一项选择、显示一段文字等。常用的组件有：复选框、单选按钮、下拉列表、标签、文本编辑区、按钮、菜单等。

容器（Container）是用来存放和组织其他界面元素的单元。容器内部将包含许多界面元素，这些界面元素本身也可能又是一个容器，这个容器再进一步包含它的界面元素，以此类推，就构成一个复杂的图形界面系统。实际上容器也是一个类，是 Component 的子类，因此容器本身也是一个组件。图 8-1 给出了 Swing 包中的常用组件与容器。

3. JFrame

每一个 GUI 组件都需被包含在一个顶层容器中，窗体（JFrame）是常见的顶层容器。窗体带有边框、标题栏和菜单，是图形开发中不可缺少的容器之一。JFrame 类的方法如表 8-1 所示。

表 8-1 JFrame 类的方法

方法名称	方法说明
构造方法	
JFrame()	构造一个初始时不可见的新窗体
JFrame(String title)	创建一个新的、初始不可见的、具有指定标题的 Frame

续表

方法名称	方法说明
常用方法	
getContentPane()	返回此窗体的容器对象
getLayeredPane()	返回此窗体的 layeredPane 对象
remove(Component comp)	从该容器中移除指定组件
setDefaultCloseOperation(int operation)	设置用户在此窗体上发起 close 操作时默认执行的操作
setJMenuBar(JMenuBar menubar)	设置此窗体的菜单栏
setLocation(int x, int y)	设置窗体的新位置,x 和 y 参数指定新位置的左上角
setVisible(boolean b)	设置窗体是否可见。参数为 true 时窗体可见,否则隐藏窗体
setSize(int width, int height)	调整窗体的大小,使其宽度为 width,高度为 height,单位为像素

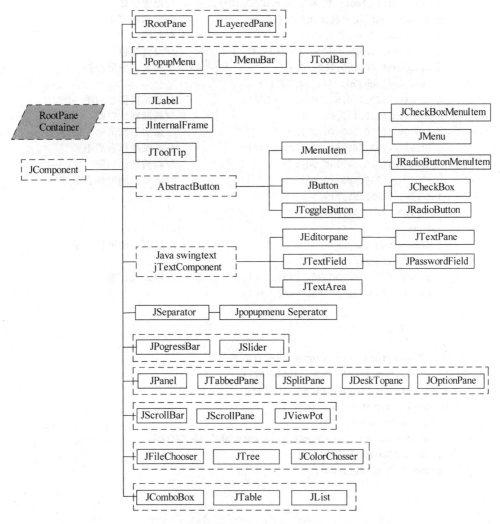

图 8-1 Swing 组件与容器

4. JPanel

JPanel 是一个空白容器类,提供容纳组件的空间,通常用于集成其他的若干组件,使这些组件形成一个有机的整体,进行整体操作,或再增加到别的容器上,甚至增加到另一个 JPanel 上。例如,几个性质相近的组件,有时需要一起显示在屏幕上,有时则必须一起消失,那么,就可以把这几个组件添加到 JPanel 上,利用 JPanel 调用 setVisible 方法一次完成这个工作,而不需要调用每个组件的 setVisible 方法。另外 JPanel 还能实现画布的功能,可以在 JPanel 上绘制图形。绘图通过 Graphics 类的各种方法来实现,关于 Graphics 类,可查阅 Java 帮助文档,获得该类及其方法的详细介绍。

以下代码段演示了 JFrame 与 JPanel 的使用,并且在代码段中还演示了关于颜色、字体等设置。

```java
public class JPanelTest extends JPanel{
    public void paint(Graphics g){
        g.setFont(new Font("楷体",Font.BOLD,30));     //设置字体
        g.drawString("我的自画像",120,50);              //显示字符串
        g.drawLine(10,70,380,70);                      //画线
        g.setColor(new Color(254,248,134));            //设置颜色
        g.fillOval(100,100,200,200);                   //画实心圆形作脸
        g.setColor(new Color(16,54,103));
        g.drawArc(125,160,60,50,160,-140);             //画弧线作左眉毛
        g.drawOval(135,170,40,30);                     //画椭圆作左眼
        g.fillOval(150,180,20,20);                     //画实心圆形作左眼球
        g.drawArc(215,160,60,50,160,-140);             //画弧线作右眉毛
        g.drawOval(225,170,40,30);                     //画椭圆作右眼
        g.fillOval(230,180,20,20);                     //画实心圆形作右眼球
        int []x = {205,195,215};
        int []y = {220,240,240};
        int num = 3;
        g.drawPolygon(x,y,num);                        //绘制三角形作鼻子
        g.setColor(Color.red);
        g.drawArc(160,200,90,70,-150,120);             //画弧线作嘴
        g.drawArc(180,235,50,45,-160,140);
    }
}
class Test{
    static JFrame frame = new JFrame("我的自画像");
    static JPanelTest panel = new JPanelTest();
    public static void main(String [] args){
        frame.getContentPane().add(panel);
        frame.setSize(400,400);
        frame.setDefaultCloseOperation(JFrame.EXIT_ON_CLOSE);
        frame.setLocation(200,200);
        frame.setVisible(true);
    }
}
```

5. JLable、JButton

JLabel 类是一个用来显示文本的类,常用来作为某种说明或提示。在程序运行时,其

文本内容不能被用户修改,但可以被程序控制改变。标签不对输入事件作出反应。因此,它无法获得键盘焦点。

JLabel 对象还可以显示图像或同时显示文本与图像。可以通过设置垂直和水平对齐方式,指定标签显示区中标签内容在何处对齐。默认情况下,标签在其显示区内垂直居中对齐。JLabel 类的方法如表 8-2 所示。

表 8-2　JLabel 类的方法

方 法 名 称	方 法 说 明
构 造 方 法	
JLabel()	创建无图像并且标题为空字符串的标签
JLabel(Icon image)	创建具有指定图像的标签
JLabel(Icon image, int horizontalAlignment)	创建具有指定图像和水平对齐方式的标签
JLabel(String text)	创建具有指定文本的标签
常 用 方 法	
getText()	返回该标签所显示的文本字符串
setText(String text)	设置该标签要显示的单行文本
getIcon()	返回该标签显示的图形图像(字形、图标)
setIcon(Icon icon)	设置该标签要显示的图标

JButton 类用来创建带文本标签的按钮。按钮是图形界面中常见的一个控件,通常用来让使用者决定某个动作的进行,例如"确定"或"取消"的动作。JButton 类的方法如表 8-3 所示。

表 8-3　JButton 类的方法

方 法 名 称	方 法 说 明
构 造 方 法	
JButton()	创建不带有文本或图标的按钮
JButton(String text)	创建一个带文本的按钮
常 用 方 法	
setText(String text)	设置按钮的文本
getText()	返回按钮的文本
setIcon(Icon defaultIcon)	设置按钮的默认图标
getIcon()	返回默认图标
isSelected()	返回按钮的状态
setSelected(boolean b)	设置按钮的状态
setSelectedIcon(Icon selectedIcon)	设置按钮的选择图标
setDefaultCapable(boolean defaultCapable)	确定此按钮是否可以是其根窗体的默认按钮

以下代码段演示了 JLabel 与 JButton 的使用。

```
package com.jnvc.stuman.other;
import java.awt.Font;
import javax.swing.ImageIcon;
import javax.swing.JButton;
import javax.swing.JFrame;
import javax.swing.JLabel;
```

```java
import javax.swing.JPanel;
import javax.swing.SwingConstants;
public class ButtonTest {
    public ButtonTest(){
        JFrame frame = new JFrame("JButton Test...");
        JPanel panel = new JPanel();
        JLabel label1 = new JLabel("文字 Lable");
        String url = System.getProperty("user.dir");
        JLabel label2 = new JLabel(new ImageIcon(url + "/res/img/title1.jpg"));
        JLabel label3 = new JLabel("文字加图片",new ImageIcon(url + "/res/img/title2.jpg"),SwingConstants.RIGHT);
        label1.setFont(new Font("宋体",Font.BOLD,30));
        label2.setToolTipText("这是一个提示");
        label3.setHorizontalAlignment(SwingConstants.LEFT);
        panel.add(label1);
        panel.add(label2);
        panel.add(label3);
        JButton button1 = new JButton("按钮 1");
        JButton button2 = new JButton();
        JButton button3 = new JButton("按钮 3");
        button1.setEnabled(false);
        button2.setText("按钮 2 的文本");
        button3.setToolTipText("按钮 3 的提示");
        button3.setIcon(new ImageIcon(url + "/res/img/title3.jpg"));
        panel.add(button1);
        panel.add(button2);
        panel.add(button3);
        frame.add(panel);
        frame.setSize(450,300);
        frame.setDefaultCloseOperation(JFrame.EXIT_ON_CLOSE);
        frame.setVisible(true);
    }
    public static void main(String[] args) {
        new ButtonTest();
    }
}
```

6. JTextField、JTextArea、JPasswordField

JTextField 类用来创建允许用户编辑的单行文本组件。用户可以通过这类组件输入和编辑字符串信息。JTextField 与 JLabel 的本质差别是,程序运行时,JTextField 可以获得焦点,而 JLabel 不能。JTextField 可用作程序的输入。JTextField 类的方法如表 8-4 所示。

表 8-4 JTextField 类的方法

方法名称	方法说明
构造方法	
JTextField()	构造一个单行文本框
JTextField(int columns)	构造一个具有指定列数的单行文本框
JTextField(String text)	构造一个用指定文本初始化的单行文本框
JTextField(String text,int columns)	构造一个用指定文本和列初始化的单行文本框

续表

方法名称	方法说明
常用方法	
setText(String t)	设置单行文本框中的文本内容
getText(String t)	获取此单行文本框中的文本内容
getColumns()	返回此单行文本框中的列数
setColumns()	设置此单行文本框中的列数
setHorizontalAlignment(int alignment)	设置水平对齐方式

JTextArea 多行文本框用来编辑多行文本,进行大量的文字编辑处理。多行文本框可以在内部处理滚动,具有换行能力。JTextArea 类的方法如表 8-5 所示。

表 8-5　JTextArea 类的方法

方法名称	方法说明
构造方法	
JTextArea()	构造一个多行文本框
JTextArea(int rows, int columns)	构造具有指定行数和列数的多行文本框
JTextArea(String text)	构造显示指定文本的多行文本框
JTextArea(String text, int rows, int columns)	构造具有指定文本、行数和列数的多行文本框
常用方法	
append(String str)	将给定字符串 str 追加到文本的结尾
setColumns(int columns)	设置此多行文本框中的列数
getColumns()	返回多行文本框中的列数
setRows(int rows)	设置此多行文本框的行数
getRows()	返回多行文本框中的行数
getLineCount()	确定文本区中所包含的行数
insert(String str, int pos)	将指定字符串 str 插入到文本的指定位置
setWrapStyleWord(boolean word)	设置换行方式(如果文本区要换行)

JPasswordField 密码文本框是用来输入密码的文本框。密码文本框继承自单行文本框,所以密码框只能进行单行输入。与单行文本框不同的是,密码框输入的文字不会正常显示出来,而是使用其他替代字符显示。JPasswordField 类的方法如表 8-6 所示。

表 8-6　JPasswordField 类的方法

方法名称	方法说明
构造方法	
JPasswordField()	构造一个密码文本框,其初始文本为 null 字符串,列宽为 0
JPasswordField(int columns)	构造一个具有指定列数的密码文本框
常用方法	
setEchoChar(char c)	设置此密码文本框的回显字符
getEchoChar()	返回要用于回显的字符
echoCharIsSet()	如果此密码文本框具有为回显设置的字符,则返回 true
getPassword()	返回此密码文本框中所包含的文本

以下代码段演示了 JTextFiled、JTextArea 与 JPasswordFiled 的使用。

```java
package com.jnvc.stuman.other;
import java.awt.Toolkit;
import javax.swing.ImageIcon;
import javax.swing.JFrame;
import javax.swing.JPanel;
import javax.swing.JPasswordField;
import javax.swing.JTextArea;
import javax.swing.JTextField;
public class TextTest extends JFrame{
    public TextTest(){
        JTextField tf1 = new JTextField();
        JTextField tf2 = new JTextField(20);
        JTextField tf3 = new JTextField("默认文本");
        JTextArea ta1 = new JTextArea();
        JTextArea ta2 = new JTextArea(5,6);
        JTextArea ta3 = new JTextArea("默认文本",6,10);
        JPasswordField pf = new JPasswordField(20);
        JPanel panel = new JPanel();
        tf1.setColumns(15);
        tf1.setText("后添加的文本");
        tf2.setEditable(false);
        tf2.setHorizontalAlignment(JTextField.RIGHT);
        ta1.setColumns(7);
        ta1.setRows(14);
        ta1.setText("后添加的文本段");
        ta2.setToolTipText("一段提示文字");
        ta2.append("\n第二段文字");
        ta3.append("追加的文字");
        ta3.insert("插入的文字",1);
        pf.setEchoChar('@');
        pf.requestFocus();
        panel.add(tf1);
        panel.add(tf2);
        panel.add(tf3);
        panel.add(ta1);
        panel.add(ta2);
        panel.add(ta3);
        panel.add(pf);
        add(panel);
        setSize(600,500);
        setTitle("文本框测试");
        setIconImage(new ImageIcon(""res/img/title1.jpg"").getImage());
        int x = (int)(Toolkit.getDefaultToolkit().getScreenSize().getWidth() - this.getWidth())/2;
        int y = (int)(Toolkit.getDefaultToolkit().getScreenSize().getHeight() - this.getHeight())/2;
        setLocation(x,y);
        setDefaultCloseOperation(JFrame.EXIT_ON_CLOSE);
    }
```

```
    public static void main(String[] args) {
        new TextTest().setVisible(true);
    }
}
```

7. JComboBox、JList

JCombox 下拉列表框也称组合框,是将按钮、可编辑字段与下拉列表组合的组件。当单击下拉按钮时,会显示出下拉列表(项列表),用户可以从列表中选择项目值。如果使组合框处于可编辑状态,则组合框将包括可编辑字段,供用户在其中输入值。JComboBox 类的方法如表 8-7 所示。

表 8-7 JComboBox 类的方法

方法名称	方法说明
构造方法	
JComboBox()	创建具有空对象列表的组合框
JComboBox(Object[] items)	创建包含指定数组中的元素的组合框
常用方法	
addItem(Object anObject)	为项列表添加项目
insertItemAt(Object anObject, int index)	在项列表中的给定索引处插入项目
setSelectedIndex(int anIndex)	选择索引 anIndex 处的项目
getItemAt(int index)	返回指定索引处的列表项
getSelectedItem()	返回当前所选的项目
getSelectedObjects()	返回包含所选项目的数组
removeItem(Object anObject)	从项列表中删除 anObject 指定的项
removeItemAt(int anIndex)	从项列表中删除索引 anIndex 指定的项
removeAllItems()	从项列表中删除所有项
getItemCount()	返回列表中的项数

JList 列表框允许用户从列表中选择一个或多个项目。JList 的各个项目放在一个列表框中,通过单击选项本身来选择。可以通过设置,允许对列表中的项目进行多项选择。JList 不支持自动滚动功能,若要实现该功能,需要将 JList 添加到 JScrollPane 中。JList 类的方法如表 8-8 所示。

表 8-8 JList 类的方法

方法名称	方法说明
构造方法	
JList()	构造一个空的列表框
JList(Object[] listData)	构造一个列表框,使其显示指定数组中的元素
常用方法	
clearSelection()	清除选择。调用此方法后,isSelectionEmpty 方法将返回 true
getSelectedIndex()	返回所选项目的第一个索引;如果选择为空,则返回 −1
getSelectedIndices()	返回所选项目的全部索引的数组(按升序排列)
getSelectedValue()	返回所选的第一个项目值,如果选择为空,则返回 null
getSelectedValues()	返回所选的一组项目值

续表

方法名称	方法说明
getSelectionMode()	返回允许单项选择还是多项选择
isSelectedIndex(int index)	如果选择了索引为 index 的项目,则返回 true
setSelectedIndex(int index)	选择索引为 index 的单个项目
setSelectionMode(int selectionMode)	设置允许单项选择还是多项选择
isSelectionEmpty()	如果什么也没有选择,则返回 true;否则返回 false

以下代码演示了 JList 与 JComboBox 的使用。

```java
package com.jnvc.stuman.other;
import java.awt.Color;
import javax.swing.JComboBox;
import javax.swing.JFrame;
import javax.swing.JList;
import javax.swing.JPanel;
import javax.swing.ListSelectionModel;
public class ListTest extends JFrame{
    public ListTest(){
        JPanel panel = new JPanel();
        String [] data = new String[]{"第 1 项","第 2 项","第 3 项","第 4 项","第 5 项"};
        JList <String> list = new JList<String>(data);
        JComboBox <String> box = new JComboBox<String>(data);
        list.setSelectionMode(ListSelectionModel.MULTIPLE_INTERVAL_SELECTION);
        list.setSelectionBackground(Color.BLUE);
        list.setSelectionForeground(Color.WHITE);
        box.addItem("新添加的数据项");
        box.setSelectedIndex(box.getItemCount() - 1);
        panel.add(list);
        panel.add(box);
        add(panel);
        setSize(300,200);
        setDefaultCloseOperation(JFrame.EXIT_ON_CLOSE);
    }
    public static void main(String[] args) {
        new ListTest().setVisible(true);
    }
}
```

8. 布局管理器

容器中可以放置许多不同的组件。这些组件在容器中的摆放方式称作布局。Java 中不用坐标进行绝对定位,而使用布局管理器进行相对定位。这种方式的优点是显示界面能够自动适应不同分辨率的屏幕。常用的布局管理器类有:FlowLayout 类、BorderLayout 类和 GridLayout 类。布局管理器的设置通常通过容器类的 setLayout() 方法来实现。

(1) FlowLayout(流布局)管理器是按从左到右而后从上到下的顺序依次排列,一行不能放完则折到下一行继续放置。根据对齐方式不同,流控制分为:居中、左对齐和右对齐。流布局把每个组件都假定为它的自然(首选)大小。JPanel 中默认的组件摆放方式就是流式布局。

(2) BorderLayout(边界布局)布局管理器按照东、西、南、北、中五个区域放置容器中的组件。每个区域最多只能包含一个组件,并通过相应的常量进行标识:NORTH、SOUTH、EAST、WEST 和 CENTER。组件的大小根据其首选大小和容器大小的约束对组件进行布局。NORTH 和 SOUTH 组件可以在水平方向上进行拉伸,而 EAST 和 WEST 组件可以在垂直方向上进行拉伸;CENTER 组件在水平和垂直方向上都可以进行拉伸,从而填充所有剩余空间。JFrame 的默认布局管理器是 BorderLayout。

(3) GridLayout(网格布局)类以矩形网格形式对容器的组件进行布置。容器被分成大小相等的矩形,一个矩形中放置一个组件。各个矩形大小相等,放置于其中的组件占满矩形区域。

(4) BoxLayout(盒布局),是允许垂直或水平布置多个组件的布局管理器。它与 Box 联合工作,Box 是一个使用了 BoxLayout 的轻量级组件。Box 的思想是将容器内的组件当作一个 Box(盒子),在 Box 与 Box 之间可以创建一些不可见的区域,这些不可见区域可以分为以下几种。

① Glue　相当于胶水,粘住了两个 box,它会自动沿垂直或水平方向填充两个 box 之间的不可见区域。

② Strut　指定高度(宽度)及垂直(水平)间距的 Glue。

③ RigidArea　同时指定高度与宽度的 Strut。

以下代码段演示了布局管理器的使用。

```java
package com.jnvc.stuman.other;
import java.awt.BorderLayout;
import java.awt.GridLayout;
import java.awt.Toolkit;
import javax.swing.Box;
import javax.swing.ImageIcon;
import javax.swing.JButton;
import javax.swing.JFrame;
import javax.swing.JPanel;
public class LayoutTest extends JFrame{
    public LayoutTest(){
        JPanel panel1 = new JPanel();
        JPanel panel2 = new JPanel();
        JPanel panel3 = new JPanel();
        for(int i = 1;i < 5;i++){
            JButton button = new JButton("按钮" + i);
            panel1.add(button);
        }
        panel2.setLayout(new BorderLayout());
        panel2.add(new JButton("东边的按钮"),BorderLayout.EAST);
        panel2.add(new JButton("西边的按钮"),BorderLayout.WEST);
        panel2.add(new JButton("南边的按钮"),BorderLayout.SOUTH);
        panel2.add(new JButton("北边的按钮"),BorderLayout.NORTH);
        panel2.add(new JButton("中间的按钮"));
        panel3.setLayout(new GridLayout(3,2));
```

```java
        for(int i = 1;i < 6;i++){
            panel3.add(new JButton("按钮" + i));
        }
        Box box = Box.createVerticalBox();
        box.add(Box.createVerticalStrut(30));
        box.add(panel1);
        box.add(Box.createVerticalStrut(30));
        box.add(panel2);
        box.add(Box.createVerticalStrut(30));
        box.add(panel3);
        box.add(Box.createVerticalStrut(30));
        add(box);
        setSize(600,500);
        setTitle("布局管理器测试");
        setIconImage(new ImageIcon("res/img/title1.jpg").getImage());
        int x = (int)(Toolkit.getDefaultToolkit().getScreenSize().getWidth() - this.getWidth())/2;
        int y = (int)(Toolkit.getDefaultToolkit().getScreenSize().getHeight() - this.getHeight())/2;
        setLocation(x,y);
        setDefaultCloseOperation(JFrame.EXIT_ON_CLOSE);
    }
    public static void main(String[] args) {
        new LayoutTest().setVisible(true);
    }
}
```

8.1.3 任务实施

1. 创建公共窗体父类,以方便程序的编写与维护

```java
package jnvc.computer.stuman.gui;
import java.awt.Image;
import java.awt.Toolkit;
import java.awt.event.ComponentAdapter;
import java.awt.event.ComponentEvent;
import javax.swing.ImageIcon;
import javax.swing.JFrame;
import javax.swing.JLabel;
import javax.swing.JPanel;
//所有 Frame 的公共父类
//需将子类中所有的容器设置透明,否则背景图片显示不出来
public class SuperFrame extends JFrame {
    private JLabel lblBack = new JLabel();
    public SuperFrame(String title,int w,int h,final String backimg,String iconimg){
        setTitle(title);
        setIconImage(new ImageIcon("res/img/" + iconimg + ".jpg").getImage());
        setSize(w,h);
        int y = (int)(Toolkit.getDefaultToolkit().getScreenSize().getHeight() - this.getHeight())/2;
        int x = (int)(Toolkit.getDefaultToolkit().getScreenSize().getWidth() - this.
```

```
getWidth())/2;
        setLocation(x, y);
        setDefaultCloseOperation(JFrame.EXIT_ON_CLOSE);
        getLayeredPane().setLayout(null);
        getLayeredPane().add(lblBack,new Integer(Integer.MIN_VALUE));
        lblBack.setBounds(0, 0, this.getWidth(), this.getHeight());
        ((JPanel)getContentPane()).setOpaque(false);
}
```

2. 创建登录注册窗体

```
package jnvc.computer.stuman.gui;
import java.awt.*;
import javax.swing.*;
public class LogFrm extends SuperFrame {
    private JLabel lblTitle = new JLabel(" 登录 ");
    private JLabel lblName = new JLabel("请输入姓名：");
    private JLabel lblPassword = new JLabel("请输入密码：");
    private JLabel lblType = new JLabel("请选择登录方式：");
    private JTextField txtName = new JTextField(20);
    private JPasswordField txtPassword = new JPasswordField(20);
    private JComboBox<String> comType = new JComboBox<String>(new String[]{"普通用户","管理员"});
    private JButton btnLog = new JButton("登录");
    private JButton btnCancel = new JButton("取消");
    private JButton btnReg = new JButton("注册");
    public LogFrm(){
        super("登录",400,260,"back1","title1");
        lblTitle.setFont(new Font("黑体",Font.PLAIN,40));
        lblTitle.setHorizontalAlignment(JLabel.CENTER);
        Font font = new Font("宋体",Font.BOLD,15);
        lblName.setFont(font);
        lblPassword.setFont(font);
        lblType.setFont(font);
        txtName.setFont(font);
        txtPassword.setFont(font);
        comType.setFont(font);
        btnLog.setFont(font);
        btnCancel.setFont(font);
        btnReg.setFont(font);
        lblTitle.setForeground(new Color(200,250,160));
        lblName.setForeground(Color.WHITE);
        lblPassword.setForeground(Color.WHITE);
        lblType.setForeground(Color.WHITE);
        add(lblTitle,BorderLayout.NORTH);
        JPanel panelC = new JPanel();
        JPanel panelCU = new JPanel();
        JPanel panelCC = new JPanel();
        JPanel panelCD = new JPanel();
        add(panelC);
        panelC.setLayout(new GridLayout(3,1));
```

```java
            panelC.add(panelCU);
            panelC.add(panelCC);
            panelC.add(panelCD);
            panelCU.add(lblName);
            panelCU.add(txtName);
            panelCC.add(lblPassword);
            panelCC.add(txtPassword);
            panelCD.add(lblType);
            panelCD.add(comType);
            JPanel panelS = new JPanel();
            add(panelS,BorderLayout.SOUTH);
            panelS.setLayout(new FlowLayout(FlowLayout.RIGHT));
            panelS.add(btnLog);
            panelS.add(btnReg);
            panelS.add(btnCancel);
            panelC.setOpaque(false);
            panelCU.setOpaque(false);
            panelCC.setOpaque(false);
            panelCD.setOpaque(false);
            panelS.setOpaque(false);
        }
    }
```

8.1.4 任务总结

GUI 全称是 Graphical User Interface，即图形用户界面，Java 的 GUI 分为重量级的 awt 组件与轻量级的 swing 组件。

组件（Component）是图形用户界面的最小单位之一，是可见的对象，用户可以通过鼠标或键盘对它进行操作，通过对不同事件的响应，完成组件与用户之间或组件与组件之间的交互，包括接收用户的一个命令、一项选择、显示一段文字等。容器（Container）是用来存放和组织其他界面元素的单元。

窗体（JFrame）带有边框、标题栏和菜单，是图形开发中不可缺少的容器之一。

JPanel 是一个空白容器类，提供容纳组件的空间，通常用于集成其他的若干组件，使这些组件形成一个有机的整体，进行整体操作，或再增加到别的容器上，甚至增加到另一个 JPanel 上。

JLabel 类是一个用来显示文本的类，常用来作为某种说明或提示。

JButton 类用来创建带文本标签的按钮。

JTextField 类用来创建允许用户编辑的单行文本组件。

JTextArea 多行文本框用来编辑多行文本，进行大量的文字编辑处理。

JPasswordField 密码文本框是用来输入密码的文本框。

8.1.5 补充拓展

1. GridBagLayout

GridLayout 不可以跨行与跨列，但 GridBagLayout 可以，GridBagLayout 是基于 GridLayout 的，它的原理也是将容器区域分为若干个单元格。不过功能远比 GridLayout

强大,不仅可以跨行与跨列,还可以指定在容器大小变更时组件是否向 X 轴与 Y 轴方向延伸,以及延伸率。

每个由 GridBagLayout 管理的组件都与 GridBagConstraints 的实例相关联。Constraints 对象指定组件的显示区域在网格中的具体放置位置,以及组件在其显示区域中的放置方式。除了 Constraints 对象之外,GridBagLayout 还考虑每个组件的最小大小和首选大小,以确定组件的大小。下面对 GridBagConstraints 的几个属性做一个简要说明,如要了解属性的原型说明,请参考 Oracle 官方资料

gridx、gridy:指定组件在容器单元格内的行索引与列索引,如最左上的那个单元格式,其 gridx 为 0,gridy 为 0。

gridwidth、gridheight:指定单元格的跨行与跨列数。

fill:指定填充方向,可以按水平、垂直或"水平+垂直"方向充满整个容器。

ipadx、ipady:指定组件的内部填充,相当于单元格边距,即给组件的最小宽度或高度添加多大的空间。此属性在实践中未能完全遵循其中的工作方式(有时填充,有时不填充)

insets:指定组件的外部填充,相当于单元格间距。

anchor:当组件的大小小于可用显示区域时使用,指定组件在显示区域中的位置。

weightx、weighty:指定容器大小变动时,在 X 轴或 Y 轴方向上的伸缩率。

以下代码段演示了 GridBagLayout 的使用。

```
package com.jnvc.stuman.other;
import java.awt.*;
import javax.swing.*;
public class GridBagTest extends JFrame {
    private JPanel panel = new JPanel();
    protected void makebutton(String name, GridBagLayout gridbag,GridBagConstraints c) {
        JButton button = new JButton(name);
        gridbag.setConstraints(button, c);
        panel.add(button);
    }
    public GridBagTest() {
        GridBagLayout gridbag = new GridBagLayout();
        GridBagConstraints c = new GridBagConstraints();
        panel.setLayout(gridbag);
        c.fill = GridBagConstraints.BOTH;
        c.weightx = 1.0;
        makebutton("Button1", gridbag, c);
        makebutton("Button2", gridbag, c);
        makebutton("Button3", gridbag, c);
        c.gridwidth = GridBagConstraints.REMAINDER;
        makebutton("Button4", gridbag, c);
        c.weightx = 0.0;
        makebutton("Button5", gridbag, c);
        c.gridwidth = GridBagConstraints.RELATIVE;
        makebutton("Button6", gridbag, c);
        c.gridwidth = GridBagConstraints.REMAINDER;
        makebutton("Button7", gridbag, c);
        c.gridwidth = 1;
```

```java
            c.gridheight = 2;
            c.weighty = 1.0;
            makebutton("Button8", gridbag, c);
            c.weighty = 0.0;
            c.gridwidth = GridBagConstraints.REMAINDER;
            c.gridheight = 1;
            makebutton("Button9", gridbag, c);
            makebutton("Button10", gridbag, c);
            add(panel);
            setSize(400, 200);
            setLocation(400,300);
            setDefaultCloseOperation(JFrame.EXIT_ON_CLOSE);
        }
        public static void main(String args[]) {
            new GridBagTest().setVisible(true);
        }
    }
```

2. GroupLayout

Java SE 6 中包含一个新的 GroupLayout，从 GroupLayout 单词的意思来看，它是以组（Group）为单位来管理布局，也就是把多个组件（如：JLable、JButton）按区域划分到不同的组（Group）中，再根据各个组（Group）相对于水平轴（Horizontal）和垂直轴（Vertical）的排列方式来管理。

以下代码演示了 GroupLayout 的使用。

```java
package com.jnvc.stuman.other;
import java.awt.*;
import javax.swing.*;
public class GroupTest extends JFrame{
    public GroupTest()    {
        JLabel label1 = new JLabel("Find What:");
        JTextField textField1 = new JTextField();
        JCheckBox caseCheckBox = new JCheckBox("Match Case");
        JCheckBox wholeCheckBox = new JCheckBox("Whole Words");
        JCheckBox wrapCheckBox = new JCheckBox("Warp Around");
        JCheckBox backCheckBox = new JCheckBox("Search Backwards");
        JButton findButton = new JButton("Find");
        JButton cancelButton = new JButton("Cancel");
        Container c = getContentPane();
        GroupLayout layout = new GroupLayout(c);
        c.setLayout(layout);
        //自动设定组件、组之间的间隙
        layout.setAutoCreateGaps(true);
        layout.setAutoCreateContainerGaps(true);
        //LEADING：左对齐;BASELINE：底部对齐;CENTER：中心对齐
        GroupLayout.ParallelGroup hpg2a = layout.createParallelGroup(GroupLayout.Alignment.LEADING);
        hpg2a.addComponent(caseCheckBox);
        hpg2a.addComponent(wholeCheckBox);
        GroupLayout.ParallelGroup hpg2b = layout.createParallelGroup(GroupLayout.Alignment.LEADING);
        hpg2b.addComponent(wrapCheckBox);
```

```
        hpg2b.addComponent(backCheckBox);
        GroupLayout.SequentialGroup hpg2H = layout.createSequentialGroup();
        hpg2H.addGroup(hpg2a).addGroup(hpg2b);
        GroupLayout.ParallelGroup hpg2 = layout.createParallelGroup(GroupLayout.Alignment.LEADING);
        hpg2.addComponent(textField1);
        hpg2.addGroup(hpg2H);
        GroupLayout.ParallelGroup hpg3 = layout.createParallelGroup(GroupLayout.Alignment.LEADING);
        hpg3.addComponent(findButton);
        hpg3.addComponent(cancelButton);
        //水平方向
        layout.setHorizontalGroup(layout.createSequentialGroup().addComponent(label1).addGroup(hpg2).addGroup(hpg3));
        //设定两个按钮(Button)在水平方向一样宽
        layout.linkSize(SwingConstants.HORIZONTAL,new Component[]{ findButton, cancelButton });
        //layout.linkSize(SwingConstants.HORIZONTAL, new Component[]{ caseCheckBox, wholeCheckBox, wrapCheckBox, backCheckBox});
        GroupLayout.ParallelGroup vpg1 = layout.createParallelGroup(GroupLayout.Alignment.BASELINE);
        vpg1.addComponent(label1);
        vpg1.addComponent(textField1);
        vpg1.addComponent(findButton);
        GroupLayout.ParallelGroup vpg2 = layout.createParallelGroup(GroupLayout.Alignment.CENTER);
        vpg2.addComponent(caseCheckBox);
        vpg2.addComponent(wrapCheckBox);
        vpg2.addComponent(cancelButton);
        GroupLayout.ParallelGroup vpg3 = layout.createParallelGroup(GroupLayout.Alignment.BASELINE);
        vpg3.addComponent(wholeCheckBox);
        vpg3.addComponent(backCheckBox);
        //垂直方向
      layout.setVerticalGroup(layout.createSequentialGroup()
              .addGroup(vpg1).addGroup(vpg2).addGroup(vpg3));
        setLocation(200,200);
        setSize(480,180);
        setDefaultCloseOperation(JFrame.EXIT_ON_CLOSE);
    }
public static void main(String[] args)
{
new GroupTest().setVisible(true);;
}
}
```

3. Null Layout

Null Layout 也称为绝对布局管理器。如果一个容器使用绝对布局,那么其中的组件要调用 setBounds()方法以确定在哪个位置显示组件,否则组件将不显示。如果不用 WindowsBuilder 之类的界面开发插件,使用绝对定位将是一件痛苦的事。在界面较复杂的情况下,一般不会使用绝对布局。

以下代码演示了 NullLayout 的使用。

```
package com.jnvc.stuman.other;
import java.awt.Toolkit;
import javax.swing.JButton;
```

```java
import javax.swing.JFrame;
public class NullTest extends JFrame{
    public NullTest(){
        JButton button1 = new JButton("按钮 1");
        JButton button2 = new JButton("按钮 2");
        button1.setBounds(10, 20, 100, 50);
        button2.setBounds(40, 100, 100, 50);
        getContentPane().setLayout(null);
        add(button1);
        add(button2);
        setResizable(false);
        setSize(200,200);
        setTitle("布局管理器测试");
        int x = (int)(Toolkit.getDefaultToolkit().getScreenSize().getWidth() - this.getWidth())/2;
        int y = (int)(Toolkit.getDefaultToolkit().getScreenSize().getHeight() - this.getHeight())/2;
        setLocation(x,y);
        setDefaultCloseOperation(JFrame.EXIT_ON_CLOSE);
    }
    public static void main(String[] args) {
        new NullTest().setVisible(true);
    }
}
```

任务 2 添加事件处理

8.2.1 任务目标

- 理解 Java 委托事件处理模型。
- 掌握常用控件的事件处理。
- 了解事件适配器的概念。

8.2.2 知识学习

1. 委托事件处理模型

Swing 所用的事件机制是委托事件处理模型。在这个模型中,事件由事件源产生,要处理事件,必须事先在事件源上注册相应的事件监听器(Listener)。一旦事件发生,事件源将通知被注册的事件监听器,委托事件监听器处理该事件。一个事件监听器是一个实现某种 Listener 接口的对象。每个事件都有相应的 Listener 接口,在实现 Listener 接口的类中定义了可以接收处理事件对象的各个方法。

事件(Event):一个对象,它描述了发生什么事情,Java 程序中使用事件类表示。

事件源(Event source):产生事件的组件对象,如按钮,Java 程序中使用组件对象表示。

事件监听器(Event listener):调用事件处理方法的对象,Java 程序中使用实现了相关监听接口的类表示。

事件处理器(Event handler):能够接收、解析和处理事件类对象,Java 程序中使用覆盖监听接口中的相应方法来实现。

图 8-2 显示了事件处理的过程。

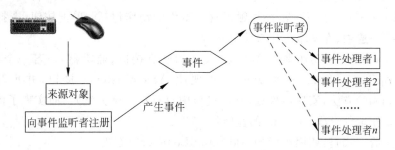

图 8-2 委托事件处理模型

2. 常用事件类与监听接口

Java 中常用事件类与监听接口对应关系如表 8-9 所示。

表 8-9 事件类与监听接口对应关系

事件类	事件监听器接口	接口中定义的方法
ActionEvent	ActionListener	actionPerformed(ActionEvent)
ItemEvent	ItemListener	itemStateChanged(ItemEvent)
MouseEvent	MouseMotionListener	mouseDragged(MouseEvent)
		mouseMoved(MouseEvent)
	MouseListener	mousePressed(MouseEvent)
		mouseReleased(MouseEvent)
		mouseEntered(MouseEvent)
		mouseExited(MouseEvent)
		mouseClicked(MouseEvent)
KeyEvent	KeyListener	keyPressed(KeyEvent)
		keyReleased(KeyEvent)
		keyTyped(KeyEvent)
FocusEvent	FocusListener	focusGained(FocusEvent)
		focusLost(FocusEvent)
WindowEvent	WindowListener	windowClosing(WindowEvent)
		windowOpened(WindowEvent)
		windowIconified(WindowEvent)
		windowDeiconified(WindowEvent)
		windowClosed(WindowEvent)
		windowActivated(WindowEvent)
		windowDeactivated(WindowEvent)

3. 委托事件处理编程过程

委托事件处理机制的基本编程方法如下:

(1) 引入事件处理相关类或包,如"import java.awt.event.*;"。

(2) 为事件源注册监听器,使用如下语句(其中的××Listener 代表某种事件监听器):

事件源.add××Listener(××Listener L);

(3) 实现监听接口××Listener,并重写接口中的相应方法,对事件进行处理。

4. ActionEvent 处理

ActionEvent——动作事件,能够触发这个事件的动作包括:单击按钮、选择菜单项、双击一个列表中的选项、在文本框中按 Enter 键。

ActionListener——动作事件 ActionEvent 的监听接口(监听器)。若一个类要处理动作事件 ActionEvent,那么,这个类就要实现此 ActionListener 接口,并重写接口中的 actionPerformed()方法,实现事件处理(该接口中只有这一个方法)。而实现了此接口的类,就可以作为动作事件 ActionEvent 的监听器。

组件的注册方式是,调用组件的 addActionListener()方法。

以 JButton 组件为例,对于 ActionEvent 事件处理的一般步骤如下。

(1) 注册,设定对象的监听者:

```
button.addActionListener(new MyActionListener ());
```

其中,button 是 JButton 组件的对象;addActionListener 是为事件源 button 添加监听器所使用的方法;MyActionListener 是用户指定的监听器类。

(2) 声明 MyActionListener 类,实现 ActionListener 接口。

(3) 实现 ActionListener 接口中的 actionPerformed(ActionEvent e)方法,完成事件处理代码。

以下代码演示了 ActionEvent 的事件处理过程。

```java
import java.awt.event.*;
import javax.swing.*;
import java.awt.*;
public class ActionTest1 extends JFrame implements ActionListener{    //实现接口
    JLabel label = new JLabel("原来的文字!");
    JButton button = new JButton("单击");
    public ActionTest1(){
        getContentPane().setLayout(new FlowLayout());
        getContentPane().add(label);
        getContentPane().add(button);
        button.addActionListener(this);              //添加监听者,即 ActionTest1
        setSize(300,100);
        setDefaultCloseOperation(JFrame.EXIT_ON_CLOSE);
        setVisible(true);
    }
    public void actionPerformed(ActionEvent e){      //覆盖方法
        label.setText("更改后的文字…");
    }
    public static void main(String [] args){
        new ActionTest1();
    }
}
```

5. 内部类

内部类是指在一个外部类的内部再定义一个类。内部类作为外部类的一个成员,并且依附于外部类而存在。内部类可为静态,可用 protected 和 private 修饰(而外部类只能使用 public 和默认的包访问权限)。内部类主要有以下几类:成员内部类、局部内部类、嵌套内部类、匿名内部类。

成员内部类,就是作为外部类的成员,可以直接使用外部类的所有成员和方法,即使是 private 的。同时外部类要访问内部类的所有成员变量/方法,则需要通过内部类的对象来获取。要注意的是,成员内部类不能含有 static 的变量和方法。因为成员内部类需要先创建了外部类,才能创建它自己。

在方法中定义的内部类称为局部内部类。与局部变量类似,局部内部类不能有访问说明符,因为它不是外围类的一部分,但是它可以访问当前代码块内的常量及此外围类所有的成员。

嵌套内部类,就是修饰为 static 的内部类。声明为 static 的内部类,不需要内部类对象和外部类对象之间的联系,就是说我们可以直接引用 outer.inner,既不需要创建外部类,也不需要创建内部类。嵌套类和普通的内部类还有一个区别:普通内部类不能有 static 数据和 static 属性,也不能包含嵌套类,但嵌套类可以。而嵌套类不能声明为 private,一般声明为 public,方便调用。

匿名内部类就是没有名字的内部类。如果满足下面的一些条件,使用匿名内部类是比较合适的:

- 只用到类的一个实例。
- 类在定义后马上用到。
- 类非常小。
- 给类命名并不会导致你的代码更容易被理解。

在使用匿名内部类时,要记住以下几个原则:

- 匿名内部类不能有构造方法。
- 匿名内部类不能定义任何静态成员、方法和类。
- 匿名内部类不能是 public、protected、private、static。

事件处理时,我们更倾向于使用匿名内部类来实现,下面的代码演示了匿名内部类如何实现 ActionEvent 的事件处理。

```java
import java.awt.event.*;
import javax.swing.*;
import java.awt.*;
public class ActionTest extends JFrame{
    JLabel label = new JLabel("原来的文字!");
    JButton button = new JButton("单击");
    public ActionTest(){
        getContentPane().setLayout(new FlowLayout());
        getContentPane().add(label);
        getContentPane().add(button);
        button.addActionListener(new ActionListener(){  //添加监听者、实现接口(匿名内部类)
            public void actionPerformed(ActionEvent e){  //覆盖方法
                label.setText("更改后的文字...");
            }
        });
        setSize(300,100);
```

```
            setDefaultCloseOperation(JFrame.EXIT_ON_CLOSE);
            setVisible(true);
        }
        public static void main    (String [] args){
            new ActionTest();
        }
    }
```

8.2.3 任务实施

(1) 为公共父类窗体 SuperFrame 添加事件处理,以达到窗口改变时背景图片随之缩放的目的。

在 SuperFrame 类中添加如下代码:

```
addComponentListener(new ComponentAdapter(){
    public void componentResized(ComponentEvent e){
        //缩放图片
        Image image = new ImageIcon ( " res/img/" + backimg + ". jpg"). getImage ( ). getScaledInstance(getWidth(), getHeight(), Image.SCALE_DEFAULT);
        lblBack.setIcon(new ImageIcon(image));
        lblBack.setBounds(0, 0, getWidth(), getHeight());
        lblBack.updateUI();
    }
});
```

(2) 为登录注册添加事件处理完成登录注册功能。

```
//登录
btnLog.addActionListener(new ActionListener(){
    public void actionPerformed(ActionEvent e){
        Person person = getPerson();
        try {                                          //登录失败
            if(Factory.getUserDao().log(person, comType.getSelectedItem().toString()) == null){
                JOptionPane.showMessageDialog(null, "用户名或密码错误!","错误",JOptionPane.WARNING_MESSAGE);
            }else{                                     //登录成功
                if(comType.getSelectedIndex() == 0){   //普通用户
                    new UserMainFrm().setVisible(true);
                }else{                                 //管理员
                    new AdminMainFrm((Admin)person).setVisible(true);
                }
                dispose();
            }
        } catch (Exception e1) {
            JOptionPane.showMessageDialog(null, "出错了,请检查输入!","错误",JOptionPane.WARNING_MESSAGE);
        }
    }
});
//注册
```

```java
btnReg.addActionListener(new ActionListener(){
    public void actionPerformed(ActionEvent e){
        Person person = getPerson();
        try {
            if(Factory.getUserDao().reg((User)person)){        //注册成功
                JOptionPane.showMessageDialog(null, "注册成功,请等待管理员审核!","成功",JOptionPane.INFORMATION_MESSAGE);
            }
        } catch (Exception e1) {
            JOptionPane.showMessageDialog(null, "用户名已存在,出错了,请检查输入!","错误",JOptionPane.WARNING_MESSAGE);
        }
    }
});
//取消
btnCancel.addActionListener(new ActionListener(){
    public void actionPerformed(ActionEvent e){
        dispose();
    }
});
}
//封装 Person
public Person getPerson(){
    String name = txtName.getText().trim();
    if("".equals(name)){
        txtName.requestFocus();
        JOptionPane.showMessageDialog(null, "请输入姓名!","错误",JOptionPane.WARNING_MESSAGE);
        return null;
    }
    String password = new String(txtPassword.getPassword()).trim();
    if("".equals(password)){
        txtPassword.requestFocus();
        JOptionPane.showMessageDialog(null, "请输入密码!","错误",JOptionPane.WARNING_MESSAGE);
        return null;
    }
    Person person = null;
    if(comType.getSelectedIndex() == 0){
        person = new User();
    }else{
        person = new Admin();
    }
    person.setName(name);
    person.setPassword(password);
    return person;
}
```

8.2.4 任务总结

Swing 所用的事件机制是委托事件处理模型。在这个模型中,事件由事件源产生,要处理事件,必须事先在事件源上注册相应的事件监听器(Listener)。一旦事件发生,事件源将通知被注册的事件监听器,委托事件监听器处理该事件。一个事件监听器是一个实现某种 Listener 接口的对象。每个事件都有相应的 Listener 接口,在实现 Listener 接口的类中定义了可以接收处理事件对象的各个方法。

委托事件处理机制的基本编程方法如下:
(1) 引入事件处理相关类或包,如"import java.awt.event.*;"。
(2) 为事件源注册监听器,使用如下语句(其中的××Listener 代表某种事件监听器):

事件源.add××Listener(××Listener L);

(3) 实现监听接口××Listener,并重写接口中的相应方法,对事件进行处理。
事件处理时,我们更倾向于使用匿名内部类来实现。

8.2.5 补充拓展

1. KeyEvent 事件处理

(1) KeyEvent:按键事件,当按下、释放或输入某个键时,组件对象(如文本框)将生成此按键事件(键盘事件)。按键事件主要定义了三个动作:按下按键(keyPressed)、松开按键(keyReleased)、输入字符(keyTyped),即按下并松开按键的整个事件过程。

KeyEvent 事件类的主要方法有以下几种。

char getKeyChar():对于输入字符(keyTyped)事件,用来返回一个被输入的字符。例如,输入"a",返回值为"a";输入 shift + "a",返回值为"A"。

int getKeyCode():对于按下(keyPressed)、松开(keyReleased)事件,用来返回被按键的键码。例如,按下"a"键,返回值为 65。

(2) KeyListener:按键事件 KeyEvent 的监听接口。KeyListener 接口中定义了三个方法。

void keyTyped(KeyEvent e):输入某个键时调用此方法。

void keyPressed(KeyEvent e):按下某个键时调用此方法。

void keyReleased(KeyEvent e):释放某个键时调用此方法。

实现了 KeyListener 接口的类,通过组件的 addKeyListener 方法将其注册,就可以作为按键事件 KeyEvent 的监听器。要注意的是,用作监听器的这个类,必须实现接口中的上述三个方法,以下代码段演示了 KeyEvent 的事件处理。

```
import java.awt.event.*;
import javax.swing.*;
import java.awt.*;
public class KeyTest extends JFrame{
    JTextArea text = new JTextArea(30,40);
    public KeyTest(){
        getContentPane().add(text);
        text.addKeyListener(new KeyListener(){
            public void keyTyped(KeyEvent e){
                text.append(e.getKeyChar() + "被按下\n");
            }
            public void keyPressed(KeyEvent e){
                text.append(e.getKeyCode() + "被按下\n");
            }
```

```
            public void keyReleased(KeyEvent e){
            }
        });
        setSize(300,300);
        setDefaultCloseOperation(JFrame.EXIT_ON_CLOSE);
        setVisible(true);
    }
    public static void main(String [] args){
        new KeyTest();
    }
}
```

2. 事件适配器

为了进行事件处理,需要创建实现 Listener 接口的类,而按 Java 的规定,在实现接口的类中,必须同时实现该接口中所定义的全部方法。在具体程序设计过程中,有可能只用到接口中的一个或几个方法,但也必须重写接口中的全部方法。

为了方便,Java 为那些声明了多个方法的 Listener 接口提供了一个对应的适配器 (Adapter)类,在该类中实现了对应接口的所有方法,只是方法体为空。

由于适配器类实现了相对应接口中的所有方法,所以当创建能够进行事件处理的类时,可以不实现接口,而是继承某个相应的适配器类,并且仅重写所关心的事件处理方法,对适配器的同名方法进行覆盖即可。

以处理 KeyEvent 键盘事件类的 KeyListener 接口为例。接口中定义了三个事件处理方法 keyPressed、keyReleased、keyTyped,要实现 KeyListener 接口的监听器类,必须实现接口中的上述三个方法,即便我们使用的仅仅是 keyTyped 方法,也需要以"空方法体"的方式实现 keyPressed、keyReleased 方法。而 KeyAdapter 类就实现 KeyListener 接口,即实现所有这三个方法。这样,继承自 KeyAdapter 类的子类,就是监听器类。当仅仅需要使用 keyTyped 方法时,就在子类中重写 keyTyped 方法,使之覆盖 KeyAdapter 类中空的 keyTyped 方法,而不必关心另外的两个方法。

使用适配器简化了程序的设计,但要注意的是,一定确保所覆盖的方法书写正确。

以下代码演示了事件适配器的使用:

```
import java.awt.event.*;
import javax.swing.*;
import java.awt.*;
public class KeyAdapterTest extends JFrame{
    JTextArea text = new JTextArea(30,40);
    public KeyAdapterTest(){
        getContentPane().add(text);
        text.addKeyListener(new KeyAdapter(){
            public void keyTyped(KeyEvent e){
                text.append(e.getKeyChar() + "被按下\n");
            }
        });
        setSize(300,300);
        setDefaultCloseOperation(JFrame.EXIT_ON_CLOSE);
        setVisible(true);
```

```
        }
        public static void main(String [] args){
            new KeyAdapterTest();
        }
    }
```

3. Annotation

Annotation(注解)是JDK 5.0增加的特性，Annotation提供一种机制，将程序的元素如类、方法、属性、参数、本地变量、包和元数据联系起来。这样编译器可以将元数据存储在Class文件中，虚拟机和其他对象可以根据这些元数据来决定如何使用这些程序元素或改变它们的行为。换言之，Annotation是写给虚拟机看的注释，用于编译、运行程序时提供一些程序的信息。JDK提供了三个基本的Annotation，其基本意义如下：

@Override注释能实现编译时检查，可以为你的方法添加该注释，以声明该方法是用于覆盖父类中的方法。如果该方法不是覆盖父类的方法，将会在编译时报错。例如为某类重写toString()方法却写成了tostring()，并且为该方法添加了@Override注释时，编译器会在编译时提示无法覆盖父类方法错误。

@Deprecated的作用是对不应该再使用的方法添加注释，当编程人员使用这些方法时，将会在编译时显示提示信息，它与JavaDOC里的@deprecated标记有相同的功能，准确地说，它还不如JavaDOC @deprecated，因为它不支持参数。

@SuppressWarnings与前两个注释有所不同，需要添加一个参数才能正确使用，这些参数值都是已经定义好了的，我们有选择地使用就可以了，参数如下：

deprecation：使用了过时的类或方法时的警告。

unchecked：执行了未检查的转换时的警告，例如当使用集合时没有用泛型(Generics)来指定集合保存的类型。

fallthrough：当Switch程序块直接通往下一种情况而没有Break时的警告。

path：在类路径、源文件路径等中有不存在的路径时的警告。

serial：当在可序列化的类上缺少serialVersionUID定义时的警告。

finally：任何finally子句不能正常完成时的警告。

all：关于以上所有情况的警告。

任务3　实现用户权限管理

8.3.1　任务目标

- 理解MVC思想。
- 掌握JToolBar、JCheckBox、JScrollPane的使用。
- 掌握JTable的使用。

8.3.2　知识学习

1. JToolBar

JToolBar用于实现工具条。工具条通常位于窗体的上部，紧靠菜单，用于放置其他组件,并且可以拖到窗体以外。JToolBar 类的方法如表 8-10 所示。

表 8-10 JToolBar 类的方法

方法名称	方法说明
构造方法	
JToolBar()	创建新的工具栏；默认的方向为 HORIZONTAL
JToolBar(int orientation)	创建具有指定 orientation(方向)的新工具栏
常用方法	
add(Action a)	添加一个指派动作的新的 JButton
addSeparator()	将默认大小的分隔符添加到工具栏的末尾
setOrientation(int o)	设置工具栏的方向

2. JCheckBox 与 JRadioButton

JCheckBox 类提供复选框的功能,它是 AbstractButton 抽象类的子类,提供选择和不选择两种状态。

JRadioButton 类提供单选按钮的功能。单选按钮与复选框使用方法基本一致,但单选按钮必须被放在按钮组(ButtonGroup)中,同一组中的单选按钮互斥。

ButtonGroup 为单选按钮提供分组:同一时间内同一组中只会有一个组件的状态为 on。ButtonGroup 类还可以被 JRadioButtonMenu、Item、JToggleButton 等组件使用。

JCheckBox 类的方法如表 8-11 所示。

表 8-11 JCheckBox 类的方法

方法名称	方法说明
构造方法	
JCheckBox(String text)	创建一个带文本的、最初未被选定的复选框
JCheckBox(String text, boolean selected)	创建一个带文本的复选框,并指定其最初是否处于选定状态
JCheckBox(Icon icon)	创建有一个图标、最初未被选定的复选框
JCheckBox(String text, Icon icon, boolean selected)	创建一个带文本和图标的复选框,并指定其最初是否处于选定状态
常用方法	
setSelected(boolean b)	设置复选框的状态
isSelected()	返回复选框的状态

3. JScrollPane

滚动窗格组件是一个可以容纳其他组件的矩形区域,在必要的时候提供水平和/或垂直的滚动条。Swing 中的滚动窗格由 JScrollPane 类实现,JScrollPane 扩展了 JComponent 类。

JScrollPane 类的方法如表 8-12 所示。

可以按下列步骤在小应用程序中增加滚动窗口:

(1) 创建 JComponent 对象。

(2) 创建 JScrollPane 对象(构造函数的参数指定组件和水平、垂直滚动条的策略)。

(3) 将滚动窗格 JScrollPane 加入其他容器中。

表 8-12　JScrollPane 类的方法

方法名称	方法说明
构造方法	
JScrollPane()	创建一个空的 JScrollPane，需要时滚动条都可显示
JScrollPane(Component view)	创建一个显示指定组件内容的 JScrollPane，只要组件的内容超过视图大小就会显示水平和垂直滚动条
JScrollPane(Component view, int vsbPolicy, int hsbPolicy)	创建一个 JScrollPane，它将视图组件显示在一个视图中，视图位置可使用一对滚动条控制
常用方法	
createHorizontalScrollBar()	默认返回 JScrollPane.ScrollBar
createVerticalScrollBar()	默认返回 JScrollPane.ScrollBar
createViewport()	默认返回新的 JViewport
getHorizontalScrollBar()	返回的水平视图位置的水平滚动条
getHorizontalScrollBarPolicy()	返回水平滚动条策略值
getVerticalScrollBar()	返回垂直视图位置的垂直滚动条
getVerticalScrollBarPolicy()	返回垂直滚动条策略值
getViewport()	返回当前的 JViewport
setHorizontalScrollBar(JScrollBar horizontalScrollBar)	将水平视图位置的水平滚动条添加到滚动窗格中
setHorizontalScrollBarPolicy(int policy)	确定水平滚动条何时显示在滚动窗格上
setVerticalScrollBar(JScrollBar verticalScrollBar)	将垂直视图位置的滚动条添加到滚动窗格中
setVerticalScrollBarPolicy(int policy)	确定垂直滚动条何时显示在滚动窗格上
setViewport(JViewport viewport)	移除旧的 JViewport；设置新的 JViewport
setViewportView(Component view)	创建一个视口（如果有必要）并设置其视图

JToolBar、JCheckBox、JRadioButton、JScrollPane 的使用如下面的代码所示：

```
package com.jnvc.stuman.other;
import java.awt.*;
import javax.swing.*;
@SuppressWarnings("serial")
public class ScrollPaneTest extends JFrame{
    public ScrollPaneTest(){
        JToolBar bar = new JToolBar();
        JButton button = new JButton("工具栏按钮");
        JCheckBox checkBar = new JCheckBox("工具栏复选框",true);
        ButtonGroup group1 = new ButtonGroup();
        ButtonGroup group2 = new ButtonGroup();
        bar.add(button);
        bar.addSeparator();
        bar.add(checkBar);
        JScrollPane pane1 = new JScrollPane(JScrollPane.VERTICAL_SCROLLBAR_ALWAYS,
JScrollPane.HORIZONTAL_SCROLLBAR_AS_NEEDED);
        JScrollPane pane2 = new JScrollPane(JScrollPane.VERTICAL_SCROLLBAR_AS_NEEDED,
JScrollPane.HORIZONTAL_SCROLLBAR_AS_NEEDED);
        JScrollPane pane3 = new JScrollPane(JScrollPane.VERTICAL_SCROLLBAR_NEVER,
JScrollPane.HORIZONTAL_SCROLLBAR_NEVER);
        JPanel panel1 = new JPanel();
```

```java
        JPanel panel2 = new JPanel();
        JPanel panel3 = new JPanel();
        for(int i = 0;i < 10;i++){
            JCheckBox box = new JCheckBox("复选框" + i);
            if(i % 3 == 0){
                box.setSelected(true);
            }
            panel1.add(box);
        }
        for(int i = 0;i < 5;i++){
            JCheckBox box = new JCheckBox("复选框" + i);
            if(i % 3 == 0){
                box.setSelected(true);
            }
            group1.add(box);
            panel2.add(box);
        }
        for(int i = 0;i < 3;i++){
            JRadioButton radio = new JRadioButton("复选框" + i);
            if(i % 3 == 0){
                radio.setSelected(true);
            }
            group2.add(radio);
            panel3.add(radio);
        }
        pane1.getViewport().add(panel1);
        pane2.getViewport().add(panel2);
        pane3.getViewport().add(panel3);
        add(bar,BorderLayout.NORTH);
        add(pane1);
        add(pane2,BorderLayout.SOUTH);
        add(pane3,BorderLayout.WEST);
        setSize(300,200);
        setTitle("ScrollPane 测试");
        setIconImage(new ImageIcon("res/img/title1.jpg").getImage());
        int x = (int)(Toolkit.getDefaultToolkit().getScreenSize().getWidth() - this.getWidth())/2;
        int y = (int)(Toolkit.getDefaultToolkit().getScreenSize().getHeight() - this.getHeight())/2;
        setLocation(x,y);
        setDefaultCloseOperation(JFrame.EXIT_ON_CLOSE);
    }
    public static void main(String[] args) {
        new ScrollPaneTest().setVisible(true);
    }
}
```

4. MVC

MVC 全名是 Model View Controller,是模型(model)、视图(view)、控制器(controller)的缩写,用于用一种业务逻辑和数据显示分离的方法组织代码。视图直接面向最终用户,提供给用户操作界面,是程序的外壳。模型就是程序需要操作的数据或信息。控制器负责根据用户从"视图"输入的指令,选取"数据"中的数据,然后对其进行相应的操作,产生最终结果。

Swing 的控件都采用了 MVC 模式。MVC 把控件(Component)划分成以下三个部分。

模型(Model):管理这个模块中所用到的数据和值,如某个数据的最大值、最小值、当前值等数据。

视图(View):管理如何将模型显示给用户。

控制器(Controller)决定如何处理用户和该模块交互时产生的事件,如用户单击一个按钮等。

Swing 中的每个控件都包含以下三种特征。

(1) 状态:比如一个按钮的状态。

(2) 外观:颜色、尺寸等。

(3) 行为:对事件作出的反应。

以一个按钮为例,它有可用、不可用状态,有不同的外观显示,在鼠标按下、鼠标右击等事件中有自己独特的响应方式。

Swing 将控件的外观同一个对象关联到一起,将其内容保存到另一个对象中,控制器则负责控制用户输入事件。比如鼠标单击、按键操作等,控制器会决定将这些事件转换成模型中的改变、还是视图中的改变。视图不用关心什么时候进行文字改变,只要模型通知它更新就会更新。这样控制器只用与用户交互并把交互结果反映到模型中去;模型负责维护状态,当状态变化时通知视图更新显示;视图不负责用户交互的状态维护,它只是根据模型中的状态绘制不同的界面。图 8-3 说明了 Swing MVC 的原理。

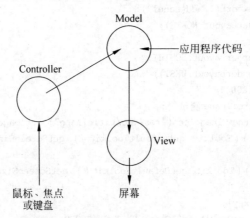

图 8-3　Swing MVC

Swing 中的大多数控件的模型是由一个名字以 Model 结尾的接口实现的。比如按钮对应的模型接口就是 ButtonModel,JList 控件的 ListModel、JTable 的 TableModel、JSpinner 的 SpinnerModel、JComboBox 的 SpinnerModel,这些模型也有默认的实现,名称通常为模型名前加 Default。

Swing 中的大多数控件的视图是由一个名字以 UI 结尾的类实现的,比如按钮对应的模型接口就是 ButtonUI。

以用户用鼠标单击按钮为例。控制器探测到该操作,并将其解释为单击按钮的请求。一次单击实际上需要两个步骤:首先按钮被按下;其次又被释放。当按下鼠标时,控制器告诉模型改变它的状态,以反映按钮已经按下的事实。现在按钮需要重新绘制,这样可以看到按钮被按下了。要使该重新绘制发生,模型需要生成一个事件,通知视图它的状态已经改变,在收到该事件时,视图向模型查询它的新状态并据此重画按钮。当用户释放鼠标时,控制器将探测到它并再次改变模型,以便使按钮的状态改变到并未按下。这使得模型向视图产生另一个事件,结果按钮会重新绘制成弹出状态。这种从压下到弹出的特定状态的改变,还使得模型产生另一个事件,可以发送到应用程序代码,表示按钮已经被单击了。

Swing 按钮是 JButton,实际上它由几部分组成:

(1) 实现模型的类的实例。如果是普通的按钮,该类是 DefaultButtonModel。

(2) 知道如何绘制按钮的类的实例,它完成视图的任务。对普通的按钮而言是 BasicButtonUI。

(3) 响应用户输入的类的实例,这是控制器的任务。对于按钮来说,该角色由 BasicButtonListener 类担任。

(4) 一个包装类,提供按钮的编程接口并隐藏其他部分,即 JButton。

Swing 对于 MVC 的实现,用一句话来说就是:一个 GUI 组件对应着一个 MVC 体系。Swing 的 MVC 还有两个重要的特点:一是它对于 model 作了进一步的区分,那就是真正表达程序数据的 model 和仅仅表达界面状态的 model,如下面的 JTable 就分为数据模型 TableModel 与界面模型 TableColumnModel。二是 view 的 Renderer/Editor 机制,Renderer 和 Editor 分别用于展现表现形式和交互形态,使得组件在表现与用户交互时呈现不同的状态,如 JTable 类的 TableCellRenderer 与 TableCellEditor 定义了表现状态与交互状态时的不同外观。

5. JTable

JTable 用来显示和编辑常规二维单元表。DefaultTableModel 是一个模型实现,它使用一个 Vector 来存储所有单元格的值,该 Vector 由包含多个 Object 的 Vector 组成。除了将数据从应用程序复制到 DefaultTableModel 中之外,还可以用 TableModel 接口的方法来包装数据,这样可将数据直接传递到 JTable。JTable 使用专有的整数来引用它所显示的模型的行和列。JTable 采用表格的单元格范围,并在绘制时使用 getValueAt(int, int) 从模型中获取值。JTable 在使用时通常放入 JScrollPane 中,以显示滚动条。JTable 类的方法如表 8-13 所示。

表 8-13 JTable 类的方法

方 法 名 称	方 法 说 明
构造方法	
JTable()	构造一个默认的 JTable,使用默认的数据模型、默认的列模型和默认的选择模型对其进行初始化
JTable(int numRows, int numColumns)	使用 DefaultTableModel 构造具有 numRows 行和 numColumns 列的空单元格的 JTable
JTable(Object[][] rowData, Object[] columnNames)	构造一个 JTable 来显示二维数组 rowData 中的值,其列名称为 columnNames

续表

方法名称	方法说明
JTable(TableModel dm)	构造一个 JTable,使用数据模型 dm、默认的列模型和默认的选择模型对其进行初始化
JTable(Vector rowData, Vector columnNames)	构造一个 JTable 来显示 Vector 所组成的 Vector rowData 中的值,其列名称为 columnNames
常用方法	
addColumn(TableColumn aColumn)	将 aColumn 追加到此 JTable 的列模型所保持的列数组的尾部
clearSelection()	取消选中所有已选定的行和列
editCellAt(int row, int column)	如果 row 和 column 位置的索引在有效范围内,并且这些索引处的单元格是可编辑的,则以编程方式启动该位置单元格的编辑
getCellEditor(int row, int column)	返回适用于由 row 和 column 所指定单元格的编辑器
getCellRenderer(int row, int column)	返回适于由此行和列所指定单元格的渲染器
getColumnModel()	返回包含此表所有列信息的 TableColumnModel
getColumnName(int column)	返回出现在视图中 column 列位置处的列名称
getDefaultEditor(Class<?> columnClass)	尚未在 TableColumn 中设置编辑器时,返回要使用的编辑器
getDragEnabled()	返回是否启用自动拖动处理
getEditingColumn()	返回包含当前被编辑的单元格的列索引
getEditingRow()	返回包含当前被编辑的单元格的行索引
getModel()	返回提供此 JTable 所显示数据的 TableModel
getRowCount()	返回 JTable 中可以显示的行数(给定无限空间)
getSelectedRow()	返回第一个选定行的索引;如果没有选定的行,则返回 −1
getValueAt(int row, int column)	返回 row 和 column 位置的单元格值
isCellEditable(int row, int column)	如果 row 和 column 位置的单元格是可编辑的,则返回 true
isCellSelected(int row, int column)	如果指定的索引位于行和列的有效范围内,并且位于该指定位置的单元格被选定,则返回 true
isColumnSelected(int column)	如果指定的索引位于列的有效范围内,并且位于该索引的列被选定,则返回 true
isEditing()	如果正在编辑单元格,则返回 true
isRowSelected(int row)	如果指定的索引位于行的有效范围内,并且位于该索引的行被选定,则返回 true
selectAll()	选择表中的所有行、列和单元格
setAutoResizeMode(int mode)	当调整表的大小时,设置表的自动调整模式
setCellEditor(TableCellEditor anEditor)	设置活动单元格编辑器
setColumnModel(TableColumnModel columnModel)	将此表的列模型设置为 newModel,并向其注册以获取来自新数据模型的侦听器通知
setDefaultEditor(Class<?> columnClass, TableCellEditor editor)	如果尚未在 TableColumn 中设置编辑器,则设置要使用的默认单元格编辑器

续表

方法名称	方法说明
setDefaultRenderer(Class<?> columnClass, TableCellRenderer renderer)	如果没有在 TableColumn 中设置渲染器，则设置要使用的默认单元格渲染器
setDragEnabled(boolean b)	打开或关闭自动拖动处理
setEditingColumn(int aColumn)	设置 editingColumn 变量
setEditingRow(int aRow)	设置 editingRow 变量
setGridColor(Color gridColor)	将用来绘制网格线的颜色设置为 gridColor 并重新显示它
setModel(TableModel dataModel)	将此表的数据模型设置为 newModel，并向其注册以获取来自新数据模型的侦听器通知
setRowHeight(int rowHeight)	将所有单元格的高度设置为 rowHeight
setRowSelectionAllowed(boolean rowSelectionAllowed)	设置是否可以选择此模型中的行
setSelectionBackground(Color selectionBackground)	设置选定单元格的背景色
setSelectionForeground(Color selectionForeground)	设置选定单元格的前景色
setSelectionMode(int selectionMode)	将表的选择模式设置为只允许单个选择、单个连续间隔选择或多间隔选择
setShowGrid(boolean showGrid)	设置表是否绘制单元格周围的网格线
setTableHeader(JTableHeader tableHeader)	将此 JTable 所使用的 tableHeader 设置为 newHeader
setValueAt(Object aValue, int row, int column)	设置表模型中 row 和 column 位置的单元格值

下面的代码演示了 JTable 的使用。

```
import javax.swing.*;
import java.awt.*;
import java.awt.event.*;
import java.util.*;
import javax.swing.table.*;
//这种方法简单,但没有实现数据表示的分离,不利于做相同的数据不同的显示效果
class SimpleTable{
    public SimpleTable(){
        JFrame f = new JFrame();
        Object[][] playerInfo = {
       {"阿呆",new Integer(66),new Integer(32),new Integer(98),new Boolean(false)},
         {"阿呆",new Integer(82),new Integer(69),new Integer(128),new Boolean(true)},
          };
        String[] Names = {"姓名","语文","数学","总分","及格"};
        JTable table = new JTable(playerInfo,Names);
        table.setPreferredScrollableViewportSize(new Dimension(550,30));
        //JScrollPane scrollPane = new JScrollPane(table);
        //f.getContentPane().add(scrollPane,BorderLayout.CENTER);
        f.getContentPane().add(table,BorderLayout.CENTER);
        f.setTitle("Simple Table");
        f.pack();
        f.show();
        f.addWindowListener(new WindowAdapter() {
            public void windowClosing(WindowEvent e) {
                System.exit(0);
```

```java
            }
        });
    }
}
//使用 TableModel 类实现复杂,但是符合 MVC 模式的方法
class ModelTable{
    JTable table = null;
    public ModelTable(){
        Vector columnname = new Vector();
        columnname.add("姓名");
        columnname.add("数学");
        columnname.add("语文");
        columnname.add("英语");
        Vector data = new Vector();
        Vector data1 = new Vector();
        Vector data2 = new Vector();
        Vector data3 = new Vector(5,3);
        data1.add("阿呆");
        data1.add(30);
        data1.add(80);
        data1.add(90);
        data2.add("张三");
        data2.add(90);
        data2.add(80);
        data3.add("里斯");
        data3.add(50);
        data3.add(80);
        data3.add(10);
        data.add(data1);
        data.add(data2);
        data.add(data3);
        DefaultTableModel tablemodel = new DefaultTableModel(data,columnname)
        //修改默认 model 的 isCellEditable,使得表格不可编辑,但可以选择行和列
        {
            public boolean isCellEditable(int row, int column){
                return false;
            }
        };
        table = new JTable(tablemodel);
        //不能改变每一列的宽度
        table.getTableHeader().setResizingAllowed(false);
        //不能拖动每一列的位置
        table.getTableHeader().setReorderingAllowed(false);
        //不能编辑单元格,也不能选择行和列
        //table.setEnabled(false);
        //设置是否可选择表中的列,似乎两种方法都可以
        //table.setColumnSelectionAllowed(true);
        table.setCellSelectionEnabled(true);
        //实现 table 的列排序,但此方法在 JDK 6.0 后才可使用,TableRowSorter 是 JDK 6.0 才有的类
        table.setRowSorter(new TableRowSorter(tablemodel));
        //事件处理
```

```java
        table.addMouseListener(new MouseAdapter(){
            public void mouseClicked(MouseEvent e) {
                if(e.getClickCount() == 2){
                    int i = table.getSelectedRow();
                    String s = (String)table.getValueAt(i,0);
                    System.out.println(s);
                }
            }
        });
        //table.setPreferredScrollableViewportSize(new Dimension(600,600));
        JScrollPane pane = new JScrollPane(table);
        //pane.setPreferredSize(new Dimension(800,800));
        JFrame f = new JFrame();
        f.add(pane);
        //f.setPreferredSize(new Dimension(300,300));
        f.setSize(300,500);
        f.setVisible(true);
        f.setDefaultCloseOperation(JFrame.EXIT_ON_CLOSE);
        //f.pack();
    }
}
class Test{
    public static void main(String[] args){
        //SimpleTable b = new SimpleTable();
        ModelTable m = new ModelTable();
    }
}
```

8.3.3 任务实施

1. 实现 TableModel 并定义表格模型

```java
package jnvc.computer.stuman.gui;
import javax.swing.table.DefaultTableModel;
@SuppressWarnings("serial")
public class MyTableModel extends DefaultTableModel {
    private int delColumn,saveColumn;
    public MyTableModel(){
        super();
    }
    public MyTableModel(int delColumn, int saveColumn,int...id){//id不可修改,可选参数
        super();
        this.delColumn = delColumn;
        this.saveColumn = saveColumn;
    }
//显示复选框,为避免某一列出现空数据(null 调用 getClass()),抛出 null 异常,不直接返回
  Class,进行条件判断.因为没有特殊类型,为简单化,直接返回 String 类型
    public Class<?> getColumnClass(int columnIndex) {
        return "".getClass();
    }
    public boolean isCellEditable(int row, int column){
```

```
            return column!= delColumn && column!= saveColumn;
        }
}
```

2. 实现用户权限管理

```java
package jnvc.computer.stuman.gui;
import java.awt.*;
import java.util.*;
import javax.swing.*;
import javax.swing.table.*;
import jnvc.computer.stuman.model.Admin;
import jnvc.computer.stuman.model.User;
@SuppressWarnings("serial")
public class AdminMainFrm extends SuperFrame {
    private JButton btnShow = new JButton("显示未授权用户");
    private JButton btnEmpower = new JButton("为选中用户授权");
    private JScrollPane pane = new JScrollPane();
    private JTable table = new JTable(){                //设置JTable的单元格为透明的
        public Component prepareRenderer(TableCellRenderer renderer, int row, int column){
            Component c = super.prepareRenderer(renderer, row, column);
            if(c instanceof JComponent){
                ((JComponent)c).setOpaque(false);
            }
            return c;
        }
    };
    private DefaultTableModel model = new DefaultTableModel(){
        //第 4 列可以编辑,其他列不可以,单元格不可编辑
        public boolean isCellEditable(int row, int column) {
            return column == 3;
        }
        /*默认情况下这个方法不用重新实现,但是这样就会造成如果这个列式为 boolean 类型时
        就当作 string 来处理了,如果是 boolean 类型就用 checkbox 来显示*/
        @Override
        public Class<?> getColumnClass(int columnIndex) {
            return getValueAt(0, columnIndex).getClass();
        }
    };
    public AdminMainFrm(final Admin admin){
        super("用户权限管理——济南职业学院",400,300,"back2","title2");
        JToolBar bar = new JToolBar();
        Font fontPlain = new Font("宋体",Font.BOLD,15);
        btnShow.setFont(fontPlain);
        btnEmpower.setFont(fontPlain);
        bar.addSeparator();
        bar.add(btnShow);
        bar.addSeparator();
        bar.add(btnEmpower);
```

```java
add(bar,BorderLayout.NORTH);
add(new JLabel("欢迎您: " + admin.getName() + "!",JLabel.RIGHT),BorderLayout.SOUTH);
add(pane);
pane.getViewport().add(table);
pane.setOpaque(false);
table.setOpaque(false);
pane.getViewport().setOpaque(false);
table.setRowHeight(30);
table.setFont(fontPlain);
//不能改变每一列的宽度
table.getTableHeader().setResizingAllowed(false);
//不能拖动每一列的位置
table.getTableHeader().setReorderingAllowed(false);
table.setGridColor(Color.GRAY);
btnShow.addActionListener(new ActionListener(){
    public void actionPerformed(ActionEvent e){
        try {
            List < User > list = admin.search();
            if(list.isEmpty()){                       //没有未授权用户
JOptionPane.showMessageDialog(null, "没有未授权用户!","休息",JOptionPane.WARNING_MESSAGE);
            }else{                                    //显示未授权用户
                Object [][] data = new Object[list.size()][4];
                int i = 0;
                for (User user : list) {
                    data[i][0] = user.getId() + "";
                    data[i][1] = user.getName();
                    data[i][2] = user.getPassword();
                    //data[i][3] = user.getPrivilege() + "";
                    data[i][3] = Boolean.FALSE;//因为未授权,直接显示false
                    i++;
                }
                model.setDataVector(data, new String[]{"编号","姓名","密码","权限"});
                table.setModel(model);
                setDuiqi(table);
                table.validate();
            }
        } catch (Exception e1) {
            JOptionPane.showMessageDialog(null, "出错了,请重新登录后再试!","错误",JOptionPane.WARNING_MESSAGE);
        }
    }
});
btnEmpower.addActionListener(new ActionListener(){
    @Override
    public void actionPerformed(ActionEvent e) {
        List < Integer > list = new ArrayList < Integer >();     //存储user的id
        List < Integer > list1 = new ArrayList < Integer >();    //存储表格中的行号
        for (int i = 0; i < table.getRowCount(); i++) {
            if((boolean) table.getValueAt(i, 3)){//第四列被选中
```

```
                        list.add(Integer.parseInt(table.getValueAt(i, 0).toString()));
                        list1.add(i);
                    }
                }
                if(!list.isEmpty()){                    //如果选择了被授权的用户
                    try {
                        for (Integer integer : list) {
                            admin.check(integer.intValue());    //授权
                        }
            //因每次移除表格模型都会发生变化,行号会发生变化,因此需要从后向前移除
                        Object [] index = list1.toArray();
                        for (int i = index.length-1; i>=0; i--) {

                            model.removeRow(((Integer)index[i]).intValue());
                                                    //移除表格中的行
                        }
                        JOptionPane.showMessageDialog(null," 授 权 成 功!"," 谢 谢 ",
JOptionPane.INFORMATION_MESSAGE);
                        table.setModel(model);
                    } catch (Exception e2) {
                        JOptionPane.showMessageDialog(null,"授权失败,请重新登录再试!",
"错误",JOptionPane.WARNING_MESSAGE);
                    }
                }
            }});
        }
        //设置JTable表格单元格对齐的效果
        public void setDuiqi(JTable table){
            //对齐方式的设置
            DefaultTableCellRenderer d = new DefaultTableCellRenderer();
            //设置表格单元格的对齐方式为居中对齐方式
            d.setHorizontalAlignment(JLabel.CENTER);
            table.setDefaultRenderer(Object.class,d);
        }
    }
```

8.3.4 任务总结

JToolBar 用于实现工具条。工具条通常位于窗体的上部,紧靠菜单,用于放置其他组件,并且可以拖到窗体以外。

JCheckBox 类提供复选框的功能,它是 AbstractButton 抽象类的子类,提供选择和不选择两种状态。

JRadioButton 类提供单选按钮的功能,单选按钮与复选框使用上基本一致,但单选按钮必须被放在按钮组(ButtonGroup)中,同一组中的单选按钮互斥。

JScrollPane 是一个可以容纳其他组件的矩形区域,在必要的时候提供水平和/或垂直的滚动条。

MVC 全名是 Model View Controller,是模型(model)、视图(view)、控制器(controller)的缩写,用于组织代码用一种业务逻辑和数据显示分离的方法。Swing 将控件的外观同一

个对象关联到一起,将其内容保存到另一个对象中,控制器则负责控制用户输入事件。Swing 对于 MVC 的实现用一句话来说就是:一个 GUI 组件对应着一个 MVC 体系。

JTable 用来显示和编辑常规二维单元表。DefaultTableModel 是一个模型实现,它使用一个 Vector 来存储所有单元格的值,该 Vector 由包含多个 Object 的 Vector 组成。

8.3.5 补充拓展

1. JSlider

JSlider 是一个让用户以图形方式在有界区间内通过移动滑块来选择值的组件。滑块可以显示主刻度标记以及主刻度之间的次刻度标记。刻度标记之间的值的个数由 setMajorTickSpacing 和 setMinorTickSpacing 来控制。刻度标记的绘制由 setPaintTicks 控制。滑块也可以在固定时间间隔(或在任意位置)沿滑块刻度打印文本标签。标签的绘制由 setLabelTable 和 setPaintLabels 控制。

下面的代码演示了 JSlider 的使用。

```java
package com.jnvc.stuman.other;
import java.awt.*;
import javax.swing.*;
public class SliderTest {
public static void main (String[] args)
{
    JSlider empty = new JSlider ();
    JSlider age = new JSlider (JSlider.VERTICAL, 0, 150, 20);//设置方向、最小值、最大值、初始值
    JSlider append = new JSlider ();
    append.setOrientation (JSlider.HORIZONTAL);        //设置方向
    append.setMinimum (0);                             //设置最小值
    append.setMaximum (100);                           //设置最大值
    append.setMajorTickSpacing (20);                   //设置主标号间隔
    append.setMinorTickSpacing (5);                    //设置辅标号间隔
    append.setPaintLabels (true);                      //默认值 false 时显示标签
    append.setPaintTicks (true);                       //默认值 false 时显示标号
    append.setPaintTrack (true);                       //Determines whether the track is
                                                       //  painted on the slider
    append.setValue (0);                               //设置初始值
    JPanel panel = new JPanel (new GridLayout (0,1));
    panel.setPreferredSize (new Dimension (600,400));
    panel.add (empty);
    panel.add (age);
    panel.add (append);
    JFrame frame = new JFrame ("JProgressBarDemo");
    frame.setDefaultCloseOperation (JFrame.EXIT_ON_CLOSE);
    frame.setContentPane (panel);
    frame.pack();
    frame.setVisible(true);
    }
}
```

2. JTree

树对象 JTree 提供了用树形结构分层显示数据的视图。用户可以扩展或收缩视图中的

单个子树。树由 Swing 中的 JTree 类实现,JTree 是 JComponent 的子类。当节点扩展或收缩时,JTree 对象生成事件。addTreeExpansionListener()和 removeTreeExpansionListener()方法注册或注销监听这些通知的监听器。getPathForLocation()方法将鼠标单击点转换为树的路径。

TreePath 类封装树中特定节点的路径信息。这个类提供了几个构造函数和方法。TreeNode 接口定义了获取树节点信息的方法。例如,它能够得到关于父节点的引用,或者一个子节点的枚举。MutableTreeNode 接口扩展了 TreeNode 接口。它定义了插入和删除子节点或者改变父节点的方法。

DefaultMutableTreeNode 类实现了 MutableTreeNode 接口。要创建树节点的层次结构,需使用 DefaultMutableTreeNode 类的 add()方法。

树的扩展事件由 javax.swing.event 包中的 TreeExpansionEvent 类描述。这个类的 getPath()方法返回一个 TreePath 对象,TreePath 对象描述了改变节点的路径。

在应用程序中使用树组件时应遵循的步骤:
(1) 创建一个 JTree 对象。
(2) 创建一个 JScrollPane 对象(构造函数的参数指定树和水平和垂直滚动条的策略)。
(3) 将树加入滚动窗口。
(4) 将滚动窗口加入小应用程序的内容面板。

下面代码演示了 JTree 的使用。

```java
package com.jnvc.stuman.other;
import java.awt.*;
import java.awt.event.*;
import javax.swing.*;
import javax.swing.event.*;
import javax.swing.tree.*;
@SuppressWarnings("serial")
public class TreeTest extends JPanel implements ActionListener {
    private int newNodeSuffix = 1;
    private static String ADD_COMMAND = "add";
    private static String REMOVE_COMMAND = "remove";
    private static String CLEAR_COMMAND = "clear";
    private DynamicTree treePanel;
    public TreeTest() {
        super(new BorderLayout());
        treePanel = new DynamicTree();
        populateTree(treePanel);
        JButton addButton = new JButton("Add");
        addButton.setActionCommand(ADD_COMMAND);
        addButton.addActionListener(this);
        JButton removeButton = new JButton("Remove");
        removeButton.setActionCommand(REMOVE_COMMAND);
        removeButton.addActionListener(this);
        JButton clearButton = new JButton("Clear");
        clearButton.setActionCommand(CLEAR_COMMAND);
        clearButton.addActionListener(this);
        treePanel.setPreferredSize(new Dimension(300, 150));
```

```java
            add(treePanel, BorderLayout.CENTER);
            JPanel panel = new JPanel(new GridLayout(0,3));
            panel.add(addButton);
            panel.add(removeButton);
            panel.add(clearButton);
        add(panel, BorderLayout.SOUTH);
        }
        public void populateTree(DynamicTree treePanel) {
            String p1Name = new String("Parent 1");
            String p2Name = new String("Parent 2");
            String c1Name = new String("Child 1");
            String c2Name = new String("Child 2");
            DefaultMutableTreeNode p1, p2;
            p1 = treePanel.addObject(null, p1Name);
            p2 = treePanel.addObject(null, p2Name);
            treePanel.addObject(p1, c1Name);
            treePanel.addObject(p1, c2Name);
            treePanel.addObject(p2, c1Name);
            treePanel.addObject(p2, c2Name);
        }
        public void actionPerformed(ActionEvent e) {
            String command = e.getActionCommand();
            if (ADD_COMMAND.equals(command)) {
                treePanel.addObject("New Node " + newNodeSuffix++);
            } elseif (REMOVE_COMMAND.equals(command)) {
                treePanel.removeCurrentNode();
            } elseif (CLEAR_COMMAND.equals(command)) {
                treePanel.clear();
            }
        }
        privat estatic void createAndShowGUI() {
            JFrame frame = new JFrame("DynamicTreeDemo");
            frame.setDefaultCloseOperation(JFrame.EXIT_ON_CLOSE);
            TreeTest newContentPane = new TreeTest();
            newContentPane.setOpaque(true);
            frame.setContentPane(newContentPane);
            frame.pack();
            frame.setVisible(true);
        }
        public static void main(String[] args) {
          TreeTest.createAndShowGUI();
        }
}
@SuppressWarnings("serial")
class DynamicTree extends JPanel {
    protected DefaultMutableTreeNode rootNode;
    protected DefaultTreeModel treeModel;
    protected JTree tree;
    private Toolkit toolkit = Toolkit.getDefaultToolkit();
    public DynamicTree() {
        super(new GridLayout(1,0));
```

```java
            rootNode = new DefaultMutableTreeNode("Root Node");
            treeModel = new DefaultTreeModel(rootNode);
            tree = new JTree(treeModel);
            tree.setEditable(true);
            tree.getSelectionModel().setSelectionMode (TreeSelectionModel.SINGLE_TREE_SELECTION);
            tree.setShowsRootHandles(true);
            JScrollPane scrollPane = new JScrollPane(tree);
            add(scrollPane);
        }
        public void clear() {
            rootNode.removeAllChildren();
            treeModel.reload();
        }
        public void removeCurrentNode() {
            TreePath currentSelection = tree.getSelectionPath();
            if (currentSelection != null) {
DefaultMutableTreeNode currentNode = ( DefaultMutableTreeNode ) ( currentSelection.getLastPathComponent());
            MutableTreeNode parent = (MutableTreeNode)(currentNode.getParent());
            if (parent != null) {
                treeModel.removeNodeFromParent(currentNode);
                return;
            }
        }
    toolkit.beep();
}
public DefaultMutableTreeNode addObject(Object child) {
    DefaultMutableTreeNode parentNode = null;
    TreePath parentPath = tree.getSelectionPath();
    if (parentPath == null) {
        parentNode = rootNode;
    } else {
        parentNode = (DefaultMutableTreeNode) (parentPath.getLastPathComponent());
    }
    return addObject(parentNode, child, true);
}
public DefaultMutableTreeNode addObject(DefaultMutableTreeNode parent, Object child) {
    return addObject(parent, child, false);
}
public DefaultMutableTreeNode addObject(DefaultMutableTreeNode parent, Object child, boolean shouldBeVisible) {
    DefaultMutableTreeNode childNode = new DefaultMutableTreeNode(child);
    if (parent == null) {
        parent = rootNode;
    }
    treeModel.insertNodeInto(childNode, parent, parent.getChildCount());
    if (shouldBeVisible) {
        tree.scrollPathToVisible(new TreePath(childNode.getPath()));
    }
    return childNode;
}
```

```
class MyTreeModelListener implements TreeModelListener {
    public void treeNodesChanged(TreeModelEvent e) {
        DefaultMutableTreeNode node;
        node = (DefaultMutableTreeNode)(e.getTreePath().getLastPathComponent());
            int index = e.getChildIndices()[0];
            node = (DefaultMutableTreeNode)(node.getChildAt(index));
        System.out.println("The user has finished editing the node.");
        System.out.println("New value: " + node.getUserObject());
        }
    public void treeNodesInserted(TreeModelEvent e) {
        }
    public void treeNodesRemoved(TreeModelEvent e) {
        }
    public void treeStructureChanged(TreeModelEvent e) {
        }
    }
}
```

3. JMenu

Swing 包中有一系列专门用来创建菜单类的组件，JMenuBar 是放置菜单的容器。可以通过 JFrame 类的 setMenuBar()方法把 JMenuBar 对象加入一个框架中。JMenu 是菜单栏上放置的菜单。每一个菜单由一些菜单项组成。可以通过 JMenuBar 类的 add()方法，把 JMenu 对象放置在 JMenuBar 对象上（即设置菜单栏上的主菜单）。所有菜单中的菜单项都是 JMenuItem 类或者其他的子类的对象。可以通过 JMenu 类的 add()方法，把 JMenuItem 对象添加到 JMenu 对象上（即置菜单栏上某个主菜单的子菜单）。JCheckBoxMenuItem 是可以被选定或取消选定的菜单项。如果被选定，菜单项的旁边通常会出现一个复选标记。如果未被选定或被取消选定，菜单项的旁边就没有复选标记。像常规菜单项一样，复选框菜单项可以有与之关联的文本或图标，或者二者兼而有之。JPopupMenu 可实现弹出菜单，弹出菜单是一个可弹出并显示一系列选项的小窗口。JPopupMenu 用于用户在菜单栏上选择项时显示的菜单。它还用于当用户选择菜单项并激活它时显示的"右拉式（pull-right）"菜单。JSeparator 为实现分隔线提供了一个通用组件"-"，通常用作菜单项之间的分隔符，以便将菜单项分成几个逻辑组。可以使用 JMenu 或者 JPopupMenu 的 addSeparator 方法来创建和添加一个分隔符，而不是直接使用 JSeparator。

在窗体中建立一套菜单系统，需要执行的操作大致包括：创建一个 JMenuBar 菜单栏对象；创建多个 JMenu 菜单对象，将它们添加到 JMenuBar 菜单栏对象里；为每个 JMenu 菜单对象添加各自的 JMenuBar 菜单项（JMenuBar 或 JcheckBoxMenuItem）对象；最后，把 JMenuBar 菜单栏对象放置到 JFrame 窗体上。

下面代码演示了 JMenu 的使用。

```
package com.jnvc.stuman.other;
import javax.swing.*;
public class MenuTest {
    MenuTest(){
        JFrame jf = new JFrame();
        jf.setSize(400,300);
```

```java
            jf.setDefaultCloseOperation(JFrame.EXIT_ON_CLOSE);
            JMenuBar jmb = new JMenuBar();                    //创建菜单栏对象
            JMenu jme1 = new JMenu("学生管理");                //创建菜单对象
            JMenu jme2 = new JMenu("系统管理");
            JMenuItem jmi1 = new JMenuItem("添加");           //创建菜单项对象
            JMenuItem jmi2 = new JMenuItem("删除");
            JMenuItem jmi3 = new JMenuItem("修改");
            JMenuItem jmi4 = new JMenuItem("查询");
            JMenuItem jmi5 = new JMenuItem("用户管理");
            JMenuItem jmi6 = new JMenuItem("密码管理");
            jmb.add(jme1);                                    //向菜单栏中添加菜单
            jmb.add(jme2);
            jme1.add(jmi1);                                   //向菜单中添加菜单项
            jme1.add(jmi2);
            jme1.add(jmi3);
            jme1.addSeparator();                              //向菜单中添加分隔符
            jme1.add(jmi4);
            jme2.add(jmi5);
            jme2.add(jmi6);
            jf.setJMenuBar(jmb);                              //把菜单栏添加入框架窗体中
            jf.setVisible(true);
        }
        public static void main(String args[]){
            new MenuTest();
        }
    }
```

4. JSplitPane

JSplitPane(分割面板)一次可将两个组件同时显示在两个显示区中,若要同时在多个显示区显示组件,必须同时使用多个 JSplitPane。JSplitPane 提供两个常数设置水平分割还是垂直分割,这两个常数分别是:HORIZONTAL_SPIT,VERTICAL_SPLIT。

以下代码演示了 JSplitPane 的使用。

```java
import javax.swing.*;
import java.awt.Dimension;
public class SplitPaneTest {
public static void main(String[] args)
{
JButton b1 = new JButton("ok");
JButton b2 = new JButton("cancel");
JSplitPane splitPane = new JSplitPane();                      //创建一个分割容器类
splitPane.setOneTouchExpandable(true);                        //让分割线显示出箭头
splitPane.setContinuousLayout(true);                          //操作箭头,重绘图形
splitPane.setPreferredSize(new Dimension (100,200));
splitPane.setOrientation(JSplitPane.HORIZONTAL_SPLIT);        //设置分割线方向
splitPane.setLeftComponent(b1);
splitPane.setRightComponent(b2);
splitPane.setDividerSize(1);
splitPane.setDividerLocation(50);                             //设置分割线位于中央
JFrame frame = new JFrame ("test window ");
```

```
frame.setDefaultCloseOperation(JFrame.EXIT_ON_CLOSE);
frame.setVisible(true);
frame.setContentPane(splitPane);
frame.pack();
}
```

任务 4　实现学生信息管理

8.4.1　任务目标

- 掌握 JTabbedPane、JOptionPane 的使用。
- 掌握 ItemEvent、MouseEvent 事件的处理方法。

8.4.2　知识学习

1. JTabbedPane

选项窗格(Tabbed Pane)组件表现为一组文件夹。每个文件夹都有标题。当用户使用文件夹时，显示它的内容。每次只能选择组中的一个文件夹。选项窗格一般用作设置配置选项。

选项窗格被封装为 JTabbedPane 类，JTabbedPane 是 JComponent 的子类。

JTabbedPane 类的方法如表 8-14 所示。

表 8-14　JTabbedPane 类的方法

方法名称	方法说明
构造方法	
JTabbedPane()	创建一个具有默认的 JTabbedPane.TOP 选项卡布局的空 TabbedPane
JTabbedPane(int tabPlacement)	创建一个空的 TabbedPane，使其具有以下指定选项卡布局中的一种：JTabbedPane.TOP、JTabbedPane.BOTTOM、JTabbedPane.LEFT 或 JTabbedPane.RIGHT
JTabbedPane(int tabPlacement, int tabLayoutPolicy)	创建一个空的 TabbedPane，使其具有指定的选项卡布局和选项卡布局策略
常用方法	
add(Component component)	添加一个 component，其选项卡的默认值为调用 component.getName 返回的组件的名称
add(Component component, int index)	在指定的选项卡索引位置添加一个 component，默认的选项卡标题为组件名称
add(String title, Component component)	添加具有指定选项卡标题的 component
addTab(String title, Component component)	添加一个由 title 表示且没有图标的 component
addTab(String title, Icon icon, Component component)	添加一个由 title 和/或 icon 表示的 component，其任意一个都可以为 null

续表

方法名称	方法说明
getModel()	返回与此选项卡窗格关联的模型
getSelectedComponent()	返回此选项卡窗格当前选择的组件
getSelectedIndex()	返回当前选择的此选项卡窗格的索引
getTabCount()	返回此 TabbedPane 的选项卡数
remove(Component component)	从 JTabbedPane 中移除指定 Component
remove(int index)	移除对应于指定索引的选项卡和组件
removeAll()	从 Tabbedpane 中移除所有选项卡及其相应组件
removeTabAt(int index)	移除 index 位置的选项卡
setEnabledAt(int index, boolean enabled)	设置是否启用 index 位置的选项卡
setModel(SingleSelectionModel model)	设置要用于此选项卡窗格的模型
setTitleAt(int index, String title)	将 index 位置的标题设置为 title，它可以为 null

在程序中使用选项窗格的一般过程如下所示：

（1）创建 JTabbedPane 对象。

（2）调用 addTab()方法在窗格中增加一个标签（这个方法的参数是标签的标题和它包含的组件）。

（3）重复步骤（2），增加标签。

（4）将选项窗格加入小应用程序的内容窗格。

2. JOptionPane

JOptionPane 提供了多样化的选择对话框，有助于方便地弹出要求用户提供值或向其发出通知的标准对话框。几乎所有 JOptionPane 类的使用都是对一些静态 show×××Dialog 方法之一的单行调用，常用的静态调用方法如表 8-15 所示。

表 8-15 常用的静态调用方法

方法名	描述
showConfirmDialog	询问一个确认问题，如 yes/no/cancel
showInputDialog	提示要求某些输入
showMessageDialog	告知用户某事已发生
showOptionDialog	上述三项的大统一（Grand Unification）

下列代码段显示了 JOptionPane 的使用。

```java
public class OptionPaneTest{
    OptionPaneTest (){
        JFrame jf = new JFrame();
        jf.setSize(400,300);
        jf.setDefaultCloseOperation(JFrame.EXIT_ON_CLOSE);
        jf.setVisible(true);
        //对话框一：显示一个错误对话框
        JOptionPane.showMessageDialog(jf,"程序执行错误","错误提示",JOptionPane.ERROR_MESSAGE);
        //对话框二：显示一个信息对话框
        JOptionPane.showMessageDialog(jf, "程序正在执行中...", "操作提示", JOptionPane.INFORMATION_MESSAGE);
```

```
    //对话框三：显示一个有选择按钮的信息面板
    JOptionPane.showConfirmDialog(jf,"您确定要继续执行操作吗?","操作提示",
JOptionPane.YES_NO_OPTION);
    //对话框四：显示一个警告对话框
    Object[] options = { "OK", "CANCEL" };
    JOptionPane.showOptionDialog(jf,"继续操作可能会引起错误,要继续吗?","警告",
JOptionPane.DEFAULT_OPTION, JOptionPane.WARNING_MESSAGE,null, options, options[0]);
    //对话框五：显示一个要求用户输入内容的对话框
    String inputValue = JOptionPane.showInputDialog("请输入内容: ");
    //对话框六：显示一个要求用户选择内容的对话框
    Object[] possibleValues = { "First", "Second", "Third" };
    Object selectedValue = JOptionPane.showInputDialog(null,"请选择","输入对话框",
JOptionPane.INFORMATION_MESSAGE, null,possibleValues, possibleValues[0]);
    //对话框七：显示一个内部信息对话框
    JOptionPane.showInternalConfirmDialog(jf.getContentPane(),"你觉得消息框好用吗?",
"提示",JOptionPane.YES_NO_CANCEL_OPTION,JOptionPane.QUESTION_MESSAGE);
    //对话框八：显示一个有选择按钮的内部信息对话框
    JOptionPane.showInternalMessageDialog(jf.getContentPane(),"操作已完成","操作提示",
JOptionPane.INFORMATION_MESSAGE);
  }
  public static void main(String args[]){
      new OptionPaneTest ();
  }
}
```

3. ItemEvent 事件处理

（1）ItemEvent：选择事件，是用户在"选择组件"中选择了其中项目时发生的事件。"选择组件"主要包括复选框（如 JCheckBox 类）、单选按钮（如 JRadioButton 类）、列表框（如 JList 类）、下拉列表框（如 JCombox 类），当对它们执行选择操作,使其选项的选择状态发生了改变,就引发 ItemEvent 事件。

（2）ItemListener：选择事件 ItemEvent 的监听接口。实现了此接口的类,就可以作为选择事件 ItemEvent 的监听器。接口中只定义了 itemStateChanged()一个方法,当一个项目的状态发生变化时,它将被调用。方法的原型是：

```
void itemStateChanged(ItemEvent ie);
```

以 JComboBox 组件为例,对于 ItemEvent 事件处理的一般步骤为：
① 注册,设定对象的监听者：

```
combo.addItemListener(new MyItemListener());
```

其中,combo 是 JComboBox 组件的对象；addItemListener 是事件源 combo 所用的注册监听器方法；MyItemListener()是指定的监听器类。
② 声明 MyItemListener 类,实现 ItemListener 接口。
③ 实现 ItemListener 中的 itemStateChanged(ItemEvente)方法,完成事件处理代码。
以下代码演示了 ItemEvent 的事件处理。

```
import java.awt.event.*;
import javax.swing.*;
```

```java
import java.awt.*;
public class ItemTest extends JFrame{
    JLabel label = new JLabel("原来的文字!");
    JComboBox combo = new JComboBox();
    public ItemTest(){
        for(int i = 0;i<5;i++){
            combo.addItem("第" + i + "个选项");
        }
        getContentPane().setLayout(new FlowLayout());
        getContentPane().add(combo);
        getContentPane().add(label);
        combo.addItemListener(new ItemListener(){
            public void itemStateChanged(ItemEvent e){
                label.setText(e.getItem().toString() + "被选中");
            }
        });
        setSize(300,100);
        setDefaultCloseOperation(JFrame.EXIT_ON_CLOSE);
        setVisible(true);
    }
    public static void main    (String [] args){
        new ItemTest();
    }
}
```

4. MouseEvent 事件处理

(1) MouseEvent：鼠标事件，用于表示用户对鼠标的操作。鼠标操作的类型共有 7 种，在 MouseEvent 事件类中定义了如下所示的整型常量来表示它们。

MOUSE_CLICKED：用户单击鼠标。

MOUSE_DRAGGED：用户拖动鼠标。

MOUSE_ENTERED：鼠标进入一个组件内。

MOUSE_EXITED：鼠标离开一个组件。

MOUSE_MOVED：鼠标移动。

MOUSE_PRESSED：鼠标被按下。

MOUSE_RELEASED：鼠标被释放。

MouseEvent 事件类中，有四个最常用的方法如表 8-16 所示。

表 8-16 MouseEvent 事件类的常用方法

方法名称	方法说明
int getX()	返回事件发生时鼠标所在坐标点的 X 坐标
int getY()	返回事件发生时鼠标所在坐标点的 Y 坐标
int getClickCount()	返回事件发生时,鼠标的单击次数
int getButton()	返回事件发生时,哪个鼠标按键更改了状态

(2) MouseListener：鼠标事件 MouseEvent 的监听接口。用于处理组件上的鼠标按下、释放、单击、进入和离开事件。

（3）MouseMotionListener：鼠标事件 MouseEvent 的另一个监听接口。用于处理组件上的鼠标移动和拖动事件。

在 MouseListener 接口中定义了五个方法：当鼠标在同一点被按下并释放（单击）时，mouseClicked()方法将被调用；当鼠标进入一个组件时，mouseEntered()方法将被调用；当鼠标离开组件时，mouseExited()方法将被调用；当鼠标被按下和释放时，相应的 mousePressed()方法和 mouseReleased()方法将被调用。

在 MouseMotionListener 接口中定义了两个方法：当鼠标被拖动时，mouseDragged()方法将被连续调用；当鼠标被移动时，mouseMoved()方法被连续调用。

可以根据鼠标的不同操作，设置不同的监听器处理鼠标事件。实现 MouseListener 接口的监听器，需要实现接口中的五个方法，并通过组件的 addMouseListener 方法注册；实现 MouseMotionListener 接口的监听器，需要实现接口中的两个方法，并通过组件的 addMouseMotionListener 方法注册。

以下代码演示了 MouseEvent 的事件处理。

```java
import java.awt.event.*;
import javax.swing.*;
import java.awt.*;
public class MouseTest extends JFrame{
    JTextArea text = new JTextArea(30,40);
    public MouseTest(){
        getContentPane().add(text);
        //注册并设置 MouseListener 监听器
        text.addMouseListener(new MouseListener(){
            public void mouseClicked(MouseEvent e) {
                text.append(getString(e) + "单击!\n");
            }
            public void mouseEntered(MouseEvent e) {
                text.append(getString(e) + "进入!\n");
            }
            public void mouseExited(MouseEvent e) {
                text.append(getString(e) + "退出!\n");
            }
            public void mousePressed(MouseEvent e) {
                text.append(getString(e) + "按下!\n");
            }
            public void mouseReleased(MouseEvent e) {
                text.append(getString(e) + "释放!\n");
            }
        });
        //注册并设置 MouseMotionListener 监听器
        text.addMouseMotionListener(new MouseMotionListener(){
            public void mouseDragged(MouseEvent e) {
                text.append(getString(e) + "拖动!\n");
            }
            public void mouseMoved(MouseEvent e) {
                text.append(getString(e) + "移动!\n");
            }
```

```java
        });
        setSize(600,600);
        setDefaultCloseOperation(JFrame.EXIT_ON_CLOSE);
        setVisible(true);
    }
    public String getString(MouseEvent e){
        int x = e.getX();
        int y = e.getY();
        int button = e.getButton();
        String s = "鼠标";
        if (button == MouseEvent.BUTTON1){
            s += "左键";
        }
        if (button == MouseEvent.BUTTON3){
            s += "右键";
        }
        s += "在位置(" + x + "," + y + ")处";
        return s;
    }
    public static void main(String [] args){
        new MouseTest();
    }
}
```

8.4.3 任务实施

1. 实现 SuperPannel 并用于 tabPane 的添加

```java
package jnvc.computer.stuman.gui;
import java.awt.*;
import javax.swing.*;
import javax.swing.table.*;
import javax.swing.table.TableCellRenderer;
@SuppressWarnings("serial")
//所有 Panel 的公共父类
public class SuperPanel extends JPanel {
    Font font = new Font("宋体",Font.BOLD,15);
    JScrollPane pane = new JScrollPane ( JScrollPane. VERTICAL _ SCROLLBAR _ AS _ NEEDED,
JScrollPane.HORIZONTAL_SCROLLBAR_AS_NEEDED);
    JTable table = new JTable(){              //设置 JTable 的单元格为透明的
        public Component prepareRenderer(TableCellRenderer renderer,int row,int column){
            Component c = super.prepareRenderer(renderer,row,column);
            if(c instanceof JComponent){
                ((JComponent)c).setOpaque(false);
            }
            return c;
        }};
    JPanel panelN = new JPanel();
    JPanel panelS = new JPanel();
    public SuperPanel(){
        setOpaque(false);
```

```java
            panelN.setOpaque(false);
            pane.setOpaque(false);
            pane.getViewport().setOpaque(false);
            table.setOpaque(false);
            table.setFont(font);
            table.setForeground(Color.WHITE);
            table.setGridColor(Color.WHITE);
            //table.setSelectionBackground(Color.WHITE);        //表格背景透明,没用
            table.setSelectionForeground(Color.YELLOW);
            table.setRowHeight(30);
            //列自动排序
            //table.setAutoCreateRowSorter(true);
            //设置表格单元格的对齐方式为居中对齐
            DefaultTableCellRenderer d = new DefaultTableCellRenderer();
             d.setHorizontalAlignment(JLabel.CENTER);
             table.setDefaultRenderer(String.class,d);
            //设置表格的选择方式
            table.setCellSelectionEnabled(false);
            table.setColumnSelectionAllowed(false);
            table.setRowSelectionAllowed(true);
            //列不可移动
            table.getTableHeader().setReorderingAllowed(false);
            //table 只能同时选择一行
            table.setSelectionMode(ListSelectionModel.SINGLE_SELECTION);
             pane.getViewport().add(table);
            setLayout(new BorderLayout());
            add(panelN,BorderLayout.NORTH);
            add(pane);
            add(panelS,BorderLayout.SOUTH);
        }
        public void paint(Graphics g){
            g.drawImage(new ImageIcon("res/img/back3.jpg").getImage(), 0, 0, (int)this.getWidth(),
(int)this.getHeight(), null);
            super.paint(g);
        }
}
```

2. 实现 UserMainFrm 并显示主界面

```java
package jnvc.computer.stuman.gui;
import java.awt.*;
import javax.swing.*;
@SuppressWarnings("serial")
public class UserMainFrm extends SuperFrame {
    private StuAddPanel stuAddPanel = new StuAddPanel();
    private StuManPanel stuManPanel  = new StuManPanel();
    private ClaAddPanel claAddPanel = new ClaAddPanel();
    private ClaManPanel claManPanel = new ClaManPanel();
    public UserMainFrm(){
        super("学生信息管理系统——济南职业学院",400,300,"back3","title3");
        //JTabbedPane 透明,必须先加管理器,后创建 TabbedPane
```

```java
        //UIManager.put("TabbedPane.contentOpaque", Boolean.FALSE);
        JTabbedPane pane = new JTabbedPane();
        //pane.setOpaque(false);
        pane.add(" 班级信息添加 ", claAddPanel);
        pane.add(" 班级信息管理 ", claManPanel);
        pane.add(" 学生信息添加 ", stuAddPanel);
        pane.add(" 学生信息管理 ", stuManPanel);
        add(pane);
        Font fontPlain = new Font("宋体",Font.BOLD,14);
        pane.setFont(fontPlain);
        //设置最大化
        this.setExtendedState(Frame.MAXIMIZED_BOTH);
    }
}
```

3. 实现 ClaAddPanel 并添加班级信息

```java
package jnvc.computer.stuman.gui;
import java.awt.*;
import java.awt.event.*;
import javax.swing.*;
import jnvc.computer.stuman.factory.Factory;
import jnvc.computer.stuman.model.Classes;
@SuppressWarnings("serial")
public class ClaAddPanel extends SuperPanel{
    private JLabel lblNum = new JLabel("请输入班级编号：",JLabel.RIGHT);
    private JTextField txtNum = new JTextField();
    private JLabel lblName = new JLabel("请输入班级名称：",JLabel.RIGHT);
    private JTextField txtName = new JTextField();
    private JLabel lblTeacher = new JLabel("请输入班主任名称：",JLabel.RIGHT);
    private JTextField txtTeacher = new JTextField();
    private JButton btnAdd = new JButton(" 添加 ");
    public ClaAddPanel(){
        lblNum.setFont(font);
        txtNum.setFont(font);
        lblName.setFont(font);
        txtName.setFont(font);
        lblTeacher.setFont(font);
        txtTeacher.setFont(font);
        lblNum.setForeground(Color.WHITE);
        txtNum.setOpaque(false);
        txtNum.setBorder(null);
        txtNum.setForeground(Color.WHITE);
        lblName.setForeground(Color.WHITE);
        txtName.setOpaque(false);
        txtName.setBorder(null);
        txtName.setForeground(Color.WHITE);
        lblTeacher.setForeground(Color.WHITE);
        txtTeacher.setOpaque(false);
        txtTeacher.setBorder(null);
        txtTeacher.setForeground(Color.WHITE);
```

```java
            panelN.setLayout(new GridLayout(2,4));
            panelN.add(lblNum);
            panelN.add(txtNum);
            panelN.add(lblName);
            panelN.add(txtName);
            panelN.add(lblTeacher);
            panelN.add(txtTeacher);
            JPanel panel = new JPanel();
            panel.setLayout(new FlowLayout(FlowLayout.RIGHT));
            panel.add(btnAdd);
            panel.setOpaque(false);
            panelN.add(panel);
            btnAdd.addActionListener(new ActionListener() {
                @Override
                public void actionPerformed(ActionEvent e) {
                    Classes classes;
                    if((classes = getInput())!= null){
                        try {
                            Factory.getClassDao().add(classes);
                            JOptionPane.showMessageDialog(null,"添加班级信息成功!","谢谢",JOptionPane.INFORMATION_MESSAGE);
                        } catch (Exception e1) {
                            JOptionPane.showMessageDialog(null,"添加班级信息失败,可能班级编号或班级名称已存在,请检查输入!","出错了",JOptionPane.WARNING_MESSAGE);
                        }
                    }
                }
            });
        }
        public Classes getInput(){
            if("".equals(txtNum.getText().trim())){
                JOptionPane.showMessageDialog(null,"请输入班级编号!","出错了",JOptionPane.WARNING_MESSAGE);
                txtNum.requestFocus();
                return null;
            }
            if("".equals(txtName.getText().trim())){
                JOptionPane.showMessageDialog(null,"请输入班级名称!","出错了",JOptionPane.WARNING_MESSAGE);
                txtName.requestFocus();
                return null;
            }
            Classes   classes = new Classes();
            classes.setNum(txtNum.getText().trim());
            classes.setName(txtName.getText().trim());
            classes.setTeacher(txtTeacher.getText().trim());
            return classes;
        }
    }
```

4. 实现 ClaManPanel 并管理班级信息

```java
package jnvc.computer.stuman.gui;
import java.awt.*;
import java.awt.event.*;
import java.util.List;
import javax.swing.*;
import javax.swing.table.DefaultTableModel;
import jnvc.computer.stuman.factory.Factory;
import jnvc.computer.stuman.model.Classes;
@SuppressWarnings("serial")
public class ClaManPanel extends SuperPanel {
    private JLabel lblType = new JLabel("    请选择查询方式:");
    private JComboBox<String> comType = new JComboBox<String>();
    private JLabel lblValue = new JLabel("请输入查询内容:");
    private JTextField txtValue = new JTextField(20);
    private JButton btnSearch = new JButton(" 查询 ");
    public ClaManPanel(){
        panelN.add(lblType);
        panelN.add(comType);
        panelN.add(lblValue);
        panelN.add(txtValue);
        panelN.add(btnSearch);
        lblType.setFont(font);
        comType.setFont(font);
        lblValue.setFont(font);
        txtValue.setFont(font);
        btnSearch.setFont(font);
        lblType.setForeground(Color.white);
        lblValue.setForeground(Color.white);
        comType.setBackground(Color.white);
        txtValue.setBackground(Color.white);
        comType.addItem("班级编号");
        comType.addItem("班级名称");
        comType.addItem("班主任");
        comType.addItemListener(new ItemListener(){
            @Override
            public void itemStateChanged(ItemEvent e) {
                txtValue.requestFocus();
            }});
        btnSearch.addActionListener(new ActionListener(){
            @Override
            public void actionPerformed(ActionEvent e) {
                //虽然 id 列被隐藏,但删除、修改列的索引仍是 4、5
                MyTableModel model = new MyTableModel(4,5);
                table.setModel(model);
                if("".equals(txtValue.getText().trim())){JOptionPane.showMessageDialog(null,"请输入查询内容!","出错了",JOptionPane.WARNING_MESSAGE);
                    txtValue.requestFocus();
                    return;
                }
```

```java
                String value = txtValue.getText().trim();
                try {
                    String type = "";
                    switch(comType.getSelectedIndex()){
                    case 0:
                        type = "班级编号";
                        break;
                    case 1:
                        type = "班级名称";
                        break;
                    default:
                        type = "班主任";
                    }
                    List <Classes> list = Factory.getClassDao().search(value, type);
                    if(list == null || list.isEmpty()){model.setDataVector(null, new String []
{"id","班级编号","班级名称","班主任","删除","保存"});
                        JOptionPane.showMessageDialog(null, "没有相关信息!","查询结果",
JOptionPane.INFORMATION_MESSAGE);
                    }else{
                        Classes [] data = list.toArray(new Classes[0] );
                        Object [][] dataVector = new Object [data.length][7];
                        for (int i = 0; i < data.length; i++) {
                            dataVector[i][0] = data[i].getId();
                            dataVector[i][1] = data[i].getNum();
                            dataVector[i][2] = data[i].getName();
                            dataVector[i][3] = data[i].getTeacher();
                            dataVector[i][4] = "删除";
                            dataVector[i][5] = "保存修改";
                        }
                        model.setDataVector(dataVector, new String []{"id","班级编号","班
级名称","班主任","删除","保存修改"});
                        //隐藏 id 列
                        table.getColumnModel().removeColumn(table.getColumn("id"));
                        //设置 render,显示 button
                        ButtonRender render = new ButtonRender();
                        table.getColumn("删除").setCellRenderer(render);
                        table.getColumn("保存修改").setCellRenderer(render);
                        table.getColumnModel().getColumn(3).setMinWidth(100);
                        table.getColumnModel().getColumn(3).setMaxWidth(100);
                        table.getColumnModel().getColumn(4).setMinWidth(100);
                        table.getColumnModel().getColumn(4).setMaxWidth(100);
                        table.validate();
                    }
                } catch (Exception e2) {
                    JOptionPane.showMessageDialog(null, "查询出错,请检查查询条件!","出
错了",JOptionPane.WARNING_MESSAGE);
                }
            }});
        table.addMouseListener(new MouseAdapter(){
            public void mouseClicked(MouseEvent e) {
                int row = table.getSelectedRow();
```

```java
                    int column = table.getSelectedColumn();
                    String label = (String)table.getValueAt(row,column);
                    String num = (String) table.getValueAt(row, 0);
                    if("删除".equals(label)){
                        if(JOptionPane.showConfirmDialog(null, "确实要删除" + num + "班的记录吗?","删除确认",JOptionPane.YES_NO_OPTION) == JOptionPane.YES_OPTION)
                        {
                            try {
                            Factory.getClassDao().delete(num);
                            DefaultTableModel model = (DefaultTableModel) table.getModel();
                            model.removeRow(row);
                                JOptionPane.showMessageDialog(null, "删除成功!", "删除成功!",JOptionPane.INFORMATION_MESSAGE);
                            } catch (Exception e1) {
                                JOptionPane.showMessageDialog(null, "这个班级内有学生,不能删除,删除失败!", "删除失败!",JOptionPane.WARNING_MESSAGE);
                            }
                        }
                    }
                    if("保存修改".equals(label)){
                    //因为 id 列被隐藏,所以使用 model 的 getValueAt 方法,不使用 table 的 getValueAt 方法
                        int id = (int) table.getModel().getValueAt(row, 0);
                        String name = (String) table.getValueAt(row, 1);
                        String teacher = (String) table.getValueAt(row, 2);
                        System.out.println(id + "\t" + name + "\t" + teacher);
                        Classes classes = new Classes();
                        classes.setId(id);
                        classes.setName(name);
                        classes.setNum(num);
                        classes.setTeacher(teacher);
                        try {
                            Factory.getClassDao().update(classes);
                            JOptionPane.showMessageDialog(null, "修改成功!", "修改成功!",JOptionPane.INFORMATION_MESSAGE);
                        } catch (Exception e1) {
                            JOptionPane.showMessageDialog(null, "修改失败!", "修改失败!",JOptionPane.WARNING_MESSAGE);
                        }
                    }
                }
            });
        }
    }
```

5. 实现 ButtonRender 并用于表格中显示按钮

```java
package jnvc.computer.stuman.gui;
import java.awt.Component;
import javax.swing.*;
```

```java
import javax.swing.table.*;
@SuppressWarnings("serial")
public class ButtonRender extends JButton implements TableCellRenderer {
    @Override
    public Component getTableCellRendererComponent(JTable table, Object value,
            boolean isSelected, boolean hasFocus, int row, int column) {
        ButtonRender button = new ButtonRender();
        button.setText(value.toString());
        return button;
    }
}
```

6. 实现 StuAddPanel 并用于学生信息的添加

```java
package jnvc.computer.stuman.gui;
import java.awt.*;
import java.awt.event.*;
import java.sql.Date;
import java.util.List;
import javax.swing.*;
import javax.swing.event.*;
import jnvc.computer.stuman.factory.Factory;
import jnvc.computer.stuman.model.Classes;
import jnvc.computer.stuman.model.Student;
@SuppressWarnings("serial")
public class StuAddPanel extends SuperPanel {
    private JLabel lblNum = new JLabel("请输入学号：",JLabel.RIGHT);
    private JTextField txtNum = new JTextField();
    private JLabel lblName = new JLabel("请输入姓名：",JLabel.RIGHT);
    private JTextField txtName = new JTextField();
    private JLabel lblSex = new JLabel("请选择性别：",JLabel.RIGHT);
    private JRadioButton rbtMale = new JRadioButton("男",true);
    private JRadioButton rbtFemale = new JRadioButton("女");
    private JLabel lblBirthday = new JLabel("请输入出生日期：",JLabel.RIGHT);
    private JTextField txtBirthday = new JTextField("××××-××-××");
    private JLabel lblPhone = new JLabel("请输入联系电话：",JLabel.RIGHT);
    private JTextField txtPhone = new JTextField();
    private JLabel lblAddress = new JLabel("请输入家庭住址：",JLabel.RIGHT);
    private JTextField txtAddress = new JTextField();
    private JLabel lblClass = new JLabel("请选择班级：",JLabel.RIGHT);
    private JComboBox<String> comClass = new JComboBox<String>();
    private List<Classes> list = null;
    private JButton btnAdd = new JButton(" 添加 ");
    public StuAddPanel(){
        lblNum.setFont(font);
        txtNum.setFont(font);
        lblName.setFont(font);
        txtName.setFont(font);
        lblSex.setFont(font);
        rbtMale.setFont(font);
        rbtFemale.setFont(font);
```

```java
            lblBirthday.setFont(font);
            txtBirthday.setFont(font);
            lblPhone.setFont(font);
            txtPhone.setFont(font);
            lblAddress.setFont(font);
            txtAddress.setFont(font);
            lblClass.setFont(font);
            comClass.setFont(font);
            lblNum.setForeground(Color.WHITE);
            txtNum.setOpaque(false);
            txtNum.setBorder(null);
            txtNum.setForeground(Color.WHITE);
            lblName.setForeground(Color.WHITE);
            txtName.setOpaque(false);
            txtName.setBorder(null);
            txtName.setForeground(Color.WHITE);
            lblSex.setForeground(Color.WHITE);
            lblBirthday.setForeground(Color.WHITE);
            txtBirthday.setOpaque(false);
            txtBirthday.setBorder(null);
            txtBirthday.setForeground(Color.WHITE);
            lblPhone.setForeground(Color.WHITE);
            txtPhone.setOpaque(false);
            txtPhone.setBorder(null);
            txtPhone.setForeground(Color.WHITE);
            lblAddress.setForeground(Color.WHITE);
            txtAddress.setOpaque(false);
            txtAddress.setBorder(null);
            txtAddress.setForeground(Color.WHITE);
            lblClass.setForeground(Color.WHITE);
            rbtMale.setForeground(Color.WHITE);
            rbtFemale.setForeground(Color.WHITE);
            panelN.setLayout(new GridLayout(4,4));
            panelN.add(lblClass);
            panelN.add(comClass);
            panelN.add(lblNum);
            panelN.add(txtNum);
            panelN.add(lblName);
            panelN.add(txtName);
            panelN.add(lblSex);
            JPanel panelSex = new JPanel();
            panelSex.setLayout(new FlowLayout(FlowLayout.LEFT));
            panelSex.add(rbtMale);
            panelSex.add(rbtFemale);
            rbtMale.setOpaque(false);
            rbtFemale.setOpaque(false);
            panelSex.setOpaque(false);
            panelN.add(panelSex);
            ButtonGroup bg = new ButtonGroup();
            bg.add(rbtMale);
            bg.add(rbtFemale);
```

```java
panelN.add(lblBirthday);
panelN.add(txtBirthday);
panelN.add(lblPhone);
panelN.add(txtPhone);
panelN.add(lblAddress);
panelN.add(txtAddress);
JPanel panel = new JPanel();
panel.setLayout(new FlowLayout(FlowLayout.RIGHT));
panel.add(btnAdd);
panel.setOpaque(false);
panelN.add(panel);
comClass.addAncestorListener(new AncestorListener(){
    @Override
    public void ancestorAdded(AncestorEvent event) {
        try {
    comClass.removeAllItems();    //移除所有已存在的选项,避免切换 TabPane 导致的
                                  重复加载
            list = Factory.getClassDao().search();
            for (Classes classes : list) {
                comClass.addItem(classes.getName());
            }
        } catch (Exception e) {
            JOptionPane.showMessageDialog(null,"检索班级信息出错,请重新启动!",
            "出错了",JOptionPane.WARNING_MESSAGE);
        }
    }
    @Override
    public void ancestorRemoved(AncestorEvent event) {
    }
    @Override
    public void ancestorMoved(AncestorEvent event) {
    }});
comClass.addItemListener(new ItemListener(){
    @Override
    public void itemStateChanged(ItemEvent e) {
        if(comClass.getItemCount() == 0){//避免清除所有选项后抛出异常
            return;
        }
        txtNum.setText(list.get(comClass.getSelectedIndex()).getNum());
        txtNum.requestFocus();
    }});
btnAdd.addActionListener(new ActionListener() {
    @Override
    public void actionPerformed(ActionEvent e) {
        Student stu;
        if((stu = getInput())!= null){
            try {
                Factory.getStuDao().add(stu);
                JOptionPane.showMessageDialog(null,"添加学生信息成功!","谢谢",
                JOptionPane.INFORMATION_MESSAGE);
            } catch (Exception e1) {
```

```java
                    JOptionPane.showMessageDialog(null,"添加学生信息失败,可能学号或
                    联系电话已存在,请检查输入!"," 出错了",JOptionPane.WARNING_
                    MESSAGE);
                }
            }
        }
    });
}
public Student getInput(){
    if("".equals(txtNum.getText().trim())){JOptionPane.showMessageDialog(null,"请输
入学号!","出错了",JOptionPane.WARNING_MESSAGE);
        txtNum.requestFocus();
        return null;
    }
    if("".equals(txtName.getText().trim())){JOptionPane.showMessageDialog(null,"请输
入姓名!","出错了",JOptionPane.WARNING_MESSAGE);
        txtName.requestFocus();
        return null;
    }
    Date birthday = null;
    if(!"".equals(txtBirthday.getText().trim())){
        try {
            birthday = Date.valueOf(txtBirthday.getText().trim());
        } catch (Exception e) {
            JOptionPane.showMessageDialog(null,"日期不合法,格式为××××-××-×
×,请检查输入!","出错了",JOptionPane.WARNING_MESSAGE);
            txtBirthday.requestFocus();
            return null;
        }
    }
    Student stu = new Student();
    stu.setNum(txtNum.getText().trim());
    stu.setName(txtName.getText().trim());
    if(birthday!= null ){stu.setBirthday(birthday);}
    stu.setAddress(txtAddress.getText().trim());
    stu.setPhone(txtPhone.getText().trim());
    if(rbtMale.isSelected()){
        stu.setSex(true);
    }else{
        stu.setSex(false);
    }
    stu.setCid(list.get(comClass.getSelectedIndex()).getId());
    return stu;
}
}
```

7. 实现 StuManPanel 并用于学生信息的管理

```java
package jnvc.computer.stuman.gui;
import java.awt.*;
import java.awt.event.*;
```

```java
import java.sql.Date;
import java.util.*;
import javax.swing.*;
import javax.swing.table.DefaultTableModel;
import jnvc.computer.stuman.factory.Factory;
import jnvc.computer.stuman.model.Classes;
import jnvc.computer.stuman.model.Student;
@SuppressWarnings("serial")
public class StuManPanel extends SuperPanel {
    private JLabel lblType = new JLabel("    请选择查询方式: ");
    private JComboBox<String> comType = new JComboBox<String>();
    private JLabel lblValue = new JLabel("请输入查询内容: ");
    private JTextField txtValue = new JTextField(20);
    private JButton btnSearch = new JButton(" 查询 ");
    //private Map<String,Integer> hash = new HashMap<String,Integer>();
    private List<Classes> classList = null;
    private JComboBox<String> classname = new JComboBox<String>();
    public StuManPanel(){
        try {
            classList = Factory.getClassDao().search();
        } catch (Exception e3) {
        }
        panelN.add(lblType);
        panelN.add(comType);
        panelN.add(lblValue);
        panelN.add(txtValue);
        panelN.add(btnSearch);
        lblType.setFont(font);
        comType.setFont(font);
        lblValue.setFont(font);
        txtValue.setFont(font);
        btnSearch.setFont(font);
        lblType.setForeground(Color.white);
        lblValue.setForeground(Color.white);
        comType.setBackground(Color.white);
        txtValue.setBackground(Color.white);
        comType.addItem("学号");
        comType.addItem("姓名");
        comType.addItem("班级");
        comType.addItem("性别");
        comType.addItem("年龄");
        comType.addItem("手机");
        comType.addItem("模糊查询");
        comType.addItemListener(new ItemListener(){
            @Override
            public void itemStateChanged(ItemEvent e) {
                txtValue.requestFocus();
            }});
        btnSearch.addActionListener(new ActionListener(){
            @Override
            public void actionPerformed(ActionEvent e) {
```

```java
                MyTableModel model = new MyTableModel(7,8);
                table.setModel(model);
                if("".equals(txtValue.getText().trim())){JOptionPane.showMessageDialog
(null,"请输入查询内容!","出错了",JOptionPane.WARNING_MESSAGE);
                    txtValue.requestFocus();
                    return;
                }
                String value = txtValue.getText().trim();
                List<Student> list = new ArrayList<Student>();
                try{
                    switch(comType.getSelectedIndex()){
                    case 0:
                        Student stu = Factory.getStuDao().searchByNum(value);
                        if(stu!=null){
                            list.add(stu);
                        }
                        break;
                    case 1:
                        list = Factory.getStuDao().searchByName(value);
                        break;
                    case 2:
                        list = Factory.getStuDao().searchByClass(value);
                        break;
                    case 3:
                        list = Factory.getStuDao().searchBySex(value);
                        break;
                    case 4:
                        list = Factory.getStuDao().searchByAge(Integer.parseInt(value));
                        break;
                    case 5:
                        Student stu1 = Factory.getStuDao().searchByPhone(value);
                        if(stu1!=null){
                            list.add(stu1);
                        }
                        break;
                    default:
                        list = Factory.getStuDao().search(value);
                    }
                    if(list == null || list.isEmpty()){
                        model.setDataVector(null, new String []{"学号","姓名","生日","性别","电话","住址","班级","删除","保存修改"});
                        JOptionPane.showMessageDialog(null,"没有相关信息!","查询结果",
                        JOptionPane.INFORMATION_MESSAGE);
                    }else{
                        Student [] data = list.toArray(new Student[0]);
                        Object [][] dataVector = new Object [data.length][9];
                        for (int i = 0; i < data.length; i++) {
                            dataVector[i][0] = data[i].getNum();
                            dataVector[i][1] = data[i].getName();
                            dataVector[i][2] = data[i].getBirthday();
                            dataVector[i][3] = data[i].isSex() == true?"男":"女";
```

```java
                    dataVector[i][4] = data[i].getPhone();
                    dataVector[i][5] = data[i].getAddress();
                    List< Classes > claList = Factory.getClassDao().search(data
                    [i].getCid() + "");
                    dataVector[i][6] = claList.isEmpty()?"":claList.get(0).
                    getName();
                    dataVector[i][7] = "删除";
                    dataVector[i][8] = "保存修改";
                }
                model.setDataVector(dataVector, new String []{"学号","姓名","生
                日","性别","电话","住址","班级","删除","保存修改"});
                //设置render,显示button
                ButtonRender render = new ButtonRender();
                table.getColumn("删除").setCellRenderer(render);
                table.getColumn("保存修改").setCellRenderer(render);
                table.getColumnModel().getColumn(7).setMinWidth(100);
                table.getColumnModel().getColumn(7).setMaxWidth(100);
                table.getColumnModel().getColumn(8).setMinWidth(100);
                table.getColumnModel().getColumn(8).setMaxWidth(100);
                //设置Editor,显示下拉列表框
                JComboBox < String > box = new JComboBox< String >();
                box.addItem("男");
                box.addItem("女");
                table.getColumn("性别").setCellEditor(new DefaultCellEditor(box));
                if(!classList.isEmpty()){
                    for (Classes classes : classList) {
                        classname.addItem(classes.getName());
                    }
                    table.getColumn("班级").setCellEditor(new DefaultCellEditor
                    (classname));
                }
                table.validate();
            }
        } catch (Exception e2) {
            JOptionPane.showMessageDialog(null, "查询出错,请检查查询条件!","出
            错了",JOptionPane.WARNING_MESSAGE);
        }
    }});
    table.addMouseListener(new MouseAdapter(){
        public void mouseClicked(MouseEvent e) {
            int row = table.getSelectedRow();
            int column = table.getSelectedColumn();
            //String label = (String)table.getValueAt(row,column);
            String num = (String) table.getValueAt(row, 0);
            if(column == 0){
                JOptionPane.showMessageDialog(null, "学号不可更改!","学号不可更
                改!",JOptionPane.INFORMATION_MESSAGE);
                return;
            }
            if(column == 7){                              //删除
                if(JOptionPane.showConfirmDialog(null, "确实要删除" + num + "学生
```

```java
            的记录吗?","删除确认",JOptionPane.YES_NO_OPTION) == JOptionPane.YES_OPTION)
            {
                try {
                    Factory.getStuDao().delete(num);
                    DefaultTableModel model = (DefaultTableModel) table.getModel();
                    model.removeRow(row);
                    JOptionPane.showMessageDialog(null, "删除成功!", "删除成功!",JOptionPane.INFORMATION_MESSAGE);
                } catch (Exception e1) {
                    JOptionPane.showMessageDialog(null, "删除失败!", "删除失败!",JOptionPane.WARNING_MESSAGE);
                }
            }
        }
        if(column == 8){                          //保存修改
            Student stu = new Student();
            stu.setNum(num);
            String name = (String) table.getValueAt(row, 1);
            stu.setName(name);
            if(table.getValueAt(row, 2)!= null){
                Date birthday = Date.valueOf((String) table.getValueAt(row, 2));
                stu.setBirthday(birthday);
            }
            boolean sex = "男".equals((String) table.getValueAt(row, 3))?true:false;
            stu.setSex(sex);
            String phone = (String) table.getValueAt(row, 4);
            stu.setPhone(phone);
            String address = (String) table.getValueAt(row, 5);
            stu.setAddress(address);
            if(!classList.isEmpty()){
                int index = classname.getSelectedIndex();
                int cid = classList.get(index).getId();
                stu.setCid(cid);
            }
            try {
                Factory.getStuDao().update(stu);
                JOptionPane.showMessageDialog(null, "修改成功!", "修改成功!",JOptionPane.INFORMATION_MESSAGE);
            } catch (Exception e1) {
                JOptionPane.showMessageDialog(null, "修改失败!", "修改失败!",JOptionPane.WARNING_MESSAGE);
            }
        }
    }
});
    }
}
```

8.4.4 任务总结

选项窗格(Tabbed Pane)组件表现为一组文件夹。每个文件夹都有标题。当用户使用文件夹时,显示它的内容。每次只能选择组中的一个文件夹。选项窗格一般用作设置配置选项。

JOptionPane 提供了多样化的选择对话框,有助于方便地弹出要求用户提供值或向其发出通知的标准对话框。

ItemEvent 事件处理的一般步骤如下。

(1) 注册,设定对象的监听者:

```
combo.addItemListener(new MyItemListener());
```

其中,combo 是 JComboBox 组件的对象;addItemListener 是事件源 combo 所用的注册监听器方法;MyItemListener()是指定的监听器类。

(2) 声明 MyItemListener 类,实现 ItemListener 接口。

(3) 实现 ItemListener 接口中的 itemStateChanged(ItemEvent e)方法,完成事件处理代码。

MouseEvent:鼠标事件,用于表示用户对鼠标的操作。

MouseListener:鼠标事件 MouseEvent 的监听接口。用于处理组件上的鼠标按下、释放、单击、进入和离开事件。

MouseMotionListener:鼠标事件 MouseEvent 的另一个监听接口。用于处理组件上的鼠标移动和拖动事件。

8.4.5 补充拓展

1. JFileChooser

JFileChoose 这个组件可以用来选择打开文件和保存文件,轻松地做出漂亮的用户界面,要注意的是 JFileChooser 本身不提供读文件或存盘的功能,这些功能必须自行实现。事实上,JFileChooser 本身只是一个对话框模型,它是依附在 JDialog 的结构上,因此它只是一个针对文件操作的对话框,当然本身也就不会有读文件或存盘的功能。

为了用户打开文件及存盘方便,我们通常会在文件对话框中过滤掉无关的文件类型,让用户快速选择出想要的文件数据。例如在 Word 软件中,当我们选择"另存新文件"选项时,所出现的文件对话框将会把".doc"扩展名当作默认的文件存储类型。若想在 Java 的文件对话框中做到这样的功能,必须实现 FileFilter 这个抽象类。此抽象类定义了两个空的方法,分别是 accept(File f)与 getDescripton()。当目录里的文件与设置的文件类型相符时,accept()方法就会返回 true,并将此文件显示在文件对话框中。而 getDescription()方法则是对此文件类型的描述,可由程序设计者自定义,如"*.java"等。要设置选择文件类型对话框。

下面的代码演示了 JFileChooser 的使用。

```
import java.awt.*;
import javax.swing.*;
import java.awt.event.*;
import java.io.File;
import javax.swing.filechooser.FileFilter;
public class FileFilterDemo implements ActionListener{
```

```java
    JFrame f = null;
    JLabel label = null;
    JFileChooser fileChooser = null;
    public FileFilterDemo(){
        f = new JFrame("FileFilterDemo");
        Container contentPane = f.getContentPane();
        JButton b = new JButton("打开文件");
        b.addActionListener(this);
        label = new JLabel(" ",JLabel.CENTER);
        label.setPreferredSize(new Dimension(150,30));
        contentPane.add(label,BorderLayout.CENTER);
        contentPane.add(b,BorderLayout.SOUTH);
        f.pack();
        f.setVisible(true);
        f.addWindowListener(new WindowAdapter(){
            public void windowClosing(WindowEvent e){
                System.exit(0);
            }
        });
    }
    public static void main(String[] args){
        new FileFilterDemo();
    }
    //处理用户单击"打开旧文件"按钮时触发的事件
    public void actionPerformed(ActionEvent e){
        fileChooser = new JFileChooser("C:\\winnt");   //以 C:\\winnt 为打开文件的默认路径
        //利用 addChoosableFileFilter()方法加入欲过滤的文件类型,使用 addChoosableFileFilter()可
           以加入多种文件类型。若只需要过滤出一种文件类型,可使用 setFileFilter()方法
        fileChooser.addChoosableFileFilter(new JavaFileFilter("class"));
        fileChooser.addChoosableFileFilter(new JavaFileFilter("java"));
        int result = fileChooser.showOpenDialog(f);
        if (result == JFileChooser.APPROVE_OPTION){
            File file = fileChooser.getSelectedFile();
            label.setText("你选择了:" + file.getName() + "文件");
        }else if (result == fileChooser.CANCEL_OPTION){
            label.setText("你没有选取文件");
        }
    }
}
//以 JavaFileFilter 类继承 FileFilter 抽象类,并实现 accept()与 getDescription()方法
class JavaFileFilter extends FileFilter{
    String ext;
    public JavaFileFilter(String ext){
        this.ext = ext;
    }
    //在 accept()方法中,当程序所获得的是一个目录而不是文件时,返回 true 值,表示将此目录显
       示出来
    public boolean accept(File file){
        if (file.isDirectory()){
            return true;
        }
```

```
        String fileName = file.getName();
        int index = fileName.lastIndexOf('.');
        if (index > 0 && index < fileName.length() - 1){
        //表示文件名称不为或".×××"或"×××."的类型
            String extension = fileName.substring(index + 1).toLowerCase();
        //若所获得的文件扩展名等于我们所设置要显示的扩展名(即变量 ext 值),则返回 true,表
          示将此文件显示出来
            if (extension.equals(ext))
                return true;
        }
        return false;
    }
    //实现 getDescription()方法,返回描述文件的说明字符串
    public String getDescription(){
        if (ext.equals("java"))
            return "Java Source File(*.java)";
        if (ext.equals("class"))
            return "Java Class File(*.class)";
        return "";
    }
}
```

2. 多文档窗口

JDesktopPane 用于创建多文档界面或虚拟桌面的容器。用户可创建 JInternalFrame 对象并将其添加到 JDesktopPane 中。JInternalFrame 的使用跟 JFrame 几乎一样,可以具有最大化、最小化、关闭窗口、加入菜单等功能;唯一不同的是 JInternalFrame 是轻量级组件,也就是说 JInternalFrame 不能单独出现,必须依附在最上层组件上。一般我们会将 JInternalFrame 加入 JDesktopPane 中以方便管理。JDesktopPane 是一种特殊的 Layered pane,用来建立虚拟桌面(Vitual Desktop),它可以显示并管理众多 JInternalFrame 之间的层次关系。以下代码演示了多文档窗口的使用。

```
package com.jnvc.stuman.other;
import javax.swing.*;
import java.awt.event.*;
import java.awt.*;
public class InternalFrame extends JFrame implements ActionListener{
    JDesktopPane desktopPane;
    int count = 1;
    public InternalFrame() {
        super("JInternalFrame");
        Container contentPane = this.getContentPane();
        contentPane.setLayout(new BorderLayout());
        JButton b = new JButton("Create New Internal Frames");
        b.addActionListener(this);      //当用户按下按钮时,将运行 actionPerformed()中的程序
        contentPane.add(b, BorderLayout.SOUTH);
        //建立一个新的 JDesktopPane 并加入于 contentPane 中
        desktopPane = new JDesktopPane();
        contentPane.add(desktopPane);
        setSize(350, 350);
```

```java
        setVisible(true);
        addWindowListener(new WindowAdapter() {
            public void windowClosing(WindowEvent e) {
                System.exit(0);
            }
        });
    }
    //产生一个可关闭、可改变大小、具有标题、可最大化与最小化的内部网框架
    public void actionPerformed(ActionEvent e)
    {
        JInternalFrame internalFrame = new JInternalFrame(
        "Internal Frame " + (count++), true, true, true, true);
        internalFrame.setLocation( 20,20);
        internalFrame.setSize(200,200);
        internalFrame.setVisible(true);
        //取得JInternalFrame的内部面板,用以加入新的组件
        Container icontentPane = internalFrame.getContentPane();
        JTextArea textArea = new JTextArea();
        JButton b = new JButton("Internal Frame Button");
        /*将JTextArea与JButton对象加入JInternalFrame中。由此可知,JInteranlFrame加入
            组件的方式与JFrame是一模一样的*/
        icontentPane.add(textArea,"Center");
        icontentPane.add(b,"South");
        //将JInternalFrame加入JDesktopPane中,这样即使产生很多JInternalFrame,JDesktopPane也
        //能将它们之间的关系管理得很好
        desktopPane.add(internalFrame);
        try {
            internalFrame.setSelected(true);
        } catch (java.beans.PropertyVetoException ex) {
          System.out.println("Exception while selecting");
        }
    }
    public static void main(String[] args) {
        new InternalFrame();
    }
}
```

参 考 文 献

[1] [美]埃克尔.Java编程思想(第四版)[M].陈昊鹏译.北京：机械工业出版社,2007.
[2] 李刚.疯狂Java讲义[M].北京：电子工业出版社,2012.
[3] [美]Ivor Horton.Java 7入门经典[M].梁峰译.北京：清华大学出版社,2012.
[4] 李钟尉.Java开发实战1200例[M].北京：清华大学出版社,2011.
[5] [美]Herbrt Schildt.Java完全参考手册[M].王德才等译.北京：清华大学出版社,2012.
[6] 成富.深入理解Java 7：核心技术与最佳实践[M].北京：机械工业出版社,2012.